高等学校电子与通信工程类专业"十二五"规划教材

数字信号处理
——基于数值计算

主编　郑佳春　陈仅星　陈金西

西安电子科技大学出版社

内 容 简 介

本书系统地介绍了数字信号处理的基本理论和算法，给出了利用 MATLAB 在计算机上实现数字信号处理系统分析、设计、计算的实例。全书包括三大部分：① 离散时间信号和离散时间系统分析，主要介绍离散时间傅立叶变换（DTFT）、Z变换、有限长序列离散傅立叶变换及其快速傅立叶变换（FFT）算法；② 数字信号处理系统设计，主要介绍无限长单位脉冲响应数字滤波器（IIR DF）、有限长单位脉冲响应数字滤波器（FIR DF）的设计；③ 数字信号处理系统的实现，主要介绍数字信号处理系统的网络结构、有限字长量化与运算效应等对数字信号处理系统性能的影响，抽取、内插的 FIR 结构，并提供实验教程。

本书的重点为基本理论和基本设计，强调对基本概念及其物理意义的透彻理解；书中大量使用基于 MATLAB 的应用实例，既有利于反映数字信号处理的最新发展，又便于读者进行仿真实验，检验所学内容，加深对相关内容的理解。

本书结构体系新颖，内容取舍适度，阐述通俗易懂，可作为高等院校电子信息工程、通信工程、电子科学与技术、自动化、电气工程及其自动化、计算机应用、物联网工程、生物医学工程等专业本科生的教材，也可作为其他专业本科生和研究生的选修课教材，还可供从事信号与信息处理的科技工作者参考。

图书在版编目（CIP）数据

数字信号处理：基于数值计算/郑佳春，陈仅星，陈金西主编.
—西安：西安电子科技大学出版社，2013.3（2014.7重印）
高等学校电子与通信工程类专业"十二五"规划教材
ISBN 978 - 7 - 5606 - 3034 - 2

Ⅰ. ① 数…　Ⅱ. ① 郑…　② 陈…　③ 陈…　Ⅲ. ① 数字信号处理—高等学校—教材
Ⅳ. ① TN911.72

中国版本图书馆 CIP 数据核字（2013）第 041532 号

策　　划	邵汉平
责任编辑	邵汉平
出版发行	西安电子科技大学出版社（西安市太白南路 2 号）
电　　话	(029)88242885　88201467　　邮　　编　710071
网　　址	www.xduph.com　　　电子邮箱　xdupfxb001@163.com
经　　销	新华书店
印刷单位	陕西华沐印刷科技有限责任公司
版　　次	2013 年 3 月第 1 版　2014 年 7 月第 2 次印刷
开　　本	787 毫米×1092 毫米　1/16　印张 18
字　　数	426 千字
印　　数	3001～6000 册
定　　价	32.00 元

ISBN 978 - 7 - 5606 - 3034 - 2/TN

XDUP 3326001 - 2
* * * 如有印装问题可调换 * * *

前　　言

　　数字信号处理（Digital Signal Processing，DSP）已成为通信、电子信息、计算机科学等专业学生必须掌握的专业基础知识和必修内容，也是教育部规定的工科院校多数专业必修课程之一。但从大多数开设该课程院校的教学效果来看，很多学生虽然修了该课程，也通过了考试，却对数字信号处理的基本概念、物理意义一知半解，缺乏系统的认识与理解，也难以利用所学理论解决实际的工程问题。分析其中原因，主要有：

　　（1）现在使用的数字信号处理教材大都是纯数学推导，非常抽象，可读性普遍较差，很难引起读者的阅读兴趣。

　　（2）大部分数字信号处理教材对信号处理算法的物理意义缺乏清晰的描述，也缺少实际工程应用的实例。

　　（3）数字信号处理是一门实践性很强的学科，很多现实问题从信号处理的观点看很简单，但多数学生虽然掌握了一定的信号处理理论，却对现实问题缺乏了解，很难用信号处理理论解决现实问题。

　　针对上述问题，我们利用 MATLAB 工具软件，从数值计算的角度出发编写了本书。本书主要阐述数字信号处理的经典理论，在理论分析上尽量减少数学推导和数学表达式描述，而充分利用时域与频域可视化波形图直观显示，对数字信号处理的基本概念尽量赋予清晰的物理意义，并通过实例将理论应用于工程实践，真正达到对数字信号处理理论的深入浅出表述，使教材通俗易懂，便于自学。

　　数字信号处理经过多年的发展，体系庞杂，内容非常丰富。本书只介绍数字信号处理的基础部分，即常称的"经典"部分。全书内容安排如下：

　　第 1 章：离散时间信号与系统，主要介绍模拟信号的数字处理过程的基本概念、实现的方法及特点；离散时间信号（序列）的表示，典型序列，序列的运算，连续时间信号的采样，采样定理；离散时间系统的差分方程描述，线性、时不变性，稳定性与因果性；离散时间系统的状态方程描述；离散时间系统的时域分析；离散线性时不变系统的单位样值响应，线性卷积，离散时间系统的 MATLAB 分析等。

　　第 2 章：离散时间信号与系统的频域分析，主要介绍序列的变换域分析方法，包括序列的傅立叶变换，序列的 Z 变换及其逆变换；Z 变换的应用，离散系统的传递函数，系统的零极点及频率响应特性，MATLAB 分析方法。

　　第 3 章：离散傅立叶变换及其应用，主要介绍离散傅立叶变换（DFT）的定义、性质，频率域采样，循环卷积；快速傅立叶变换（FFT）减少运算量的思路，基 2 - FFT 算法的 DIT - FFT 与 DIF - FFT，序列长度 N 为组合数的 FFT 算法，离散傅立叶变换 DFT 的实际应用问题；快速傅立叶变换 FFT 典型用法。

　　第 4 章：无限长单位脉冲响应数字滤波器设计，主要介绍模拟滤波器的设计，脉冲响应不变法设计 IIR 数字低通滤波器，双线性变换法设计 IIR 数字低通滤波器，数字高通、带通、带阻 IIR 滤波器的设计，FIR 数字滤波器的 MATLAB 设计。

　　第 5 章：有限长单位脉冲响应数字滤波器设计，主要介绍线性相位 FIR 数字滤波器的条件和特点，窗函数法设计 FIR 滤波器，频率采样法设计 FIR 滤波器，FIR 滤波器的最优化设计、MATLAB 设计，IIR 与 FIR 数字滤波器比较。

第 6 章：数字信号处理系统的实现，主要介绍用信号流图表示的网络结构，无限长脉冲响应系统的网络结构，有限长脉冲响应系统的网络结构，格形结构；A/D 量化、量化误差，运算中的有限字长效应，极限环振荡，系数量化效应。

第 7 章：多采样率信号处理，主要介绍采样率降低，采样率提高，抽取、内插的 FIR 结构，过采样技术等。

第 8 章：实验教程。

这些章节中，第 1、2、3 章是数字信号与系统的时域与频域分析的基础理论部分，以频域采样为基础，重点讲述基于数值计算的频域分析方法。第 4 章和第 5 章介绍数字滤波器的设计问题，重点讲述基于 MATLAB 编程计算的经典数字滤波器的设计方法，是数字信号处理系统设计最为基础的理论。第 6 章和第 7 章介绍数字滤波器实现理论，重点讨论数字滤波器实现时，影响系统性能的因素，包括滤波器的网络结构、量化误差、有限字长运算量化效应，采样率变换与结构、性能的关系。本书各章都安排了相关的应用实例，并给出了完整的 MATLAB 分析代码。为了突出直观性，全书给出了约 200 幅图片来说明数字信号处理的基本原理与应用。

在编写的过程中，我们尽量以通俗的语言和实例来说明信号处理基本概念、算法的物理意义。在追求理论分析完整性的前提下，尽量将经典的数字信号处理理论寓于工程实践中，努力将信号处理理论与实际应用之间紧密结合。

本书第 1、2、3 章由集美大学陈仅星编写，第 4 章和第 5 章由厦门理工学院陈金西编写，第 6、7、8 章及其他部分由集美大学郑佳春编写。郑佳春还负责全书的统稿和审定工作。

限于作者的水平和经验，书中难免存在疏漏或者不足之处，恳请各位专家和读者批评指正。

编　者

2012.12

目　　录

绪论 ……………………………………………………………………………………… 1

第1章　离散时间信号与系统 ……………………………………………………… 5

1.0　引言 ………………………………………………………………………………… 5

1.1　离散时间信号 ……………………………………………………………………… 5

　　1.1.1　序列的表示 …………………………………………………………………… 5

　　1.1.2　序列的运算 …………………………………………………………………… 10

1.2　连续时间信号的采样 ……………………………………………………………… 11

　　1.2.1　连续信号的采样过程 ………………………………………………………… 11

　　1.2.2　具有低通型频谱连续的信号的采样 ………………………………………… 12

　　1.2.3　具有带通型频谱的连续信号的采样 ………………………………………… 14

1.3　离散时间系统 ……………………………………………………………………… 18

　　1.3.1　系统的线性、时不变性、稳定性与因果性 ………………………………… 19

　　1.3.2　离散时间系统的差分方程描述 ……………………………………………… 19

　　1.3.3　离散时间系统的状态方程描述 ……………………………………………… 20

1.4　离散时间系统的时域分析 ………………………………………………………… 22

　　1.4.1　离散线性时不变系统的单位样值响应 ……………………………………… 22

　　1.4.2　线性卷积 ……………………………………………………………………… 23

　　1.4.3　离散时间系统的 MATLAB 分析 …………………………………………… 25

习题一 …………………………………………………………………………………… 26

第2章　离散时间信号与系统的频域分析 ………………………………………… 29

2.1　引言 ………………………………………………………………………………… 29

2.2　序列的傅立叶变换 ………………………………………………………………… 29

　　2.2.1　DTFT 定义和性质 …………………………………………………………… 29

　　2.2.2　周期序列及其傅立叶级数表示 ……………………………………………… 33

　　2.2.3　序列的周期卷积 ……………………………………………………………… 35

2.3　序列的 Z 变换 …………………………………………………………………… 36

　　2.3.1　Z 变换定义 ………………………………………………………………… 37

　　2.3.2　逆 Z 变换 …………………………………………………………………… 38

　　2.3.3　Z 变换的性质与 Parseval 定理 …………………………………………… 39

2.4　Z 变换的应用 …………………………………………………………………… 41

　　2.4.1　离散系统的系统函数 ………………………………………………………… 41

　　2.4.2　系统的零极点及频率响应特性 ……………………………………………… 42

习题二 …………………………………………………………………………………… 44

第3章　离散傅立叶变换及其应用 ………………………………………………… 46

3.1　引言 ………………………………………………………………………………… 46

3.2　离散傅立叶变换 …………………………………………………………………… 46

　　3.2.1　DFT 定义 ……………………………………………………………………… 46

　　　3.2.2　DFT 性质 ……………………………………………………………………… 50

　　　3.2.3　频率域采样 …………………………………………………………………… 56

　　　3.2.4　循环卷积定理 ………………………………………………………………… 59

　3.3　快速傅立叶变换 FFT ……………………………………………………………… 62

　　　3.3.1　减少运算量的思路 …………………………………………………………… 62

　　　3.3.2　基 2 – FFT 算法 ……………………………………………………………… 63

　　　3.3.3　N 为组合数的 FFT 算法 ……………………………………………………… 69

　　　3.3.4　Chirp – Z 变换 ………………………………………………………………… 71

　3.4　离散傅立叶变换的实际应用问题 ………………………………………………… 73

　　　3.4.1　频谱泄漏(leakage) …………………………………………………………… 73

　　　3.4.2　分辨率及补零方法 …………………………………………………………… 75

　　　3.4.3　DFT 的处理增益 ……………………………………………………………… 77

　3.5　快速傅立叶变换 FFT 典型用法 …………………………………………………… 79

　　　3.5.1　IDFT 的快速算法 ……………………………………………………………… 79

　　　3.5.2　实数序列的 FFT ……………………………………………………………… 79

　　　3.5.3　线性卷积的 FFT 计算 ………………………………………………………… 81

　　　3.5.4　相关函数的 FFT 计算 ………………………………………………………… 84

　　　3.5.5　用 FFT 计算二维离散的傅立叶变换 ………………………………………… 87

　习题三 …………………………………………………………………………………… 88

第 4 章　无限长单位脉冲响应数字滤波器设计 ……………………………………… 94

　4.1　数字滤波器的基本概念 …………………………………………………………… 94

　　　4.1.1　数字滤波器的分类 …………………………………………………………… 94

　　　4.1.2　数字滤波器的技术指标 ……………………………………………………… 95

　　　4.1.3　数字滤波器设计方法概述 …………………………………………………… 96

　4.2　模拟滤波器的设计 ………………………………………………………………… 97

　　　4.2.1　模拟低通滤波器的技术指标及逼近方法 …………………………………… 97

　　　4.2.2　巴特沃兹滤波器 ……………………………………………………………… 98

　　　4.2.3　切比雪夫滤波器 ……………………………………………………………… 104

　　　4.2.4　椭圆滤波器(考尔滤波器) …………………………………………………… 107

　　　4.2.5　模拟高通、带通、带阻滤波器设计 …………………………………………… 108

　4.3　利用模拟滤波器设计 IIR 数字滤波器 …………………………………………… 113

　　　4.3.1　脉冲响应不变法 ……………………………………………………………… 114

　　　4.3.2　双线性变换法 ………………………………………………………………… 117

　　　4.3.3　用 MATLAB 实现模拟滤波器变换到 IIR 数字滤波器 …………………… 120

　4.4　从模拟低通原型到各种数字滤波器的频率变换 ………………………………… 121

　　　4.4.1　数字低通滤波器设计 ………………………………………………………… 121

　　　4.4.2　数字高通滤波器设计 ………………………………………………………… 126

　　　4.4.3　数字带通滤波器设计 ………………………………………………………… 129

　　　4.4.4　数字带阻滤波器设计 ………………………………………………………… 133

　　　4.4.5　MATLAB 中直接设计 IIR 数字滤波器的函数介绍 ……………………… 134

　习题四 …………………………………………………………………………………… 138

第 5 章　有限长单位脉冲响应数字滤波器的设计 ………………………………… 140

　5.1　线性相位 FIR 数字滤波器的特性 ………………………………………………… 140

　　　5.1.1　线性相位的条件　……………………………………………　140

　　　5.1.2　线性相位 FIR 滤波器的幅度特性　…………………………　141

　　　5.1.3　线性相位 FIR 滤波器的零点特性　…………………………　146

　5.2　窗函数设计法　…………………………………………………………　147

　　　5.2.1　矩形窗函数设计法　……………………………………………　148

　　　5.2.2　几种常用的窗函数　……………………………………………　151

　　　5.2.3　窗函数法设计举例　……………………………………………　155

　5.3　频率采样法　……………………………………………………………　160

　　　5.3.1　设计方法　………………………………………………………　160

　　　5.3.2　逼近误差　………………………………………………………　161

　　　5.3.3　MATLAB辅助设计　…………………………………………　165

　5.4　FIR 数字滤波器的最优化设计　………………………………………　168

　　　5.4.1　最优设计准则　…………………………………………………　169

　　　5.4.2　切比雪夫最佳一致逼近　………………………………………　170

　5.5　IIR 与 FIR 数字滤波器的比较　………………………………………　175

　5.6　MATLAB 中的滤波器设计工具 FDATool　…………………………　176

　　　5.6.1　FDATool 使用环境介绍　……………………………………　176

　　　5.6.2　利用 FDATool 设计数字滤波器　……………………………　179

　　　5.6.3　FDATool 的设计数据输出　…………………………………　180

　习题五　………………………………………………………………………　183

第 6 章　数字信号处理系统的实现　………………………………………　186

　6.1　数字滤波器的网络结构　………………………………………………　186

　　　6.1.1　数字网络的信号流图表示　……………………………………　186

　　　6.1.2　IIR 数字滤波器的结构　………………………………………　188

　　　6.1.3　FIR 数字滤波器网络结构　……………………………………　191

　6.2　数字信号处理中的量化效应　…………………………………………　196

　　　6.2.1　量化噪声　………………………………………………………　196

　　　6.2.2　A/D 变换的量化效应　…………………………………………　198

　　　6.2.3　量化噪声通过线性系统　………………………………………　199

　　　6.2.4　有限字长运算对数字滤波器的影响　…………………………　200

　　　6.2.5　系数量化对滤波器特性的影响　………………………………　204

　习题六　………………………………………………………………………　208

第 7 章　多采样率信号处理　………………………………………………　210

　7.1　采样率降低　……………………………………………………………　210

　7.2　采样率提高　……………………………………………………………　215

　7.3　抽取与内插的 FIR 结构　………………………………………………　218

　　　7.3.1　抽取的 FIR 结构　………………………………………………　219

　　　7.3.2　内插的 FIR 结构　………………………………………………　220

　7.4　采样率变换在 A/D 和 D/A 转换器中的应用　………………………　221

　　　7.4.1　过采样 A/D 和 D/A 转换器　…………………………………　221

　　　7.4.2　噪声抑制技术　…………………………………………………　222

　7.5　正交镜像滤波器组　……………………………………………………　225

　　　7.5.1　正交镜像滤波器组　……………………………………………　226

7.5.2 　基于 FIR 滤波器的 QMF 公共低通滤波器设计 ················ 228
7.6 　树状结构滤波器组 ···················· 230
7.6.1 　倍频程分隔的分析滤波器组 ···················· 230
7.6.2 　倍频程分隔的综合滤波器组 ···················· 232
7.6.3 　两通道 PR QMF 滤波器组的 MATLAB 设计 ················ 232
习题七 ···················· 235

第 8 章 　实验教程 ···················· 237
8.1 　实验一 　时域离散信号与系统分析 ···················· 237
8.1.1 　实验目的 ···················· 237
8.1.2 　实验原理与方法 ···················· 237
8.1.3 　实验内容 ···················· 239
8.1.4 　思考题 ···················· 240
8.1.5 　部分参考程序（MATLAB 语言） ···················· 240
8.2 　实验二 　离散傅立叶变换及其应用 ···················· 241
8.2.1 　实验目的 ···················· 241
8.2.2 　实验原理与前期准备 ···················· 241
8.2.3 　实验内容 ···················· 242
8.2.4 　思考题 ···················· 243
8.2.5 　部分参考程序 ···················· 243
8.3 　实验三 　IIR 数字滤波器设计 ···················· 250
8.3.1 　实验目的 ···················· 250
8.3.2 　实验原理与方法 ···················· 250
8.3.3 　实验内容 ···················· 252
8.3.4 　思考题 ···················· 252
8.3.5 　参考程序（MATLAB 语言） ···················· 253
8.4 　实验四 　FIR 数字滤波器设计 ···················· 256
8.4.1 　实验目的 ···················· 256
8.4.2 　实验原理与方法 ···················· 256
8.4.3 　实验内容 ···················· 258
8.4.4 　思考题 ···················· 258
8.4.5 　实验参考程序（MATLAB 语言） ···················· 259
8.5 　MATLAB 数字信号处理基础 ···················· 263
8.5.1 　数组（序列） ···················· 263
8.5.2 　向量及其生成 ···················· 265
8.5.3 　运算符和特殊字符 ···················· 266
8.5.4 　MATLAB 语言结构 ···················· 267
8.5.5 　常用函数 ···················· 268
8.5.6 　MATLAB 绘图 ···················· 270
8.5.7 　MATLAB 程序设计 ···················· 273

参考文献 ···················· 280

绪　　论

1. 数字信号处理的基本概念

几乎所有的工程领域都要应用到信号处理技术理论。信号(Signal)，从数学的角度来说是独立变量的函数，这个变量可以是时间、位移、周期、频率、相位、二维坐标、空间坐标等。只有一个变量的信号称为一维信号，有两个变量的信号称为二维信号，有多个变量的信号称为多维信号。例如，3D(Three Dimensions)信号为三维，有三个坐标，如长、宽、高等。信号的表现形式有电、磁、光、声、热、机械等。本书所讨论的信号主要是以时间为自变量、以幅度为函数值的时间信号，它可以分为以下几种类型：

(1) 连续信号(即模拟信号)：在某个时间区间，除有限间断点外所有瞬时均有确定值，该信号时间和幅度均连续。

(2) 离散时间信号：时间上不连续，幅度连续。

(3) 数字信号：时间和幅度均不连续。

所谓"信号处理"，就是把记录在某种媒体上的信号进行处理，抽取出有用信息的过程。它是对信号进行提取、变换、分析、综合、估值与识别等处理过程的统称。数字信号处理(Digital Signal Processing，DSP)是通过计算机或专用处理设备，用数值计算(运算)方式去处理数字信号(序列)，提取有用信息，去除干扰和杂波的过程。例如，对信号的滤波，提取和增强信号的有用分量，削弱无用的分量；或是估计信号的某些特征参数等。因此，凡是与用数值计算的方法对数字信号进行滤波、变换、增强、压缩、估计、识别等处理有关的问题，都是数字信号处理的研究对象。

2. 数字信号处理系统的组成

一般地讲，我们通常所获取的信号都为模拟信号，因此数字信号处理通常涉及三个步骤：

(1) 模/数转换(A/D 转换)：把模拟信号变成数字信号，是一个对自变量及其幅值同时进行离散化的过程，基本的理论保证是采样定理。

(2) 数字信号处理(DSP)：包括变换域分析(如频域变换)、数字滤波、识别、合成等处理。

(3) 数/模转换(D/A 转换)：把经过处理的数字信号还原为模拟信号。通常，这一步并不是必需的。

一个数字信号处理系统的组成如图 0.1 所示。当然实际的系统并不一定要包括其中所有的部分。例如，有些系统只需数字输出，可直接以数字形式显示或打印，那么就不需要D/A 变换器。还有一些系统，输入的是数字量，因而就不需要 A/D 变换器。对于纯数字系统，则只需要 A/D 及 D/A 变换器之间的核心部分就行了。

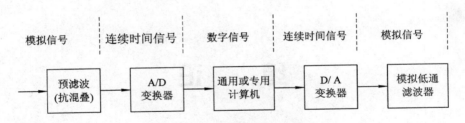

图 0.1　数字信号处理系统的组成

3. 数字信号处理的学科概貌

数字信号处理通常分为经典数字信号处理和现代数字信号处理。经典数字信号处理的学科概貌如图 0.2 所示。其中，离散时间信号与系统可分为时域分析和频域分析。时域分析主要是系统的线性时（移）不变性、因果稳定性和系统的输入输出关系理论。

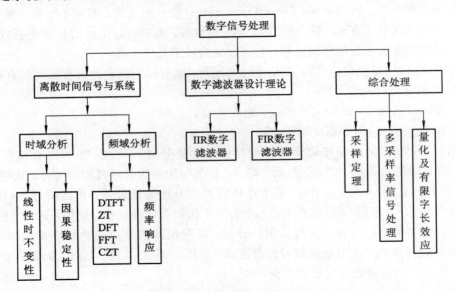

图 0.2　经典数字信号处理学科概貌

频域分析包括两部分内容：

（1）确定信号的频谱分析，可采用离散时间傅立叶变换（DTFT）、Z 变换（ZT）、离散傅立叶变换（DFT）及其快速算法（FFT）等分析方法，对于较复杂的情况，可采用线性调频 Z 变换（CZT）进行分析。

（2）随机信号的频谱分析，采用统计的谱分析方法。

实际频谱分析技术中都要用到快速傅立叶变换（FFT）和一些快速卷积算法。FFT 还可用来实现 FIR 数字滤波运算，而统计频谱分析法又可用来研究数字信号处理系统的量化噪声效应。

数字滤波器设计理论则分为无限长单位脉冲响应（IIR）数字滤波器和有限长单位脉冲响应（FIR）数字滤波器设计理论，包括它们的数学逼近问题、线性相位问题以及具体的硬件或软件实现问题。

综合处理包括：采样技术、采样定理，多采样率信号处理；量化、数字滤波器网络结构、有限字长运算量化效应等问题。

现代数字信号处理的研究热点集中在对时变非线性系统、非平稳信号、非高斯信号的处理上。处理方法和相关理论有自适应滤波、估值理论、信号建模、离散小波变换、高阶矩分析、盲处理、分形、混沌理论等；同时，二维和多维信号的处理也是最新发展的领域。

4. 数字信号处理的特点

数字信号处理系统具有以下一些明显的优点：

（1）精度高。模拟系统的精度由元器件决定，模拟元器件的精度很难达到 10^{-3} 以上，而 17 位字长的数字系统其精度可以达到 10^{-5}。例如：基于离散傅立叶变换的数字式频谱分析仪，其幅值精度和频率分辨率均远高于模拟频谱分析仪。

（2）灵活性高。数字系统的性能主要由乘法器的系数决定，而系数是存放在系数存储器中的，只需改变存储的系数，就可得到不同的系统，比改变模拟系统方便得多。例如：软件无线电技术的实现等。

（3）可靠性强。数字系统只有"0"、"1"两个信号电平，因而受周围环境温度以及噪声的影响较小，而模拟系统中电平是连续变化的，易受温度、噪声、电磁感应等的影响。如果数字系统采用大规模集成电路实现，则可靠性更高。

（4）容易大规模集成。这是由于数字部件有高度规范性，便于大规模集成、大规模生产，对电路参数要求不严，故产品成品率高。尤其是对于低频信号，例如地震波分析，需要过滤几赫兹到几十赫兹信号，用模拟系统处理时，电感器、电容器的数值、体积和重量都非常大，性能亦不能达到要求，而数字信号处理系统在这个频率处却非常优越。

（5）时分复用。利用数字信号处理器可以同时处理几个通道的信号。处理器运算速度越高，能处理的信道数目也就越多。

（6）可获得高性能指标。例如：有限长单位脉冲响应（FIR）数字滤波器可以实现严格的线性相位；在数字信号处理中可以将信号存储起来，用延迟的方法实现非因果系统，从而提高了系统的性能指标；数据压缩方法可以大大减少信息传输中的信道容量等。

（7）二维与多维处理。利用庞大的存储单元，可以存储一帧或数帧图像信号，实现二维甚至多维信号处理，包括二维或多维滤波、二维及多维谱分析等。例如：物联网的 ID卡、二维码，图像处理的 2D、3D、4D 动画，以及电影技术等。

数字信号处理系统也有其局限性，例如，数字系统的速度还不够高，尚不能处理很高频率的信号。另外，系统比较复杂，价格昂贵等也是其缺点。

5. 数字信号处理的应用

随着数字信号处理理论的发展和数字信号处理器（DSP）数据运算处理能力的不断增强，数字信号处理技术已经广泛应用于电子信息领域，特别是在通信、语音信号处理、网络、工业控制等领域，概括起来有以下几个方面：

（1）语音信号处理：语音编码、语音合成、语音识别、语音增强、语音邮件、语音储存等。

（2）常用电器设备：智能手机、数字音响、电视、可视电话、A/V 设备、照（摄）像机、打印机、扫描仪、音乐合成器、音调控制器、玩具与游戏机等。

（3）仪器仪表：数字滤波、频谱分析、函数发生、数据采集、地震预报等。

（4）图像处理：二维和三维图形处理、图像压缩与传输、多媒体、机器人视觉、动画、电子地图、图像识别、图像增强等。

（5）工业控制：自动控制、机器人控制、磁盘控制、在线监控等。

（6）通信：移动通信、无线电、传真、电视会议、数字蜂窝电话、数据加密、数据压缩、调制解调器、自适应设备、线路转发器、回波抵消、多路复用等。

（7）军事：系统故障检测、保密通信、雷达信号处理、声呐信号处理、遥感、遥测、卫星导航、全球定位系统、跳频通信、搜索和反搜索等。

（8）医疗：超声设备、诊断设备、病人监护、助听、心电图等。

6. 本书内容安排

本书第 1、2 章讲述数字信号与系统的时域、频域分析的基本原理与方法，大部分属于信号与系统课程内容，起着承上启下的作用。第 3 章论述离散傅立叶变换及其快速傅立叶变换，引入频率域采样概念，使频域分析可以采用基于数值计算的方法实现。第 4 章和第 5 章介绍数字滤波器的设计理论，对基于 MATLAB 编程的经典数字滤波器设计方法进行全面介绍。第 6 章和第 7 章是数字滤波器实现的综合理论，详细分析和讨论数字滤波器实现时影响系统性能的因素，包括数字滤波器的网络结构，A/D 转换量化误差、有限字长运算量化效应，采样率变换与结构、性能的关系等。

本书的应用实例都是基于 MATLAB 2010 软件的，因此，阅读本书前读者最好学习一下 MATLAB 2010。希望读者提前自学并安装 MATLAB 2010 软件或者更高级的版本，学习过程中，可以随时运行书中例程，验证、分析与研究程序运行结果，以增加感性认识，理解数字信号处理算法的基本原理，提高学习效果。

第1章 离散时间信号与系统

1.0 引　言

正如本书绪论所指出的,在用数字方法处理信号的过程中,所有的信号都是离散时间信号,并采用序列来表达,而运算加工这些序列的系统则用差分方程描述。这些基本概念尽管已经在"信号与系统"课程中介绍过,但它是学习数字信号处理的基础,因此,有必要在此进行简单回顾。本章重点讨论如下几个问题:离散时间信号与连续时间信号的差异;离散时间信号与数字信号之间的不同;怎样由计算机来构成离散系统;在数字信号处理的过程中系统的性能还会受到哪些因素的制约,等等。同时借助广为流行的 MATLAB 工具进行离散系统分析与仿真,以加深理解和掌握这些概念。

现实世界中的各种信号绝大多数是以模拟信号(Analog Signal)形式出现的,模拟信号数字化处理的一般过程如图 1.1.0 所示。这一处理过程看似花费了许多硬件环节和软件成本,却能获得优异的性能和高度的灵活性。我们将在随后的章节陆续详细介绍。

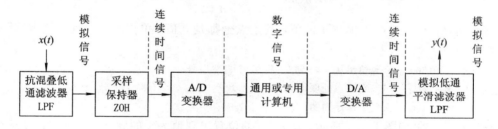

图 1.1.0　模拟信号数字化处理的一般过程

1.1　离散时间信号

1.1.1　序列的表示

在信号理论中,离散时间信号一般采用序列来描述,记为 $\{x(n)\}$。序列是时间上不连续的一串样本值的集合,其中序号 n 是整数,而 $x(n)$ 则是第 n 号样本值,大括号用来表示全部样本的集合。

一个无限长复数值的序列如下:

$$\{x(n)\} = \{\cdots, 2+j3, 0.8+j2, 1-j5, 4, 0.3+j4, -j2.7, \cdots\}, \quad n \in (-\infty, \infty)$$

其中，用箭头标出了 $n=0$ 的序号位置，即序列原点值 $x(0)=1-\text{j}5$，那么，$x(-1)=0.8+\text{j}2$，$x(1)=4$，$x(2)=0.3+\text{j}4$ 等，依此类推。显然，该复序列可以分解成实部子序列 $\{x_{\text{Re}}(n)\}$ 和虚部子序列 $\{x_{\text{Im}}(n)\}$。在不引起混淆的前提下，常可省略花括号。序列的实部为

$$x_{\text{Re}}(n) = \{\cdots, 2, 0.8, 1, 4, 0.3, 0, \cdots\}$$
$$\uparrow$$

虚部为

$$x_{\text{Im}}(n) = \{\cdots, 3, 2, -5, 0, 4, -2.7, \cdots\}$$
$$\uparrow$$

显然有 $x(n)=x_{\text{Re}}(n)+\text{j}x_{\text{Im}}(n)$，其对应的复共轭序列为 $x^*(n)=x_{\text{Re}}(n)-\text{j}x_{\text{Im}}(n)$。当然 $x(n)$ 还可以写成幅度序列与相位序列的形式，请读者思考并写出。

实际工程中，离散时间序列 $x(n)$ 经常是从连续时间信号 $x(t)$ 通过采样得到的。假设在均匀采样情况下，采样时间间隔为 T_s，亦即采样频率 $f_s=1/T_s$，则

$$x(n) = x(t)\,|_{t=nT_s} = x(nT_s) \tag{1.1.1}$$

如果把采样时间间隔 T_s 归一化，即看成是 $T_s=1$ 个单位，那么，用一个 N 点的离散序列 $x(n)$ 就可以代表不同持续时间长度（NT_s）的连续信号片段，它仅与实际的 T_s 有关。另外，还应注意到，序列点之间所对应的连续信号的真正幅度值是多少，是无从知晓的，实际上也不用关心。

下面介绍几个常用的典型序列。

（1）单位脉冲序列 $\delta(n)$，又称为单位样值函数。

$$\delta(n) = \begin{cases} 1, & n=0 \\ 0, & n\neq 0 \end{cases} \tag{1.1.2}$$

该序列只在原点处取得单位 1 的值，其余点全都是 0 值。单位脉冲序列可用 MATLAB 语言描述如下：

```
n=-30:30;        %给出从-30到30共61个自然序号
x=[n==0];        %在原点处取得1
stem(n, x);      %绘出序列图
```

程序运行结果如图 1.1.1 所示，在 $n=0$ 的位置出现值为 1 的脉冲。当序列长度选得大些时，就更加逼近理想的数学上的单位样值函数。

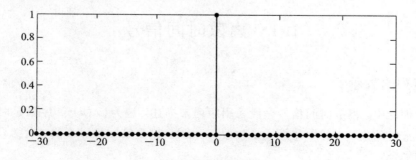

图 1.1.1　$\delta(n)$ 的图形

注意：单位脉冲序列与连续时间系统中单位冲激信号 $\delta(t)$ 的区别，那里的符号 $\lim\limits_{t\to 0}\delta(t)\to \infty$，是一个极限的概念，是对极短时间里幅值巨大的冲激现象的抽象表达，并非现实中的

信号。

（2）单位阶跃序列 $u(n)$。

$$u(n) = \begin{cases} 1, & n \geqslant 0 \\ 0, & n < 0 \end{cases} \tag{1.1.3}$$

延迟 M 个序号的单位阶跃序列为

$$u(n-M) = \begin{cases} 1, & n \geqslant M \\ 0, & n < M \end{cases} \tag{1.1.4}$$

用 MATLAB 语言可描述如下：

```
n＝1:40;                  %给出自然序号1到40
M＝15;                    %延迟值
x＝[(n－M)＞＝0];          %获得从M开始后的共25个1值的行向量
stem(n, x);              %绘出序列图
```

绘出的序列图如图 1.1.2 所示。

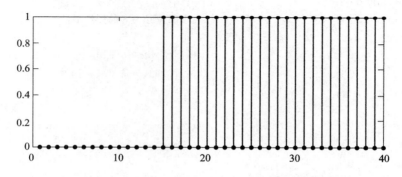

图 1.1.2　延迟的单位阶跃序列 $\delta(n-M)$

（3）N 点矩形窗序列 $R_N(n)$。

$$R_N(n) = \begin{cases} 1, & 0 \leqslant n \leqslant N-1 \\ 0, & n < 0, \quad n \geqslant N \end{cases} \tag{1.1.5}$$

显然，$R_N(n)=u(n)-u(n-N)$。一个序列若乘以矩形窗，相当于窗外数据被忽略成0，因此，经常用 $R_N(n)$ 来截取长序列中感兴趣的一段内容。

（4）实指数序列。

$$x(n) = a^n u(n) \quad a \neq 0 \tag{1.1.6}$$

当任意实数 $|a|<1$ 时，序列收敛，其总和为 $\sum_{n=0}^{\infty} a^n = \dfrac{1}{1-a}$；当 $|a|<1$ 时，其前有限 N 项和为 $\sum_{n=0}^{N-1} a^n = \dfrac{1-a^N}{1-a}$；但当 $|a|>1$ 时，$x(n)$ 序列发散。而当 $a=1$ 时，$x(n)$ 退化成单位阶跃 $u(n)$；当 $a=-1$ 时，$x(n)$ 成为正负1交替的序列，它在序列变换里经常会用到。

（5）复指数序列。

$$x(n) = (re^{j\omega_0})^n = r^n[\cos(\omega_0 n) + j\sin(\omega_0 n)] \tag{1.1.7}$$

大家知道，尽管现实中不存在复信号，但在信号分析理论中，复信号概念的引入带来了信号表示的巨大便利，特别是在傅立叶变换中。复序列要用实部和虚部共同表示，也可以用幅度和相位来表示。因此，习惯上图形表示需要绘制两张平面图，否则就要绘制一张

3 坐标的立体图。复指数序列尤为重要，绝大多数序列都可以由它来构造。

【例 1.1.1】 绘制因果复序列 $x(n)=(0.732e^{j0.523})^n u(n)=(0.732)^n(\cos0.523n+j\sin0.523n)u(n)$ 的两种表示方式的图形。

解 用 MATLAB 绘图编程如下：

```
n=0：30；                        %绘制 31 个点因果序列
x=(0.732.^n). * (exp(j * 0.523 * n))；   %注意程序中指数和群运算符号
Ax=abs(x)；                      %求出幅度，即复数模
Bx=angle(x)；                    %求出相角，以 rad 为单位
Cx=real(x)；                     %求出实部
Dx=imag(x)；                     %求出虚部
subplot(2，2，1)；                %分成四张小图绘制，小图编号为 1，可参看软件的
                                 帮助信息
stem(Ax)；                       %［1，0.73，0.54，0.39，0.29，0.21，0.15，…］
ylabel('幅度')；
subplot(2，2，3)；                %小图编号为 3 的图纸激活
stem(Bx)；
ylabel('相位')；                  %［0，0.52，1.05，1.57，2.09，2.62，3.14，
                                 −2.62，−2.09，…］rad
subplot(2，2，2)；
stem(Cx)；
ylabel('实部')；                  %［1，0.63，0.27，0.0，−0.14，−0.18，−0.15，
                                 −0.09，…］
subplot(2，2，4)；
stem(Dx)；
ylabel('虚部')；                  %［0，0.37，0.46，0.39，0.25，0.11，0.0，−0.06，
                                 −0.07，…］
```

复指数信号的两种图示方式如图 1.1.3 所示。

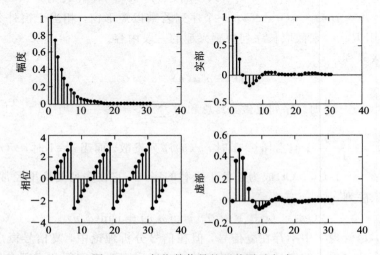

图 1.1.3 复指数信号的两种图示方式

(6) 周期序列。

如果一个序列的数据变化规律呈现出不断重复的特征，那么我们称之为周期序列，记为 $\tilde{x}(n)$。字母上方的"～"符号形象地表达了数值波动起伏犹如海浪一般，相同却没完没了，这正是周期信号规律的主要特征。我们用严谨的数学表达式描述如下：如果一个序列满足 $\tilde{x}(n) = \tilde{x}(n+rN)$，$0 \leqslant n \leqslant N-1$，$r$ 是任意整数，N 是任意正整数，则称 $\tilde{x}(n)$ 是周期为 N 的周期序列。

例如 $\tilde{f}(n) = \{\cdots, 1, 3, 6, 9, 7, 4, 1, 3, 6, 9, 7, 4, 1, 3, 6, \cdots\}$，如图 1.1.4 所示。

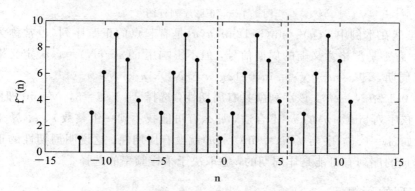

图 1.1.4　周期序列图例

仔细观察可知，$N=6$，就是说该序列只由 6 个数值不断重复组成。一个序列是否为周期的，取决于能否找到 r 和 N 来满足 $\tilde{x}(n) = \tilde{x}(n+rN)$。

(7) 正弦序列。

$$x(n) = \sin(\omega_0 n) \tag{1.1.8}$$

式中 ω_0 是数字域角频率，单位是 rad。这个序列的值是从某连续时间正弦波 $\sin(2\pi f_0 t)$ 经间隔为 T 的均匀采样，即令 $t=nT$ 后获得，其中 $\omega_0 = \Omega_0 T = 2\pi f_0 T = 2\pi f_0 / f_s$，$\Omega_0$ 是模拟域角频率。序列 $x(n)$ 是否为周期序列以及周期长度为多少，都取决于数字角频率 ω_0 的值。例如 $\omega_0 = 0.5\pi$，则 $x(n) = \{\cdots, 0, 1, 0, -1, 0, 1, 0, -1, 0, \cdots\}$，可以看出，最小周期为 4 点。因为 $\sin(0.5\pi(n+1\times4)) = \sin(0.5\pi n + 2\pi) = \sin(0.5\pi n)$，对比周期序列定义，得到 $r=1$，$N=4$。

【例 1.1.2】　绘制因果正弦序列的图形，并指出它的周期点数 N。

$$x(n) = \sin(0.12\pi n)u(n) = \sin(0.12\pi(n+N))u(n)$$

解　其 MATLAB 程序如下：

```
n=0:60;                  %给出序号，准备绘制61个点的因果序列
x=sin(0.12*pi*n);        %注意π的程序保留专用符号pi，这里ω₀=0.12π
stem(x);                 %绘制序列杆图
ylabel('幅度');           %标出纵轴名称
```

程序运行结果如图 1.1.5 所示。图中序号从 1 绘制到 61，仔细观察，可以看出从第 51 点开始序列另起一个周期，因为式 $0.12\pi rN = 2\pi i$，当取 $r=1$，$i=3$，$N=50$ 时成立。请读者试着用 stem(n,x) 替换程序中的 stem(x)，看看会出现什么结果？

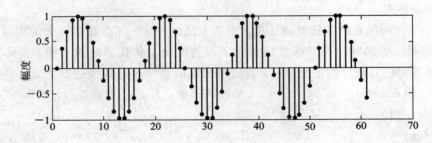

图 1.1.5　正弦序列杆图

注意：虽然在本例中 $x(n)=\sin(0.12\pi n)u(n)$ 是有起点的正弦序列（也常称为因果右边正弦序列），它不是严格意义上的周期信号，但不影响用 $x(n+rN)=x(n)$ 定义来判断因果序列的重复周期，即 $x(n+rN)=\sin(0.12\pi(n+rN))$，$n+rN\geqslant 0$。

若使得 $0.12\pi rN=2\pi i$，该序列就具有周期性，选择 $r=1$，$i=3$，$N=50$ 即能满足。当然，如果正弦序列 $\sin(\omega_0 n)$ 的 ω_0 不合适，那么有可能找不到一组整数 r、i、N 来满足周期定义式，比如 $\omega_0=0.3$，序列 $x(n)=\sin(0.3n)$ 就没有周期性。这说明周期性的正弦波经过采样后所形成的序列有可能是非周期的，它取决于采样频率的选择。

1.1.2　序列的运算

序列的运算遵守如下规则：

（1）相加减。$z(n)=x(n)\pm y(n)$，两个序列原点对齐，逐项对应相加减，形成新序列 $z(n)$。

（2）相乘。$z(n)=x(n)y(n)$，两个序列原点对齐，逐项对应相乘得到新序列 $z(n)$。特别地，当 $x(n)=a$ 时，$z(n)=ay(n)$，即 $y(n)$ 序列的每个元素都乘常数 a。

（3）移位。将 $x(n)$ 平移 M 个序号，得到新的序列 $y(n)=x(n-M)$，当 $M>0$ 时，表示 $y(n)$ 是 $x(n)$ 的延迟；当 $M<0$ 时，$y(n)$ 比 $x(n)$ 超前。

（4）反折。$y(n)=x(-n)$，序列对于 $n=0$ 处序号反向倒转，MATLAB 对应的功能函数是 fliplr。

（5）平方和与绝对值。

序列的平方和称为序列的能量：

$$W=\sum_{n=-\infty}^{\infty}|x(n)|^2 \tag{1.1.9}$$

如果某序列的 $W<\infty$，为有限值，则称该序列平方可和。若为有限 N 项信号，其功率 $P=W/N$。如果序列的绝对值和为有限值，$S<\infty$，即

$$S=\sum_{n=-\infty}^{\infty}|x(n)| \tag{1.1.10}$$

则称该序列绝对可和。式（1.1.10）常用来求偏差总和。注意，它不同于以下的序列总和：

$$Q=\sum_{n=-\infty}^{\infty}x(n) \tag{1.1.11}$$

如果序列 $x(n)$ 的每个样本绝对值都为有限值，即 $|x(n)|<M$，则称该序列为有界序列。

（6）实序列的偶部与奇部。

对于所有的 n，任何实序列 $x(n)$ 都有如下定义：

$x(n)$ 的偶部

$$x_e(n) = \frac{1}{2}\big[x(n) + x(-n)\big] \tag{1.1.12}$$

$x(n)$ 的奇部

$$x_o(n) = \frac{1}{2}\big[x(n) - x(-n)\big] \tag{1.1.13}$$

显然，$x(n) = x_e(n) + x_o(n)$，并且偶部 $x_e(n) = x_e(-n)$，具备关于原点偶对称特性，而奇部 $x_o(n) = -x_o(-n)$，具备关于原点奇对称性。

（7）任何序列 $x(n)$ 都可由单位脉冲序列 $\delta(n)$ 经过移位以及加权和来表达：

$$x(n) = \sum_{m=-\infty}^{\infty} x(m)\delta(n-m) \tag{1.1.14}$$

【例 1.1.3】 写出图 1.1.6 所示序列的 $\delta(n)$ 表达式。

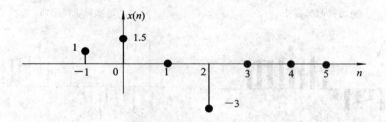

图 1.1.6　序列由 $\delta(n)$ 表示

解

$$x(n) = \{(1, 1.5, 0, -3, 0, 0, 0)\} = \delta(n+1) + 1.5\delta(n) - 3\delta(n-2)$$

$$\uparrow$$
$$n = 0$$

1.2　连续时间信号的采样

对连续信号进行时间上的离散化，是对连续信号进行数字处理的前提。因此我们关心的是信号经采样后发生了什么变化（如频谱的改变）？原信号的内容是否有丢失？也就是说采样序列是否能完全正确地代表原始连续信号？最后，能否不失真地从采样序列恢复到连续时间信号？如果能，它有什么附加约束条件吗？显然，这些问题很重要，都由著名的香农（Shannon）采样定理来回答。

1.2.1　连续信号的采样过程

采样器一般由电子开关组成，对于等间隔采样，开关每隔 T 秒短暂地闭合一次，将连续信号接通，从而实现一次采样，其闭合时间为 τ（τ 可小至纳秒级），如图 1.2.1 所示。电子开关的作用可用乘法器模拟，即看成是两信号相乘，也就是调制，如图 1.2.2 所示。

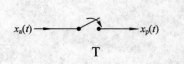

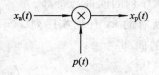

图 1.2.1　采样开关　　　　　　　图 1.2.2　模拟乘法器

实际采样与理想采样信号过程如图 1.2.3 所示，当 $p(t)$ 的 $\tau \to 0$ 时，即抽象成理想冲激序列。

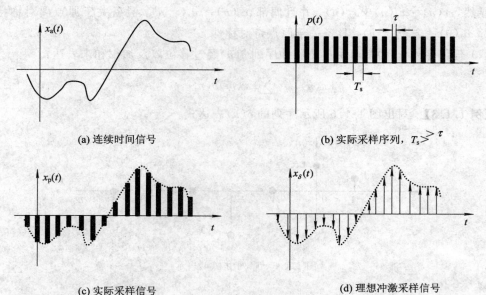

图 1.2.3　实际采样和理想采样信号示意

设采样脉冲串 $p(t)$ 的重复周期为 T_s，当脉宽 $\tau \ll T_s$ 时，$p(t)$ 可近似看成是理想周期冲激序列，并能展开成傅立叶级数，其中采样角频率 $\Omega_s = 2\pi f_s = 2\pi/T_s$。此时我们可以把理想采样信号 $x_\delta(t)$ 及其频谱函数 $X_\delta(\mathrm{j}\Omega)$ 写成：

$$p(t) \approx \delta_T(t) = \sum_{n=-\infty}^{\infty} \delta(t - nT_s) = \frac{1}{T_s} \sum_{m=-\infty}^{\infty} \mathrm{e}^{\mathrm{j}m\Omega_s t} \tag{1.2.1}$$

$$x_\delta(t) = x_a(t)\delta_T(t) = \sum_{n=-\infty}^{\infty} x_a(t)\delta(t - nT_s) \tag{1.2.2}$$

$$X_\delta(\mathrm{j}\Omega) = \frac{1}{T_s} \sum_{m=-\infty}^{\infty} X_a(\mathrm{j}\Omega - \mathrm{j}m\Omega_s) \quad \text{或} \quad X_\delta(\mathrm{j}f) = \frac{1}{T_s} \sum_{m=-\infty}^{\infty} X_a(\mathrm{j}2\pi(f - mf_s))$$

$$\tag{1.2.3}$$

式中 $X_a(\mathrm{j}\Omega)$ 是原连续信号 $x_a(t)$ 的傅立叶变换。可以看出，$X_\delta(\mathrm{j}f)$ 是以 f_s 为周期的频率连续复函数，且是由原信号频谱经周期化后形成的，即产生了各次调制频谱。注意，频谱幅度也发生了 $f_s = 1/T_s$ 倍的变化。

1.2.2　具有低通型频谱的连续信号的采样

如果原信号 $x_a(t)$ 是实带限的，且其频谱中最高频率分量为 $f_{\max}$，那么以高于 $2f_{\max}$ 的

采样率进行采样时，基带频谱以及采样产生的各次调制谐波频谱彼此不会重叠，如图
1.2.4 所示。此时，只要用幅度为 T_s、带宽为 $f_c(f_{max} < f_c < f_s - f_{max})$ 的理想低通滤波器就
能滤除各次调制频谱，而保留基带频谱，如图 1.2.4(b) 中虚线所框出的，也就是说能完全
真实地还原出原信号频谱。图(c)与图(d)是采样率不满足 $f_s > 2f_{max}$ 条件时出现了所谓的
频谱高频端混叠(aliasing)现象，也可以理解为假频，它改变了原基带频谱结构，从而无法
恢复出原信号频谱 $X_a(jf)$。

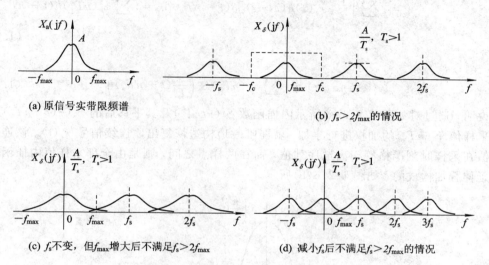

(a) 原信号实带限频谱

(b) $f_s > 2f_{max}$ 的情况

(c) f_s 不变，但 f_{max} 增大后不满足 $f_s > 2f_{max}$

(d) 减小 f_s 后不满足 $f_s > 2f_{max}$ 的情况

图 1.2.4　理想采样信号的周期频谱与混叠现象

这里我们定义几个术语。采样频率的一半称为折叠频率，信号中超过这个频率的分量
都将因为采样而被反折回来，造成频谱的混叠，出现所谓假频现象。折叠频率记为
$f_o = 0.5f_s$。保证能够重新恢复出原信号的最低采样频率称为奈奎斯特(Nyquist)采样频
率，记为 $f_N = 2f_{max}$，它等于信号最高频率的 2 倍，是信号固有的特征参数。实际应用中，
为了防止发生频谱混叠，在采样之前都要对模拟信号进行抗混叠的低通预滤波处理，使得
进入采样器的信号最高频率保证限制在 $0.5f_s$ 以内。

如果频谱是 $X_\delta(jf)$ 的离散时间信号
(采样信号)通过一个理想低通滤波器
$H(jf)$(见图1.2.5)：

$$H(jf) = \begin{cases} T_s & |f| < 0.5f_s \\ 0 & |f| \geqslant 0.5f_s \end{cases}$$

（1.2.4）

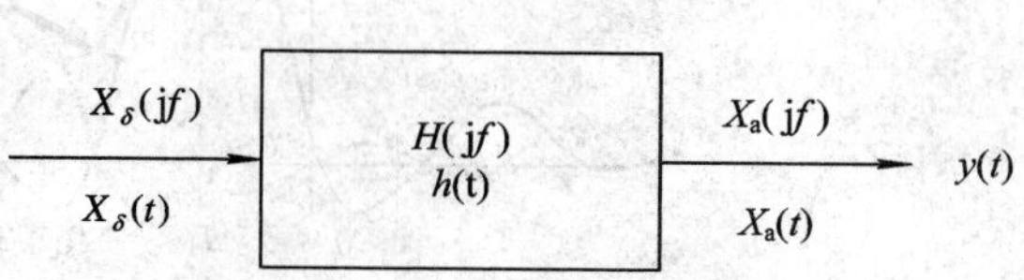

图 1.2.5　离散信号通过理想低通滤波器

则滤波器输出是 $Y(jf) = H(jf)X_\delta(jf)$，由于在基频带$(-0.5f_s \sim 0.5f_s)$里，$X_\delta(jf)$ 与
$X_a(jf)$ 仅相差 T_s 倍，因此

$$Y(jf) = H(jf)X_\delta(jf) = T_s\left(\frac{1}{T_s}X_a(jf)\right) = X_a(jf)$$

（1.2.5）

上式进行傅立叶逆变换后，我们得到理想低通滤波器输出的时域表达式 $y(t) = x_a(t)$。

以上过程还可以从时域角度来分析，对于滤波器，我们有

$$h(t) = F^{-1}\{H(\mathrm{j}f)\} = \frac{1}{2\pi}\int_{-0.5\Omega_s}^{0.5\Omega_s} T_s \mathrm{e}^{\mathrm{j}\Omega t}\,\mathrm{d}\Omega = \frac{\sin\left(\frac{\pi}{T_s}t\right)}{\frac{\pi}{T_s}t} = S_a\left(\frac{\pi}{T_s}t\right) \qquad (1.2.6)$$

$$y(t) = x_\delta(t) * h(t) = \int_{-\infty}^{\infty}\left[\sum_{n=-\infty}^{\infty} x_a(\tau)\delta(\tau - nT_s)\right]h(t-\tau)\,\mathrm{d}\tau$$

$$= \sum_{n=-\infty}^{\infty}\int_{-\infty}^{\infty}[x_a(\tau)h(t-\tau)]\delta(\tau - nT_s)\,\mathrm{d}\tau = \sum_{n=-\infty}^{\infty} x_a(nT_s)h(t-nT_s)$$

$$(1.2.7)$$

故

$$y(t) = x_a(t) = \sum_{n=-\infty}^{\infty} x_a(nT_s)S_s\left(\frac{\pi}{T_s}(t-nT_s)\right) \qquad (1.2.8)$$

上式说明，通过对如图 1.2.6(a) 所示内插函数 $S_a(\pi t/T_s)$ 及其平移后的 $S_a(\pi(t-nT_s)/T_s)$ 并经采样值 $x_a(nT_s)$ 的加权进行累加，就能唯一地构造恢复出原连续信号 $x_a(t)$。该连续信号的值在采样时刻严格等于离散序列值，而在两样点之间，则是由全部采样值内插函数的波形延伸叠加构成的，如图 1.2.6(b) 所示。

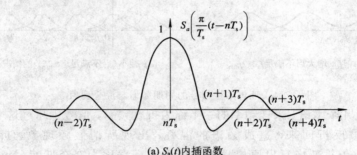

(a) $S_a(t)$ 内插函数

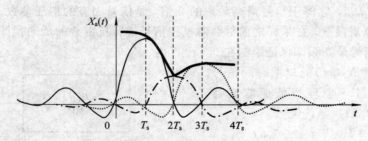

(b) 采样信号的内插函数重构

图 1.2.6　内插函数与内插函数重构

值得指出的是，图 1.2.6(b) 进行的重构恢复，所使用的采样序列 $x_a(nT_s)$ 必须是在没有发生频谱混叠情况下取得的，也就是说要满足 shannon 采样定理。否则，该采样序列也有可能来自于另外一个连续信号，即采样时若发生频谱混叠，那么序列就不能唯一地代表某个连续信号，也就谈不上重构出原信号了。

1.2.3　具有带通型频谱的连续信号的采样

如果连续信号 $x_a(t)$ 的频谱如图 1.2.7 所示，则其一般被称做是带通类型的。例如，单边带调幅波的频谱就是这种类型。它是由低通信号频谱经高频载波调制并经过一定处理后形成的，通常上边频 f_2 比带宽 $B=f_2-f_1$ 大很多，记有效频带中心为 f_c，下边频 $f_1=f_c-0.5B$。

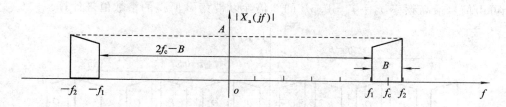

图 1.2.7　带通型频谱

对于这类带通型的信号，尽管可以选择 $f_s>2f_2$ 进行无混叠不失真采样，但因 f_2 本来就很高，使得采样率 f_s 可能高到无法实现的程度，即使能做到，成本也一定会很高。幸运的是，仔细观察带通频谱结构就会发现，有效信号频带 B 以外的大量频率区本身都是零幅度的，那么利用这一点，可以合理降低采样频率 f_s，降低到奈氏频率 $f_N=2f_{max}$ 以下（称欠采样技术），且由采样所带来的频谱周期化以及频谱叠加也不会伤及有效频带。因为时域采样等效于频域里将原频谱以 f_s 整倍数左右平移再叠加，如果保证有意义频带都移动到零幅度区，亦即跟零叠加，就不会改变频谱，当然就避免了混叠现象。如图 1.2.7 所示的直流到下边频($0\sim f_1$)就是零幅度区。注意，图 1.2.8 是采样后的频谱结构，依然是对于纵轴左右对称的。

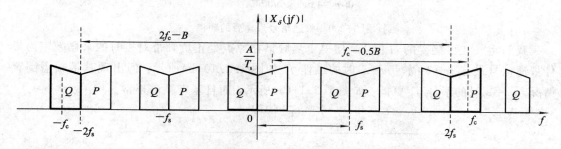

图 1.2.8　带通信号欠采样情况，$m=4$，$f_s=(2f_c-B)/4$

设原信号谱(粗线所示)正频带 P 和负频带 Q，有效带宽 $B=f_2-f_1$，调整 f_s，使得重复频谱的正频带 P 和负频带 Q 恰好在坐标 0 点对接，并且在 $2f_c-B$ 的零幅度区里有 m 个重复周期。图 1.2.8 中是 $m=4$，即在 $2f_c-B$ 的零幅度区塞下 4 个采样后的谐波频带(由原频谱平移 $\pm f_s$ 和 $\pm 2f_s$)而不发生重叠。显然，$mf_s=(2f_c-B)$。如果增大 f_s，图 1.2.8 中的 Q 将向右、P 向左移动进而发生混叠，说明 f_s 不能任意增大，必须小于这个上限。如果减小采样率 f_s，原谱不动，P 将向右而 Q 向左移动，从而分开，如图 1.2.9(a) 所示。继续减小 f_s，直到 P、Q 又接在一起，即最低采样率(当然无论何时都要满足 $f_s>2B$)情况，如图 1.2.9(b) 所示，此时在 $2f_c+B$ 频带里有 5 个频谱周期，即 $(m+1)f_s=2f_c+B$，f_s 不能再小了。总结以上分析，采样率 f_s 应处于一定范围才能避免混叠，即

$$\frac{2f_c+B}{m+1}\leqslant f_s\leqslant\frac{2f_c-B}{m}, \quad 且 f_s>2B \tag{1.2.9}$$

若采样率超出上式范围，例如进一步增大 f_s，将使得 P、Q 重叠后彼此错过再分开，就进

入了 $m=3$ 的情况，继续增大到 $m=2$，$m=1$，最后是 $f_s=2f_c+B$ 的极端情况，那就是当作低通信号处理的 Shannon 采样率。相反地，若 f_s 减小，会在零幅度区里塞入更多的采样谐波频谱，将出现放不下的情况，即已达到采样率下限了。究竟能放下几个重复周期呢？这个可由信号最高频率 $f_2=f_c+0.5B$ 的 2 倍除以带宽 B 所得的整数值来计算。

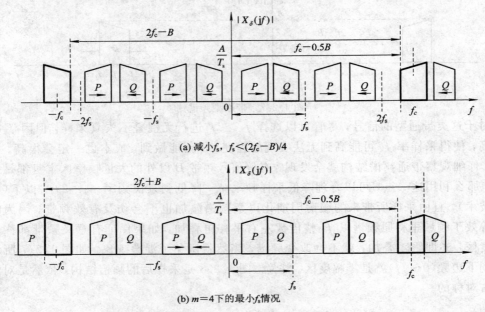

(a) 减小 f_s，$f_s < (2f_c-B)/4$

(b) $m=4$ 下的最小 f_s 情况

图 1.2.9　带通信号采样后的频谱

我们定义在可接受的 m 值下，使得重复频谱在原点处正负频带对接时的采样频率为最佳带通信号最佳采样频率。$m=1$ 时的最佳 f_s 如图 1.2.10(b) 所示，但出现基带频谱倒置情况。$m=2$ 时的最佳 f_s 更低，如图 1.2.11(a) 所示，而且基带频谱正常。

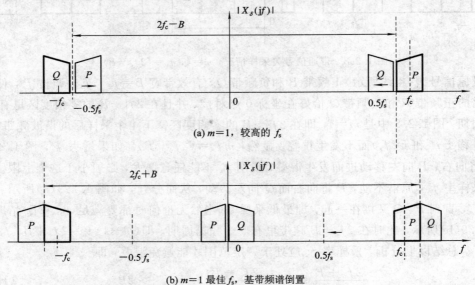

(a) $m=1$，较高的 f_s

(b) $m=1$ 最佳 f_s，基带频谱倒置

图 1.2.10　带通信号采样时的频谱情况讨论

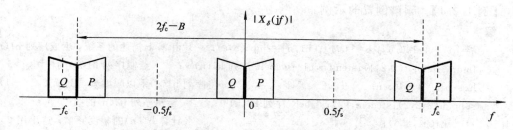

(a) $m=2$，最佳 f_s，基带频谱正常

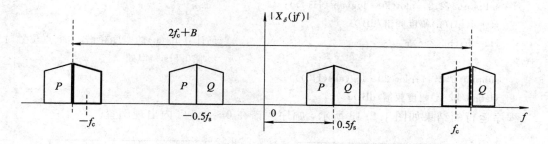

(b) $m=2$，更小的 f_s，但基带没有频谱

图 1.2.11　带通信号采样频率的选择

结合前面的图，可以看到，m 为偶数时，基带频谱不会倒置；m 为奇数时，如图 1.2.12 所示，基带频谱出现倒置，不过这个问题可以通过数字处理将其翻转过来解决。针对本例子，似乎应该选 $m=4$，既有更低采样率，又没有基带频谱倒置问题。但如果 f_c 过小，假如只能到 $m=3$ 的情况，那么应该选 $m=2$ 为正常基带频谱而付出较高采样率的代价，还是选 $m=3$ 的低的采样率而另外单独处理基带频谱倒置问题呢？后者应该更可取，因为可以通过简单的数字处理把基带频谱翻转过来。以后将会看到，这个办法只是把采样序列 $x_a(n)$ 与 $(-1)^n$ 相乘，在频域里表现为 $0\sim0.5f_s$ 频带绕 $0.25f_s$ 左右翻转，即直流 DC(0 Hz) 频率倒置到 $\pm0.5f_s$。如【例 1.2.1】中，这个正负 1 单位交替的工具序列有时还写成 $(-1)^n = \cos(n\pi) = e^{j\pi n}$。此外，如果原始谱正频率有意义部分是关于中心频率 f_c 偶对称的话，那么采样频谱就不会存在倒置的问题。

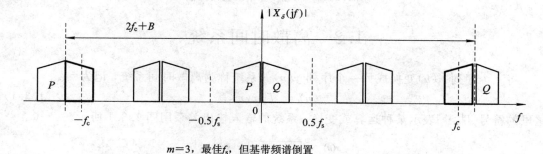

$m=3$，最佳 f_s，但基带频谱倒置

图 1.2.12　带通信号最佳采样频率的确定

【例 1.2.1】 频谱倒置的示例。

解

```
a=[1,−1.1,0.6]; b=[0,1];[h1,n]=impz(b,a);    %由 a, b 描述的系统，生成序列 h1(n)
figure;subplot(2,2,1);stem(n,h1);ylabel('序列 h1(n)');    %绘制序列 h1(n)的杆图
h2=h1.*(−1).^n;                                %将序列 h1(n)乘以幅度频谱倒置工具(−1)^n
subplot(2,2,2);stem(n,h2);ylabel('序列 h2(n)');    % 绘制序列 h2(n)的图
H1=fft(h1,256);                                %计算 h1(n)的幅度频谱。这里用 256 点
                                                数据，最后点对应于 fs

subplot(2,2,3);plot(20*log(abs(H1)));
ylabel('h1(n)幅度频谱/dB');
H2=fft(h2,256);                                %计算 h2(n)的幅度频谱。128 点位置对
                                                应 0.5fs 频率处

subplot(2,2,4);plot(20*log(abs(H2)));
ylabel('h2(n)幅度频谱/dB');
```

程序运行的结果如图 1.2.13 所示，幅序频谱在 $0\sim0.5f_s$ 内出现倒置。

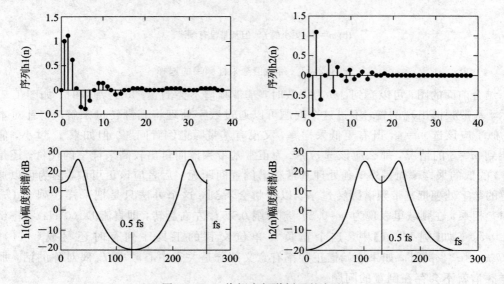

图 1.2.13 将幅度频谱倒置的办法

1.3 离散时间系统

将一个序列 $x(n)$变换成另一个序列 $y(n)$的系统称为离散时间系统，记为

$$y(n) = T[x(n)] \tag{1.3.1}$$

这里的符号 T[·]表示某种运算或变换。系统的输入输出关系用图 1.3.1 所示。

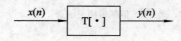

图 1.3.1 离散系统模型

1.3.1 系统的线性、时不变性、稳定性与因果性

以下是关于系统特性的一般描述，目的是将各式各样的系统进行分门别类，以便研究。

线性系统满足叠加原理，它包含两个方面的性质：均匀性和可加性。

均匀性也称比例性，是指当系统的输入变化 a 倍，其输出也相应变化 a 倍。其中比例 a 还可以是复数。

可加性是指系统分别输入两个序列 $x_1(n)$ 和 $x_2(n)$，其各自对应的输出是 $y_1(n)$ 和 $y_2(n)$，那么，当混合输入 $x_1(n)+x_2(n)$ 时，系统将会输出 $y_1(n)+y_2(n)$。

当系统同时满足均匀性和可加性时，我们称该系统是线性系统，否则为非线性系统。

时不变是指系统的性能不会随时间发生改变。也就是无论何时输入信号，只要 $x(n)$ 相同，系统输出也总是相同的 $y(n)$，只不过是随着 $x(n)$ 加到系统的先后，$y(n)$ 出现的时间不同而已。用符号表示就是：若 $y(n)=T[x(n)]$，有 $y(n-n_0)=T[x(n-n_0)]$ 成立，则称系统 $T[\cdot]$ 是时不变的。

若系统输入是有界的，其输出也一定是有界的，这样的系统即为稳定系统。如果从系统的单位脉冲响应 $h(n)$ 来考虑，则稳定系统的充分必要条件是其 $h(n)$ 绝对可和，即满足下式：

$$\sum_{n=-\infty}^{\infty} |h(n)| = M < \infty \tag{1.3.2}$$

一个因果系统的输出 $y(n)$ 只取决于当前以及以往的输入 $x(n)$，$x(n-1)$，$x(n-2)$，$\cdots$，$x(n-N)$ 等，输出与这些输入在时间先后上是符合因果规律的，因此称为因果系统。相反，如果当前输出 $y(n)$ 还要依赖未来的输入 $x(n+1)$、$x(n+2)$ 等，这是不现实的，就是所谓的非因果系统。

判断一个线性时不变系统是不是因果系统的充分必要条件是：

$$h(n) = 0, \ n < 0$$

即系统的单位脉冲响应序列没有负序号项。这一点其实从 $h(n)$ 定义上就能知道，在零状态下，系统于 0 时刻之前都没有响应，处于松弛状态，仅当受 $\delta(n)$ 激励时，才有响应 $h(n)$ 产生，这样 $h(n)$ 必然出现在 $n \geqslant 0$ 之后，时间上符合因果关系。也因此常常把 $n < 0$ 时 $x(n) = 0$ 的序列统称为因果序列，意味着它可作为因果系统的单位脉冲响应。

尽管连续时间非因果系统是不可实现的，例如理想模拟低通滤波器，但数字信号处理中由于系统有存储记忆能力，非因果关系却是可以实现的。很多数据处理场合可以是非实时的，并且实际工程中即使要求实时处理，一般也容许有一定的延迟，对于输出 $y(n)$ 来说，可以将大量的输入数据 $x(n+1)$，$x(n+2)$，$x(n+3)$，$x(n+4)$ 放入存储器，经过一定延迟后取出来供计算使用，从而实现非因果系统。换句话说，可以用一个带有延迟的因果系统来近似等效非因果系统，这是一种获得更接近于理想频率特性的方法。

1.3.2 离散时间系统的差分方程描述

对于线性时不变的离散系统，可用如下常系数差分方程描述，它给出输入序列 $x(n)$ 和输出序列 $y(n)$ 的关系：

$$\sum_{k=0}^{N} a_k y(n-k) = \sum_{r=0}^{M} b_r x(n-r)$$

式中 N 称为离散系统的阶次，改写成

$$y(n) = \sum_{r=0}^{M} b_r x(n-r) - \sum_{k=1}^{N} a_k y(n-k) \qquad (1.3.3)$$

它说明输出序列第 n 个值 $y(n)$ 不仅取决于同一瞬间的输入样值 $x(n)$，而且还与以前的各输出值 $y(n-k)$ 有关。因此，为了得到 $y(n)$，必须依次存留 N 个以前的输出值 $y(n-1)$，$y(n-2)$，$\cdots$，$y(n-N)$。

需要注意的是：如果不加约束条件，满足差分方程式(1.3.3)的序列 $x(n)$ 与 $y(n)$ 将不是唯一的，这个问题可以由下面的例子说明。

【例 1.3.1】 研究差分方程 $y(n) = 0.2\, y(n-1) + x(n)$ 的解的唯一性问题。

解 设 $x(n) = \delta(n)$，且 $n < 0$ 时，$y(n) = 0$，那么，可以令 $n = 0$ 代入差分方程：

$$y(0) = 0.2\, y(-1) + x(0) = 0.2 \times 0 + 1 = 1$$

同理

$$y(1) = 0.2\, y(0) + x(1) = 0.2 \times 1 + 0 = 0.2$$
$$y(2) = 0.2 \times 0.2$$
$$y(3) = 0.2 \times 0.2 \times 0.2$$
$$\cdots$$
$$y(n) = (0.2)^n, \ n \geqslant 0$$

或

$$y(n) = (0.2)^n u(n)$$

但若假设 $n \geqslant 0$ 时，$y(n) = 0$，那么同样的 $\delta(n)$ 激励下，可得另一组 $y(n)$ 满足差分方程。改写方程为

$$y(n-1) = 5(y(n) - x(n)), \ 或 \ y(n) = 5(y(n+1) - x(n+1))$$

那么令 $n = -1$ 代入，得

$$y(-1) = 5(y(0) - x(0)) = 5 \times (-1) = -5$$
$$y(-2) = 5(y(-1) - x(-1)) = 5 \times y(-1) = -25$$
$$y(-3) = -5 \times 5 \times 5$$
$$\cdots$$
$$y(n) = -(5)^{(-n)}, \ n < 0$$

或

$$y(n) = -(0.2)^n u(-n-1)$$

显然，后者是一非因果系统。

1.3.3 离散时间系统的状态方程描述

状态方程能够规范地描述多输入多输出(MIMO)系统，解决在单输入单输出(SISO)系统中惯用的传递函数所难以表达的问题，这是它的一个突出的优点。对于一个动态的线性时不变离散系统，除了用前面小节所述的 N 阶差分方程描述外，也可以把它改写成一阶的差分方程组。引入了一个所谓的状态变量 $\lambda(n)$，形式为

$$\begin{cases} \lambda_1(n+1) = a_{11}\lambda_1(n) + a_{12}\lambda_2(n) + \cdots + a_{1N}\lambda_N(n) + b_{11}x_1(n) + b_{12}x_2(n) + \cdots + b_{1m}x_m(n) \\ \lambda_2(n+1) = a_{21}\lambda_1(n) + a_{22}\lambda_2(n) + \cdots + a_{2N}\lambda_N(n) + b_{21}x_1(n) + b_{22}x_2(n) + \cdots + b_{2m}x_m(n) \\ \cdots \\ \lambda_N(n+1) = a_{N1}\lambda_1(n) + a_{N2}\lambda_2(n) + \cdots + a_{NN}\lambda_N(n) + b_{N1}x_1(n) + b_{N2}x_2(n) + \cdots + b_{Nm}x_m(n) \end{cases}$$

$$(1.3.4)$$

$$\begin{cases} y_1(n) = c_{11}\lambda_1(n) + c_{12}\lambda_2(n) + \cdots + c_{1N}\lambda_N(n) + d_{11}x_1(n) + d_{12}x_2(n) + \cdots + d_{1m}x_m(n) \\ y_2(n) = c_{21}\lambda_1(n) + c_{22}\lambda_2(n) + \cdots + c_{2N}\lambda_N(n) + d_{21}x_1(n) + d_{22}x_2(n) + \cdots + d_{2m}x_m(n) \\ \cdots \\ y_r(n) = c_{r1}\lambda_1(n) + c_{r2}\lambda_2(n) + \cdots + c_{rN}\lambda_N(n) + d_{r1}x_1(n) + d_{r2}x_2(n) + \cdots + d_{rm}x_m(n) \end{cases}$$

$$(1.3.5)$$

其中：$\lambda_1(n)$，$\lambda_2(n)$，$\cdots$，$\lambda_N(n)$称为系统的 N 个状态变量；$x_1(n)$，$x_2(n)$，$\cdots$，$x_m(n)$是系统的 m 个输入信号序列；$y_1(n)$，$y_2(n)$，$\cdots$，$y_r(n)$为系统的 r 个输出信号序列。

式(1.3.4)称为系统的状态方程，相应地，式(1.3.5)称为系统的输出方程，简写成矢量方程即矩阵形式：

$$\begin{cases} \boldsymbol{\lambda}_{N\times 1}(n+1) = \boldsymbol{A}_{N\times N}\boldsymbol{\lambda}_{N\times 1}(n) + \boldsymbol{B}_{N\times m}\boldsymbol{x}_{m\times 1}(n) \\ \boldsymbol{y}_{r\times 1}(n) = \boldsymbol{C}_{r\times N}\boldsymbol{\lambda}_{N\times 1}(n) + \boldsymbol{D}_{r\times m}\boldsymbol{x}_{m\times 1}(n) \end{cases}$$

$$(1.3.6)$$

其中

$$\boldsymbol{\lambda}(n) = \begin{bmatrix} \lambda_1(n) \\ \lambda_2(n) \\ \vdots \\ \lambda_N(n) \end{bmatrix} \quad \boldsymbol{x}(n) = \begin{bmatrix} x_1(n) \\ x_2(n) \\ \vdots \\ x_m(n) \end{bmatrix} \quad \boldsymbol{y}(n) = \begin{bmatrix} y_1(n) \\ y_2(n) \\ \vdots \\ y_r(n) \end{bmatrix}$$

$$\boldsymbol{A} = \begin{bmatrix} a_{11} & a_{12} & \cdots & a_{1N} \\ a_{21} & a_{22} & \cdots & a_{2N} \\ \vdots & \vdots & & \vdots \\ a_{N1} & a_{N2} & & a_{NN} \end{bmatrix} \quad \boldsymbol{B} = \begin{bmatrix} b_{11} & b_{12} & \cdots & b_{1m} \\ b_{21} & b_{22} & \cdots & b_{2m} \\ \vdots & \vdots & & \vdots \\ b_{N1} & b_{N2} & & b_{Nm} \end{bmatrix}$$

$$\boldsymbol{C} = \begin{bmatrix} c_{11} & c_{12} & \cdots & c_{1N} \\ c_{21} & c_{22} & \cdots & c_{2N} \\ \vdots & \vdots & & \vdots \\ c_{r1} & c_{r2} & \cdots & r_{rN} \end{bmatrix} \quad \boldsymbol{D} = \begin{bmatrix} d_{11} & d_{12} & \cdots & d_{1m} \\ d_{21} & d_{22} & \cdots & d_{2m} \\ \vdots & \vdots & & \vdots \\ d_{r1} & d_{r2} & \cdots & d_{rm} \end{bmatrix}$$

$\boldsymbol{A}$ 为 $N\times N$ 阶的系统系数矩阵，$\boldsymbol{B}$ 为 $N\times m$ 阶的输入矩阵，$\boldsymbol{C}$ 为 $r\times N$ 阶的输出矩阵，$\boldsymbol{D}$ 为 $r\times m$ 阶的直通矩阵。系统的方框图如图 1.3.2 所示。注意，输入与输出都是向量，表示多输入多输出系统。

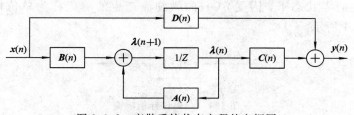

图 1.3.2　离散系统状态方程的方框图

以上表达看似复杂，实际上我们可以很容易地把差分方程所对应的离散系统函数 $H(z)$ 写出来，然后用 MATLAB 提供的传递函数 $H(z)$ 与状态方程式(1.3.6)互相转换的专门函数(tf2ss)来完成。举个单输入单输出的系统作为例子。

【**例 1.3.2**】 用状态方程表示由如下差分方程描述的因果离散系统。

$$y(n) + 0.2\, y(n-1) + 0.4\, y(n-2) + 0.5\, y(n-3) = 0.7x(n) - 0.6x(n-1)$$

解 先对上式两边进行 Z 变换，整理成按 z 降幂形式的系统传递函数 $H(z)$（当然这一步也可以省，只是为了与标准形式相比较以写出系数向量）。

$$H(z) = \frac{Y(z)}{X(z)} = \frac{0.7 - 0.6z^{-1}}{1 + 0.2z^{-1} + 0.4z^{-2} + 0.5z^{-3}}$$

MATLAB 程序如下：

```
num＝[0.7 −0.6];          %给出分子多项式系数向量
den＝[1 0.2 0.4 0.5];     %给出分母多项式系数向量
[A B C D]＝tf2ss(num,den);%调用转换函数，得到状态方程的 4 个系数矩阵
                         %tf2ss：Transfer Function to State Space 的缩写
```

$$\boldsymbol{A} = \begin{bmatrix} -0.2 & -0.4 & -0.5 \\ 1 & 0 & 0 \\ 0 & 1 & 0 \end{bmatrix}$$

$$\boldsymbol{B} = \begin{bmatrix} 1 \\ 0 \\ 0 \end{bmatrix}$$

$$\boldsymbol{C} = \begin{bmatrix} 0 & 0.7 & -0.6 \end{bmatrix}$$

$$\boldsymbol{D} = \begin{bmatrix} 0 \end{bmatrix}$$

即系统状态方程描述式为

$$\begin{cases} \boldsymbol{\lambda}(n+1) = \boldsymbol{A\lambda}(n) + \boldsymbol{B}x(n) \\ y(n) = \boldsymbol{C\lambda}(n) + \boldsymbol{D}x(n) \end{cases}$$

表示了一个 3 阶的常系数离散系统。值得注意的是，矩阵 $\boldsymbol{A}$、$\boldsymbol{B}$、$\boldsymbol{C}$、$\boldsymbol{D}$ 是不唯一的，也就是说，还可以有其他的 $\boldsymbol{A}$、$\boldsymbol{B}$、$\boldsymbol{C}$、$\boldsymbol{D}$ 组合能表示这个差分方程。

1.4 离散时间系统的时域分析

1.4.1 离散线性时不变系统的单位样值响应

在离散系统分析中，单位样值响应的概念非常重要，类似连续系统分析的单位冲激响应。系统在松弛的零状态下，因受 $\delta(n)$ 的激励而产生的响应称为单位样值响应，记为 $h(n)$，如图 1.4.1 所示。

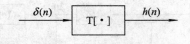

图 1.4.1 单位样值响应

$h(n)$揭示了系统内在的本质特性，与输入无关，可以根据它判断系统的稳定性、因果性等。对于【例1.3.2】所描述的系统，其$h(n)$可以用impz函数轻易得到，只要输入如下语句：

$$impz(num, den, 40)；\qquad \%画出 h(n)的前40个值$$

例1.3.2离散系统的单位样值响应如图1.4.2所示。

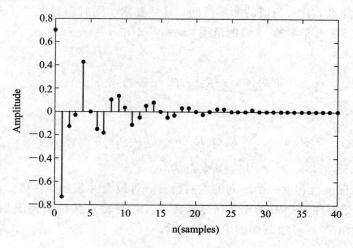

图1.4.2　例1.3.2离散系统的单位样值响应

1.4.2　线性卷积

线性时不变系统的零状态输出可以通过系统的单位样值响应来求得，这是因为任意激励序列$x(n)$都能分解成单位样值$\delta(n)$的加权和的形式：

$$x(n) = \cdots + x(-1)\delta(n+1) + x(0)\delta(n) + x(1)\delta(n-1) + x(2)\delta(n-2) + \cdots$$

$$= \sum_{i=-\infty}^{\infty} x(i)\delta(n-i) \tag{1.4.1}$$

系统对于$\delta(n)$的响应是$h(n)$，由线性和时不变特性可知，系统对于$x(i)\delta(n-i)$项的响应就是$x(i)h(n-i)$，因此，全部累加起来就得到系统对于任意序列$x(n)$的响应$y(n)$为

$$y(n) = \sum_{i=-\infty}^{\infty} x(i)h(n-i) = x(n) * h(n) = h(n) * x(n) \tag{1.4.2}$$

上式称为序列$x(n)$与$h(n)$的卷积和，亦称线性卷积。它表明了激励$x(n)$和响应$y(n)$以及系统的$h(n)$三者之间的关系。显然，这种卷积运算遵守交换律、分配律、结合律。

对照式(1.4.2)，式(1.4.1)还可以简写成

$$x(n) = x(n) * \delta(n) = \delta(n) * x(n)$$

说明一个序列与单位样值的卷积，其结果保持不变。这个特性可推广如下：

$$x(n-m) = x(n) * \delta(n-m) = \delta(n-m) * x(n)$$

【例1.4.1】　计算两个矩形序列$R_4(n)$和$R_5(n)$的线性卷积。

解　根据线性卷积定义有

$$y(n) = \sum_{i=-\infty}^{\infty} R_4(i) R_5(n-i)$$

求解 $y(n)$ 首先碰到的是无限项累加的问题，除了很特别的式子可以用理论知识求出结果外，一般都根据实际情况确定出累加区间范围。本题要根据两个矩形序列的非零值区间，确定上式求和的上、下限，$R_4(i)$ 的非零值区间为 $0 \leqslant i \leqslant 3$，而 $R_5(n-i)$ 的非零值区间为 $0 \leqslant n-i \leqslant 4$，那么，其乘积值的非零区间，显然要求 i 同时满足两个不等式 $0 \leqslant i \leqslant 3$ 和 $n-4 \leqslant i \leqslant n$，可以解出非零的 $y(n)$ 的范围：$n=0\sim3$ 和 $n=4\sim7$。

当 $0 \leqslant n \leqslant 3$ 时，

$$y(n) = \sum_{i=0}^{n} R_4(i) R_5(n-i) = n+1$$

当 $4 \leqslant n \leqslant 7$ 时，

$$y(n) = \sum_{i=n-4}^{3} R_4(i) R_5(n-i) = \sum_{i=n-4}^{3} 1 = 8-n$$

即 $y(n) = \{1, 2, 3, 4, 4, 3, 2, 1\}$，其余都为 0。

图解计算过程包括其中一个序列的左右翻转、对位乘并累加、右移 1 位后再做乘加运算等步骤。两个矩形序列如图 1.4.3 所示。将 $R_5(n)$ 翻转及移位的情况如图 1.4.4 所示，最后的线性卷积结果 $y(n)$ 绘制如图 1.4.5 所示。

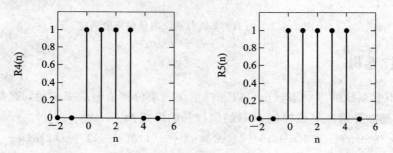

图 1.4.3　$R_4(n)$ 和 $R_5(n)$

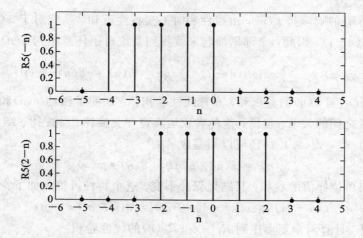

图 1.4.4　翻转 $R_5(-n)$ 和右移 2 个单位 $R_5(2-n)$

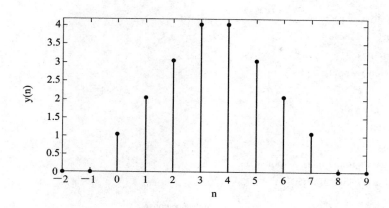

图 1.4.5　最后的卷积结果序列 $y(n)$

我们可以用 MATLAB 卷积语句计算：$y(n)=\mathrm{conv}(a, b)$；实现两个序列 a 和 b 的线性卷积。注意，其结果 $y(n)$ 的长度 $N=N_a+N_b-1$。其中 N_a 是序列向量 a 的长度，N_b 是序列向量 b 的长度。显然，要计算理论上是无限长的序列的线性卷积，这个函数是不适合的，应另外想办法。

1.4.3　离散时间系统的 MATLAB 分析

读者一定注意到了，在前面的各个例子中不时出现了许多 MATLAB 函数，这些函数都非常有用，借助这个强大的软件工具，能帮助我们分析各种信号和系统特性，比如系统的零极点分布图，系统的频率响应曲线等，这些将在后续的章节中介绍。现以一个例子做为本章的结束。

【例 1.4.2】　设离散系统由如下差分方程表示：
$$y(n)-y(n-1)+0.8\, y(n-2)=1.6x(n)$$
试分别绘制系统的单位冲激响应 $h(n)$ 和单位阶跃响应 $g(n)$，以及输入为矩形序列 $R_3(n)$ 的系统响应 $y(n)$ 图，观察范围是 $n=-10\sim50$。

解　对于本题，分别有 3 种激励输入，可把系统看成数字滤波器（或一段数值处理程序）来研究，可以采用 MATLAB 提供的 filter 函数来求出响应，结果如图 1.4.6 所示。

```
num=1.6;                                   %滤波器的分子多项式系数
den=[1,-1,0.8];                            %滤波器的分母多项式系数
n=-10:50;                                  %要求的限定观察范围
x1=[zeros(1,10),1,zeros(1,50)];            %构造3个激励序列,单位脉冲序列δ(n)
x2=[zeros(1,10),1,ones(1,50)];            %单位阶跃序列u(n)
x3=[zeros(1,10),1,1,1,zeros(1,48)];       %矩形序列R₃(n)
h=filter(num,den,x1);                      %分别获得3个激励时的响应序列
g=filter(num,den,x2);
y=filter(num,den,x3);
subplot(3,1,1);stem(n,h);                  %绘3张子图
title('impulse response');
xlabel('n');
```

```
ylabel('h(n)');
subplot(3, 1, 2);
stem(n, g);
title('step response');
xlabel('n');
ylabel('g(n)');
subplot(3, 1, 3);
stem(n, y);
title('rectangular pulse response');
xlabel('n'); ylabel('y(n)');
```

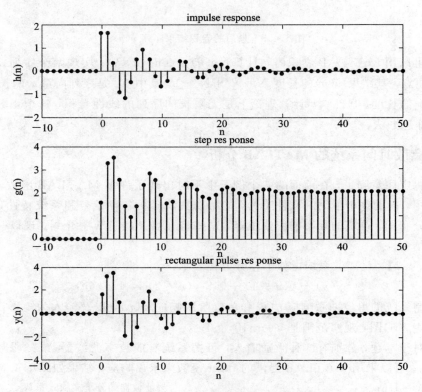

图 1.4.6　离散系统对于三个典型激励的响应

习　题　一

1.1　在数字化处理模拟信号时,于 A/D 变换之前和 D/A 变换之后都要让信号通过一个模拟低通滤波器,它们分别起什么作用?

1.2　在过滤限带的模拟数据时,常采用数字滤波器,如题图 1.1 所示,图中 T 表示采样周期(假设 T 足够小,足以防止混叠效应),把从 $x(t)$ 到 $y(t)$ 的整个系统等效为一个模拟滤波器。

(1)　如果 $h(n)$ 截止于 $\pi/8$,$f_s = 1/T = 10$ kHz,求整个系统的截止频率。

（2）对于 $f_s = 20$ kHz，重复（1）的计算。

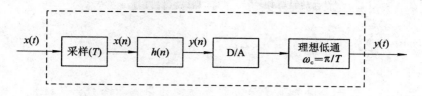

题图 1.1

1.3 一模拟信号 $x(t)$ 具有如题图 1.2 所示的带通型频谱，若对其进行采样，试确定最佳采样频率，并绘制采样信号的频谱。

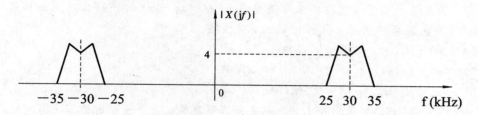

题图 1.2

1.4 给定信号：

$$x(n) = \begin{cases} 2n+3, & -3 \leqslant n \leqslant -1 \\ 4, & 0 \leqslant n \leqslant 5 \\ 0, & \text{其它} \end{cases}$$

（1）画出 $x(n)$ 序列的波形，标上各序列的值，可以借助 MATLAB；

（2）试用延迟单位脉冲序列 $\delta(n-i)$ 及其加权和表示 $x(n)$ 序列；

（3）令 $x_1(n) = 3x(n-2)$，试画出 $x_1(n)$ 波形；

（4）令 $x_2(n) = 2x(n+3)$，试画出 $x_2(n)$ 波形；

（5）令 $x_3(n) = 3x(3-n)$，试画出 $x_3(n)$ 波形。

1.5 判断下面的序列是否是周期的，若是周期的，确定其周期，并绘制一个周期的序列图。

（1）$x(n) = A\cos\left(\dfrac{16}{5}\pi n - \dfrac{\pi}{8}\right)$，$A$ 是常数；

（2）$x(n) = 2e^{j\left(\frac{1}{6}n - \pi\right)}$；

（3）$x(n) = 2\sin\left(\dfrac{\pi n}{4}\right) + j\cos\left(\dfrac{\pi n}{7}\right)$。

1.6 对如下差分方程所述系统，试分析其线性特性与时变特性。

（1）$y(n) = x(n) - 2x(n-1)$；

（2）$y(n) = x(n-n_0)$，n_0 为整常数；

（3）$y(n) = 4x^2(n)$；

（4）$y(n) = \displaystyle\sum_{i=0}^{n} 2x(i)$。

1.7 试判断如下算法是否是因果的？是否是稳定的？并说明理由。

(1) $y(n) = \dfrac{1}{N} \displaystyle\sum_{i=0}^{N-1} x(n-i)$;

(2) $y(n) = \displaystyle\sum_{i=n-n_0}^{n+n_0} x(i)$;

(3) $y(n) = 3\mathrm{e}^{x(n)}$。

1.8 用状态方程表示由如下差分方程描述的因果离散系统，并绘出系统状态结构框图。

$$y(n) + 0.12\, y(n-1) + 0.41\, y(n-2) - 0.15\, y(n-3)$$
$$= 0.5x(n) - 0.16x(n-1) + 0.13x(n-2)$$

1.9 设线性时不变系统的单位样值响应 $h(n)$ 和输入 $x(n)$ 分别有以下三种组合，用 MATLAB 的线性卷积分别求出输出 $y(n)$，并绘图。

(1) $x(n) = R_5(n)$，$h(n) = R_3(n)$;

(2) $x(n) = 2\delta(n) - \delta(n-2)$，$h(n) = 4R_4(n)$;

(3) $x(n) = R_5(n)$，$h(n) = 0.5^n u(n)$。

1.10 用 MATLAB 求出题 1.8 所确定的离散系统在如下激励时的零状态响应：

(1) $x(n) = 3\delta(n-1)$;

(2) $x(n) = 0.2^n R_4(n)$。

第 2 章 离散时间信号与系统的频域分析

2.1 引　言

　　与连续时间信号频率域分析相对应，对于离散时间信号与系统，除了前面介绍的时域分析方法外，我们也有变换域的分析手段。就像用拉普拉斯变换和傅立叶变换将连续时间域函数 $f(t)$ 转换到频率域成为 $F(s)$ 或 $F(j\Omega)$ 一样，我们用 Z 变换和序列傅立叶变换把离散时间域的 $f(n)$ 转换成 $F(z)$ 或 $F(e^{j\omega})$，从而由另一个角度来观察及获取信号或系统的内在特性。因此，本章是学习数字信号处理的理论基础。

2.2　序列的傅立叶变换

2.2.1　DTFT 的定义和性质

　　对于一个序列 $x(n)$，我们定义如下运算：

$$X(e^{j\omega}) = \sum_{n=-\infty}^{\infty} x(n)e^{-j\omega n} \tag{2.2.1}$$

式中 ω 是数字角频率，它是以采样频率 f_s 对频率 f 进行归一化后的重要变量，单位为 rad，即

$$\omega = \frac{2\pi f}{f_s} = 2\pi f T \tag{2.2.2}$$

称式(2.2.1)为序列 $x(n)$ 的傅立叶正变换(DTFT)，它是一个级数，并且不见得都能收敛，比如 $x(n)=u(n)$ 时，级数就不收敛。反过来，有限长序列总是收敛的，总有 DTFT 存在。因此，对序列做变换时要有个约束，即式(2.2.1)成立的充分必要条件是序列 $x(n)$ 应满足绝对可和，即

$$\sum_{n=-\infty}^{\infty} |x(n)| < \infty \tag{2.2.3}$$

变换运算通常也可用简便符号表示为

$$X(e^{j\omega}) = \text{DTFT}\{x(n)\}$$

或

$$X(e^{j\omega}) \overset{\text{DTFT}}{\longleftrightarrow} x(n)$$

容易证明(请读者完成)：$X(e^{j\omega})$ 是 ω 的连续函数，且是以 2π 为周期的。为了求出逆变换，对式(2.2.1)两边同乘 $e^{j\omega m}$ 并在 $X(e^{j\omega})$ 的主值周期($-\pi \sim \pi$)内对 ω 进行积分，即

$$\int_{-\pi}^{\pi} X(e^{j\omega}) e^{j\omega m} \, d\omega = \int_{-\pi}^{\pi} \sum_{n=-\infty}^{\infty} x(n) e^{-j\omega n}] e^{j\omega m} \, d\omega = \sum_{n=-\infty}^{\infty} x(n) \int_{-\pi}^{\pi} e^{j\omega(m-n)} \, d\omega$$

因为
$$\int_{-\pi}^{\pi} 1 e^{j\omega(m-n)} \, d\omega = 2\pi\delta(m-n) = 2\pi\delta(n-m)$$

所以
$$x(n) = \frac{1}{2\pi} \int_{-\pi}^{\pi} X(e^{j\omega}) e^{j\omega n} \, d\omega \tag{2.2.4}$$

式(2.2.4)是序列 $x(n)$ 的傅立叶逆变换(IDTFT),简记为

$$x(n) = \text{IDTFT}\{X(e^{j\omega})\}$$

或

$$x(n) \xleftarrow{\quad \text{IDTFT} \quad} X(e^{j\omega})$$

一般情况下,除非 $x(n)$ 是关于 $n=0$ 实偶对称,$X(e^{j\omega})$ 总是实变量 ω 的复函数,它可以用实部与虚部表示为

$$X(e^{j\omega}) = \text{Re}\{X(e^{j\omega})\} + j\,\text{Im}\{X(e^{j\omega})\}$$

也可以用幅度和相位表示为

$$X(e^{j\omega}) = |X(e^{j\omega})| e^{j\varphi(\omega)}$$

有关 DTFT 的性质如表 2.1.1 所示。

表 2.1.1　序列傅立叶变换的主要性质

	离散时间信号 $x(n)$	序列的频谱 $X(e^{j\omega})$
线性	$ax(n)+by(n)$,a,b 为任意常数	$aX(e^{j\omega})+bY(e^{j\omega})$
位移	$x(n-m)$	$e^{-j\omega m}X(e^{j\omega})$
共轭	$x^*(n)$	$X^*(e^{-j\omega})$
反折	$x(-n)$	$X(e^{-j\omega})$
调制	$e^{j\omega_0 n}x(n)$	$X(e^{j(\omega-\omega_0)})$
卷积	$x(n)*y(n)$	$X(e^{j\omega})Y(e^{j\omega})$
频域卷积	$x(n)y(n)$	$\dfrac{1}{2\pi}\int_{-\pi}^{\pi} X(e^{jv})Y(e^{j(\omega-v)}) \, dv$
实部	$\text{Re}\{x(n)\}$	$X_e(e^{j\omega})$ 共轭偶部
j 虚部	$j\,\text{Im}\{x(n)\}$	$X_o(e^{j\omega})$ 共轭奇部
实偶部	$x_e(n)$	$\text{Re}\{X(e^{j\omega})\}$
实奇部	$x_o(n)$	$j\,\text{Im}\{X(e^{j\omega})\}$
能量	$\displaystyle\sum_{n=-\infty}^{\infty} |x(n)|^2$	$\dfrac{1}{2\pi}\int_{-\pi}^{\pi} |X(e^{j\omega})|^2 \, d\omega$
实信号	$x(n)$	$X^*(e^{j\omega})=X(e^{-j\omega})$ $\text{Re}\{X(e^{j\omega})\}=\text{Re}\{X(e^{-j\omega})\}$实部偶对称 $\text{Im}\{X(e^{j\omega})\}=-\text{Im}\{X(e^{-j\omega})\}$虚部奇对称 $|X(e^{j\omega})|=|X(e^{-j\omega})|$幅度偶对称 $\arg\{X(e^{j\omega})\}=-\arg\{X(e^{-j\omega})\}$相位奇对称

【例 2.2.1】 证明表 2.1.1 中的能量公式，即 Parseval 定理。

证明

$$\sum_{n=-\infty}^{\infty} |x(n)|^2 = \sum_{n=-\infty}^{\infty} x^*(n)x(n) = \sum_{n=-\infty}^{\infty} x^*(n)\left[\frac{1}{2\pi}\int_{-\pi}^{\pi} X(e^{j\omega})e^{j\omega n}\,d\omega\right]$$

$$= \frac{1}{2\pi}\int_{-\pi}^{\pi} X(e^{j\omega}) \sum_{n=-\infty}^{\infty} x^*(n)e^{j\omega n}\,d\omega$$

$$= \frac{1}{2\pi}\int_{-\pi}^{\pi} X(e^{j\omega})\left(\sum_{n=-\infty}^{\infty} x(n)e^{-j\omega n}\right)^*\,d\omega$$

$$= \frac{1}{2\pi}\int_{-\pi}^{\pi} X(e^{j\omega})X^*(e^{j\omega})\,d\omega = \frac{1}{2\pi}\int_{-\pi}^{\pi} |X(e^{j\omega})|^2\,d\omega$$

【例 2.2.2】 求因果序列 $x(n)=a^n$, $n \geqslant 0$ 的 DTFT，a 是实数。

解 按 DTFT 定义有

$$X(e^{j\omega}) = \sum_{n=-\infty}^{\infty} x(n)e^{-j\omega n} = \sum_{n=0}^{\infty} a^n e^{-j\omega n} = \sum_{n=0}^{\infty} (ae^{-j\omega})^n$$

显然，无穷级数在 $|a| \geqslant 1$ 情况下将不收敛，上式没有意义。而当 $|a| < 1$ 时是一个收敛的等比级数，其和为

$$X(e^{j\omega}) = \frac{1}{1-ae^{-j\omega}} = \frac{1}{1-a\cos\omega+ja\sin\omega}$$

写成幅度与相位两部分：

$$|X(e^{j\omega})| = \frac{1}{\sqrt{(1-a\cos\omega)^2+(a\sin\omega)^2}} = \frac{1}{\sqrt{1+a^2-2a\cos\omega}}$$

$$\arg(X(e^{j\omega})) = -\arctan\left(\frac{a\sin\omega}{1-a\cos\omega}\right)$$

现在用 MATLAB 程序绘制信号频谱图。

```
a=0.5;                        %取一个指数信号的衰减速度
n=0:49;                       %观察 50 个采样周期的信号序列长度
x=a.^n;                       %生成指数序列 x(n) 的值
figure(1);
stem(n,x);                    %绘制序列杆图
title('指数序列 0.5ⁿ'); xlabel('n'); ylabel('幅度');    %标注坐标
figure(2);
[X,w]=freqz(x,1,'whole');     %调用 MATLAB 离散频谱函数 freqz 来计算序列 x(n) 的频谱
XA=abs(X);                    %求出幅度
XB=angle(X);                  %求出相位
subplot(2,1,1);
plot(w/pi,XA);                %以数字频率除 π 后为横坐标绘图，横坐标值为 0~2
xlabel('数字频率 ω/π'); ylabel('幅度谱'); subplot(2,1,2);
plot(w/pi,XB);                %绘制相位图
xlabel('数字频率 ω/π'); ylabel('相位谱');
```

程序结果如图 2.2.1 和图 2.2.2 所示。如果将序列作为滤波器的单位样值响应，则滤波器频响具有低通特性。假设取 $a=-0.5$，其结果如图 2.2.3 所示，我们再次看到第 1 章提到的 $(-1)^n$ 的谱倒置功效，它将低通滤波器频响改造成了高通类型。

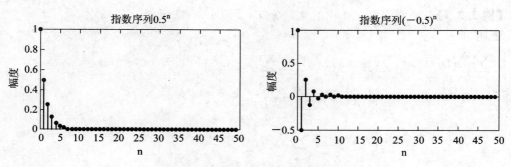

图 2.2.1 因果指数序列 $x(n) = 0.5^n$

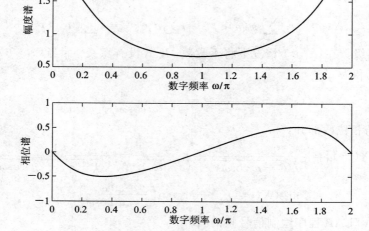

图 2.2.2 因果指数序列 $x(n) = 0.5^n$ 的频谱

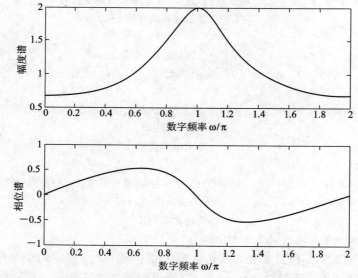

图 2.2.3 因果指数序列 $x(n) = (-0.5)^n$ 的频谱

2.2.2　周期序列及其傅立叶级数表示

如果一个序列具有周期重复的特征，那么它是不满足绝对可和的条件的，也就是说没有 DTFT。但我们可以仿照将连续的周期信号展开成傅立叶级数的办法，把周期的序列也表示成傅立叶级数，实质上是表示成复指数序列之和，而且这些序列的频率是原周期序列的基频的整数倍。设 $\tilde{x}(n)$ 是一个以 N 为重复周期的序列，即满足 $\tilde{x}(n)=\tilde{x}(n+kN)$，$0\leqslant n\leqslant N-1$，$k$ 是任意整数。

比如，一个 $N=5$ 的周期序列，主周期值 $\{1, 2, -1, 3, 4\}$，它的图像如图 2.2.4 所示。

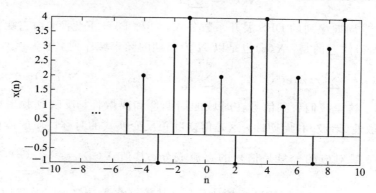

图 2.2.4　周期 $N=5$ 的周期序列

现在考察一下复指数序列 $e^{j\omega_0 n}$。根据欧拉公式 $e^{j\omega_0 n}=\cos(\omega_0 n)+j\sin(\omega_0 n)$，$e^{j\omega_0 n}$ 是由数字频率为 ω_0（常数）的正弦序列和余弦序列构造的，称 ω_0 为基频分量。显然，k 次谐波分量就是 $e^{jk\omega_0 n}=\cos(k\omega_0 n)+j\sin(k\omega_0 n)$。选 $\omega_0=\dfrac{2\pi}{N}$，且第 k 次谐波复指数序列用 $\tilde{v}_k(n)$ 表示，即

$$\tilde{v}_k(n) = e^{j\frac{2\pi}{N}kn} = \cos\left(\frac{2\pi}{N}kn\right)+j\sin\left(\frac{2\pi}{N}kn\right) \tag{2.2.5}$$

而第 $k+N$ 次的谐波为

$$\tilde{v}_{k+N}(n) = e^{j\frac{2\pi}{N}(k+N)n} = e^{j\frac{2\pi}{N}kn}e^{j2\pi n} = e^{j\frac{2\pi}{N}kn} = \tilde{v}_k(n)$$

说明 $\tilde{v}_k(n)$ 是关于谐波序号 k 的周期函数，且周期为 N。这是与连续复指数信号显著不同的特征，它表明了以 $\dfrac{2\pi}{N}$ 为基频的所有谐波分量中，只有 N 个是独立的，其他谐波都是它们的重复，因而可以被替代。因此，在将周期序列展开成这些谐波序列的无穷级数时，就可以只取 $k=0, 1, 2, \cdots, N-1$ 个独立谐波，从而把级数化简成有限项之和，即

$$\tilde{x}(n) = \sum_{k=-\infty}^{\infty} a_k e^{j\frac{2\pi}{N}kn}$$

等价于

$$\tilde{x}(n) = \frac{1}{N}\sum_{k=0}^{N-1} \tilde{X}(k) e^{j\frac{2\pi}{N}kn} \tag{2.2.6}$$

式 (2.2.6) 称为周期序列的离散傅立叶级数展开，也称 DFS 逆变换。式中乘以 $1/N$ 比例系数是为了正反变换式的规范，没有其他意思。$\tilde{X}(k)$ 是 k 次谐波的系数，一般是复数形式。

对式 (2.2.6) 两边同乘以 $e^{-j\frac{2\pi}{N}mn}$，并对 n 在一个周期 $0\sim N-1$ 里求和：

$$\sum_{n=0}^{N-1} \tilde{x}(n) e^{-j\frac{2\pi}{N}mn} = \frac{1}{N} \sum_{n=0}^{N-1} \sum_{k=0}^{N-1} \tilde{X}(k) e^{j\frac{2\pi}{N}(k-m)n} = \frac{1}{N} \sum_{k=0}^{N-1} \tilde{X}(k) \sum_{n=0}^{N-1} e^{j\frac{2\pi}{N}(k-m)n} \tag{2.2.7}$$

上式最后一个累加号计算如下:

$$\frac{1}{N} \sum_{n=0}^{N-1} e^{j\frac{2\pi}{N}(k-m)n} = \frac{1}{N} \frac{1-e^{j2\pi(k-m)N/N}}{1-e^{j2\pi(k-m)/N}} = \begin{cases} 1 & k-m=sN \\ 0 & k-m\neq sN \end{cases}, s \text{ 为任意整数}$$

不妨取 $s=0$, 有 $\sum\limits_{n=0}^{N-1} \tilde{x}(n) e^{-j\frac{2\pi}{N}mn} = \tilde{X}(m)$, 将符号 m 换成 k, 有

$$\tilde{X}(k) = \sum_{n=0}^{N-1} \tilde{x}(n) e^{-j\frac{2\pi}{N}kn} \tag{2.2.8}$$

式(2.2.8)就是求周期序列的 DFS 展开系数公式, 亦称 DFS 正变换, 由它能获得信号的频谱分布结构。值得注意的是, $\tilde{X}(k)$ 也是以 N 为周期的频率域序列。因为

$$\tilde{X}(k+rN) = \sum_{n=0}^{N-1} \tilde{x}(n) e^{-j\frac{2\pi}{N}(k+rN)n} = \sum_{n=0}^{N-1} \tilde{x}(n) e^{-j\frac{2\pi}{N}kn} e^{-j2\pi rn} = \sum_{n=0}^{N-1} \tilde{x}(n) e^{-j\frac{2\pi}{N}kn} = \tilde{X}(k)$$

式中, r 取整数。这里我们看到信号在时域的周期性和离散性, 反映到频率域就对称地表现为频谱的离散性(谐波)和周期性。这是傅立叶正反变换式的对称性质的体现。

显然, $k=0$ 时对应的分量是信号的直流成分, 其值 $\tilde{X}(0) = \sum\limits_{n=0}^{N-1} \tilde{x}(n)$, 而 $k=1$ 时,

$\tilde{X}(1) = \sum\limits_{n=0}^{N-1} \tilde{x}(n) e^{-j\frac{2\pi}{N} \cdot 1 \cdot n}$, 它是信号的基频分量, 其频率究竟是多少呢? 我们假设, N 点周期序列是间隔 T (秒)从周期模拟信号无混叠地采样得来的, 即采样频率为 f_s (Hz)的话, 那么频谱是以 f_s 为周期的, 折算成数字频率 $\omega_s = \Omega_s T = 2\pi f_s T = 2\pi$。另一方面, 周期序列的频谱又是离散的, 有 N 个谐波。换句话说, 在一个周期 2π 范围内出现 N 等分数字频点, 第一个等分点 $\omega_1 = 2\pi/N$, 就是基频, 对应的模拟频率点在 $f_1 = f_s/N$ (Hz)处; 第二个等分频点 $\omega_2 = \frac{2\pi}{N}2$, 是基频的 2 倍, 即 2 次谐波分量, $\tilde{X}(2) = \sum\limits_{n=0}^{N-1} \tilde{x}(n) e^{-j\frac{2\pi}{N} \cdot 2 \cdot n}$, 对应于 $k=2$ 的情况, 其他依此类推, 直到 $k=N-1$。需要指出的是, 保证频谱无混叠的时域采样意味着被采样的信号最高频率分量最多到 $0.5 f_s$, 不超过折叠频率, 它对应于数字频率 π, 折算到频率点 $k=0.5N$ (取整)。大于这个整数的 k 次谐波分量都是采样镜像谐波, 并不是原连续信号本身含有的。对于这一点, 在后面章节中将会进一步看到。

若记 $W_N = e^{-j\frac{2\pi}{N}}$, 可以把以上 DFS 的公式简写为

$$\tilde{X}(k) = \sum_{n=0}^{N-1} \tilde{x}(n) W_N^{kn} = \text{DFS}[\tilde{x}(n)] \qquad 0 \leqslant k \leqslant N-1$$

$$\tilde{x}(n) = \frac{1}{N} \sum_{k=0}^{N-1} \tilde{X}(k) W_N^{-kn} = \text{IDFS}[\tilde{X}(k)] \qquad 0 \leqslant n \leqslant N-1$$

$$\tilde{X}(k) \overset{\text{DFS}}{\longleftrightarrow} \tilde{x}(n) \tag{2.2.9}$$

式(2.2.9)就是离散傅立叶级数变换对, 由于它们都是以 N 为周期的序列, 所有的信息都完全包含在一个周期中, 因此, 只要了解其一个周期的情况, 便可知道全部信息, 因此把 n 和 k 人为限制在 $0 \sim N-1$ 中也就合情合理。

DFS 具有与 DTFT 相类似的性质, 毕竟周期序列本质就是离散信号, 只是它同时还具

备周期性，所以有些性质是特有的，比如周期卷积，而对于相同的部分性质就不再赘述。

2.2.3 序列的周期卷积

设

$$\widetilde{X}(k) \xleftrightarrow{\text{IDFS}} \widetilde{x}(n), \quad \widetilde{Y}(k) \xleftrightarrow{\text{IDFS}} \widetilde{y}(n)$$

若 $\widetilde{F}(k) = \widetilde{X}(k)\widetilde{Y}(k)$，则

$$\widetilde{f}(n) = \text{IDFS}[\widetilde{F}(k)] = \sum_{m=0}^{N-1} \widetilde{x}(m)\widetilde{y}(n-m) \qquad (2.2.10)$$

由式(2.2.10)定义的式子，不同于两个非周期序列的线性卷积，这是周期同为 N 的序列 $\widetilde{x}(n)$ 与 $\widetilde{y}(n)$ 进行的类似于卷积的运算。由于它们的周期特性，因此，卷积仅限于一个周期 N 点的累加，即 $m=0 \sim N-1$，也因此式(2.2.10)被称为序列的周期卷积。

证明如下：

$$\widetilde{f}(n) = \text{IDFS}[\widetilde{X}(k)\widetilde{Y}(k)] = \frac{1}{N}\sum_{k=0}^{N-1}[\widetilde{X}(k)\widetilde{Y}(k)]W_N^{-kn} = \frac{1}{N}\sum_{k=0}^{N-1}\left[\sum_{m=0}^{N-1}\widetilde{x}(m)W_N^{mk}\right]\widetilde{Y}(k)W_N^{-nk}$$

$$= \sum_{m=0}^{N-1}\widetilde{x}(m)\left[\frac{1}{N}\sum_{k=0}^{N-1}\widetilde{Y}(k)W_N^{-(n-m)k}\right] = \sum_{m=0}^{N-1}\widetilde{x}(m)\widetilde{y}(n-m)$$

按照两个序列的等价地位，可以得知 $\widetilde{f}(n) = \sum\limits_{m=0}^{N-1}\widetilde{y}(m)\widetilde{x}(n-m)$，根据 DFS 与 IDFS 的对偶特点，容易证明：

$$\widetilde{g}(n) = \widetilde{x}(n)\widetilde{y}(n)$$

$$\widetilde{G}(k) = \text{DFS}[\widetilde{g}(n)] = \frac{1}{N}\sum_{r=0}^{N-1}\widetilde{X}(r)\widetilde{Y}(k-r) = \frac{1}{N}\sum_{r=0}^{N-1}\widetilde{Y}(r)\widetilde{X}(k-r) \qquad (2.2.11)$$

【例 2.2.3】 图示如下两个 $N=6$ 点的周期序列的周期卷积过程。

$$\widetilde{x}(n) = \{\cdots,1,2,3,4,0,0,1,2,3,4,0,0,\cdots\}$$
$$\widetilde{y}(n) = \{\cdots,1,1,1,0,0,0,1,1,1,0,0,0,\cdots\}$$
$$\uparrow$$

解 根据 $\widetilde{f}(n) = \sum\limits_{m=0}^{N-1}\widetilde{y}(m)\widetilde{x}(n-m)$，将其中一个序列左右翻折，并在一个周期里逐点相乘再累加，然后每右移位一次，就进行一遍上述运算而得到一个输出点值，重复移位 $N-1$ 次可得到周期卷积的全部结果序列。原序列如图 2.2.5 所示，过程见图 2.2.6。

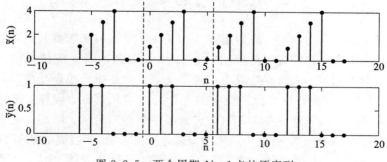

图 2.2.5 两个周期 $N=6$ 点的原序列

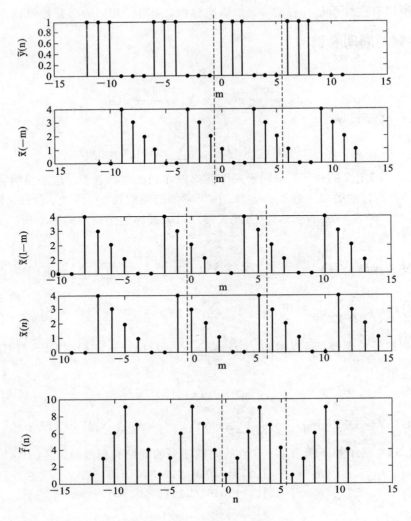

图 2.2.6　周期卷积过程

最后得到周期卷积输出序列为 $\tilde{f}(n) = \{\cdots, 1, 3, 6, 9, 7, 4, 1, 3, 6, 9, 7, 4, \cdots\}$。

2.3　序列的 Z 变换

在进行连续时间信号分析时，我们用傅立叶变换这个工具来考察频谱，但它要求信号是绝对可积的。为了扩展它的应用范围，通过引入一个收敛因子 $e^{\sigma t}$，使得傅立叶变换能适应所有指数阶收敛的信号，从而改造成为一种新工具，就是拉普拉斯变换（Laplace Transform），或者说傅立叶变换是拉普拉斯变换的一个特定应用形式。同样，在离散信号分析中，我们有一般序列的傅立叶变换 DTFT，它要求序列绝对可和，限制了适用范围，若是周期序列，则还可以用 DFS 这些工具。然而，通过把复指数 $e^{j\omega}$ 当成一般复数 z 的变量替换，也能够改造 DTFT，扩展它的用途，这就引出了序列的 Z 变换工具，一种分析序列的重要工具。

2.3.1　Z 变换定义

序列 $x(n)$ 的 Z 变换定义为

$$X(z) = \sum_{n=-\infty}^{\infty} x(n)z^{-n} \tag{2.3.1}$$

式 (2.3.1) 中的 Z 是复变量，简便记号是 $X(z) = \mathrm{ZT}[x(n)]$ 或 $X(z) \xleftrightarrow{\mathrm{ZT}} x(n)$。

对比序列的 DTFT 的公式 $X(\mathrm{e}^{\mathrm{j}\omega}) = \sum_{n=-\infty}^{\infty} x(n)\mathrm{e}^{-\mathrm{j}\omega n}$ 可以看出，区别只在于用复变量 z 替换了 $\cos\omega + \mathrm{j}\sin\omega$ 这个复指数（随着 ω 的改变，取值遍布成复平面上的单位圆），使得 z 的取值不再限制在 z 平面单位圆上，而扩展成任意的。然而，式 (2.3.1) 是一个无穷的 z 幂级数，它的收敛取决于 $x(n)$ 和 z 的复数值。对于任意给定的序列 $x(n)$，使得式 (2.3.1) 收敛的所有 z 值的集合称为收敛域（ROC）。如果一个 $x(n)$ 找不到这样的 z 取值区域，则它不存在 Z 变换。一般情况下，每一个 $x(n)$ 都有一个对应的收敛域，是 z 平面上的一个环形区域，内半径 $R_1 \geqslant 0$，外半径 $R_2 \leqslant \infty$，如图 2.3.1 所示，即

$$\mathrm{ROC}: R_1 < |z| < R_2 \tag{2.3.2}$$

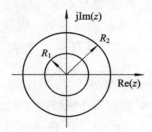

图 2.3.1　一般序列的 Z 变换收敛域

特别要指出的是，就像幅度和相位是频谱表示的两个不可分割元素一样，Z 变换式与 ROC 必须共同使用，才可以唯一确定某个序列。因为，不同的序列可以有相同的 Z 函数式，但它们的 ROC 将一定不相同。

还有一种 Z 变换，与上面的定义不同，它是从 $n=0$ 开始构造 Z 幂级数的，称为单边 Z 变换。假如被变换的序列是因果的，那么用双边 Z 变换或单边 Z 变换，其结果都一样。

【例 2.3.1】　举例说明两个不同序列对应相同 Z 变换式的情况。

解　设 $x(n) = a^n u(n)$ 和 $y(n) = -a^n u(-n-1)$，

$$Y(z) = \sum_{n=-\infty}^{\infty} -a^n u(-n-1)z^{-n} = -\sum_{n=-\infty}^{-1} a^n z^{-n}$$

$$= -\sum_{n=1}^{\infty} \left(\frac{z}{a}\right)^n = -\left(-1 + \sum_{n=0}^{\infty} \left(\frac{z}{a}\right)^n\right) = 1 - \frac{1}{1-z/a}$$

$$= \frac{z}{z-a}, \quad |z| < a$$

可以看到，要把级数收敛成有理分式形式，Z 的范围必须在 ROC：$|z| < a$ 里。同理，$X(z)$ 的 ROC 是在半径 a 的圆外区域，$Y(z)$ 的 ROC 则是圆内区域。注意，两者都不包含圆的

边界。

　　显然，收敛域 ROC 极为重要，有必要对各种序列所能出现的收敛域进行讨论。

　　（1）有限长序列，它实际上使得级数退化成有限项之和，即

$$X(z) = \sum_{n=-\infty}^{\infty} x(n)z^{-n} = \sum_{n=p}^{q} x(n)z^{-n}$$
$$= x(p)z^{-p} + x(p+1)z^{-(p+1)} + \cdots + x(q-1)z^{-(q-1)} + x(q)z^{-q}$$

这里序列起点序号 p 和终点序号 $q(q>p)$ 均为整数。分三种情况：

　　① 当起点 $p>0$ 时，说明有限长序列出现于原点右边，上式中所有项全部为 z 负幂次，$z=0$ 将使 $X(z)$ 为无穷大而不收敛，因此，收敛域为去除原点 $z=0$ 的 Z 全平面，即 ROC：$|Z| \neq 0$。

　　② 当起点 $p<0$，而 $q>0$ 时，说明有限长序列出现于原点的两边，上式中既有 z 负幂次项，也有 z 正幂次项，$z=0$ 和 $z=\infty$ 都将使 $X(z)$ 为无穷大而不收敛，因此，收敛域为去除原点 $z=0$ 和 $z=\infty$ 的 Z 平面，即 ROC：$0<|Z|<\infty$。

　　③ 当起点 $p<0$，$q<0$ 时，说明有限长序列全部出现于原点的左边，上式中只有 z 正幂次项，$z=\infty$ 将使 $X(z)$ 为无穷大而不收敛，因此，收敛域为去除 $z=\infty$ 的 Z 平面，即 ROC：$|Z|<\infty$。

　　（2）左边序列，属于无限长序列，它有起点 p，而终点序号 $q=-\infty$，是朝负号方向（左边）延伸至无穷的序列。设 $p<0$，也称反因果序列，则级数的收敛域 ROC 是在某个圆内部，半径由序列值决定。如果还有 $p>0$，将有部分序列点出现在右边，此时，Z 变换含有负幂项，那么收敛域应排除原点 $z=0$。

　　（3）右边序列，跟左边序列类似，但终点 $q=\infty$，是向正序号（右边）延伸至无穷的序列。设 $p<0$，则级数的收敛域 ROC 是在某个圆外部，半径由序列值决定，同时因为级数中有部分正幂项，ROC 应排除 $z=\infty$ 点。如果还有 $p \geqslant 0$，即为因果序列，那么 Z 变换在 $z=\infty$ 点也收敛。

　　（4）双边序列，这种序列无始无终，可将其从原点处分开，成为因果序列和反因果序列两部分，分别求出收敛域 ROC1 和 ROC2：如果二者存在交集，则该圆环型交集区域即为收敛域；如果没有交集，说明该双边序列不存在 Z 变换。

2.3.2　逆 Z 变换

　　从 Z 域的 $X(z)$ 及其对应的 ROC 反过来寻找原序列 $x(n)$ 的过程称为逆 Z 变换，简记为

$$x(n) = \text{IZT}[X(z)]$$

或

$$x(n) \overset{\text{IZT}}{\longleftrightarrow} X(z)$$

这里直接给出计算公式：

$$x(n) = \frac{1}{2\pi \text{j}} \oint_C X(z)z^{n-1}\,\text{d}z \qquad (2.3.3)$$

C 为位于 ROC 里逆时钟围绕原点的闭合路径。

　　实际上求逆 Z 变换都不会直接用上式，一般常用方法有三种，即部分分式法、长除法、

留数法。表 2.3.1 和表 2.3.2 给出常用的逆 z 变换表供查阅，读者也可以参考有关书籍。

表 2.3.1　逆 Z 变换表一

因果序列 $x(n)$	z 变换式 $X(z)$；ROC：$|z|>|a|$
$u(n)$	$\dfrac{z}{z-1}$
$nu(n)$	$\dfrac{z}{(z-1)^2}$
$\dfrac{n(n-1)}{2!}u(n)$	$\dfrac{z}{(z-1)^3}$
$\dfrac{n(n-1)\cdots(n-m+1)}{m!}u(n)$	$\dfrac{z}{(z-1)^{m+1}}$
$a^n u(n)$	$\dfrac{z}{z-a}$
$na^n u(n)$	$\dfrac{az}{(z-a)^2}$
$(n+1)a^n u(n)$	$\dfrac{z^2}{(z-a)^2}$
$\dfrac{(n+1)(n+2)\cdots(n+m)}{m!}a^n u(n)$	$\dfrac{z^{m+1}}{(z-a)^{m+1}}$

表 2.3.2　逆 Z 变换表二

反因果序列 $x(n)$	z 变换式 $X(z)$；ROC：$|z|<|a|$
$-u(-n-1)$	$\dfrac{z}{z-1}$
$-a^n u(-n-1)$	$\dfrac{z}{z-a}$
$-(n+1)a^n u(-n-1)$	$\dfrac{z^2}{(z-a)^2}$
$\dfrac{-(n+1)(n+2)}{2!}a^n u(-n-1)$	$\dfrac{z^3}{(z-a)^3}$
$\dfrac{-(n+1)(n+2)\cdots(n+m)}{m!}a^n u(-n-1)$	$\dfrac{z^{m+1}}{(z-a)^{m+1}}$

2.3.3　Z 变换的性质与 Parseval 定理

与 DTFT 类似，Z 变换的算式也是一个线性变换，因此有着类似的性质，不过由于收敛域 ROC 的参与，相应的性质都必须考虑 ROC 的问题，通常各性质中 ROC 都将变小，但某些特殊情况下 ROC 也许会扩大，这点应该引起注意。Z 变换算法的主要性质如表 2.3.3 所示，供参考。

表 2.3.3 Z 变换主要性质

	离散时间信号 $x(n)$，$y(n)$	序列的 Z 变换及其 ROC
线性	$ax(n)+by(n)$，a，b 为任意常数	$aX(z)+bY(z)$ $\text{ROC}_x \bigcap \text{ROC}_y$
位移	$x(n-m)$	$z^{-m}X(z)$ ROC_x
共轭	$x^*(n)$	$X^*(z^*)$ ROC_x
反折	$x(-n)$	$X(z^{-1})$ z^{-1} 在原 ROC_x 里
调制	$a^n x(n)$	$X(a^{-1}z)$ z 在 $\lvert a\lvert \text{ROC}_x$
卷积	$x(n)*y(n)$	$X(z)\cdot Y(z)$ $\text{ROC}_x \bigcap \text{ROC}_y$
频域卷积	$x(n)y(n)$	$\dfrac{1}{2\pi \mathrm{j}}\oint_C X(v)Y(zv^{-1})v^{-1}\,\mathrm{d}v$ $Rx_1Ry_1 < \lvert z \lvert < Rx_2Ry_2$
实部	$\text{Re}\{x(n)\}$	$0.5[X(z)+X^*(z^*)]$ ROC_x
j 虚部	$\mathrm{j}\,\text{Im}\{x(n)\}$	$0.5[X(z)-X^*(z^*)]$ ROC_x
谱倒置	$(-1)^n x(n)$	$X(-z)$ ROC_x
微分	$nx(n)$	$-z\dfrac{\mathrm{d}X(z)}{\mathrm{d}z}$ ROC_x
积分	$\dfrac{x(n)}{n}$	$-\displaystyle\int_0^z X(v)v^{-1}\,\mathrm{d}v$
累加	$\displaystyle\sum_{m=0}^n x(m)$	$\dfrac{z}{z-1}X(z)$

需要说明的是，当 $x(n)$ 的 Z 变换 $X(z)$ 的 ROC 包含了单位圆 $\lvert z \lvert=1$ 时，可以直接将 $z=\cos\omega+\mathrm{j}\,\sin\omega=\mathrm{e}^{\mathrm{j}\omega}$ 代入 $X(z)$ 中，就得到序列的 DTFT，因此，也有文献称 DTFT 是 ZT 在单位圆上的变换。

现在推导 Z 域中的 Parseval(帕塞伐尔)定理，由它可以计算出序列的能量。

设有两个序列 $x(n)$ 和 $y(n)$，则有如下关系式：

$$\sum_{n=-\infty}^{\infty} x(n)y^*(n) = \frac{1}{2\pi \mathrm{j}}\oint_C X(v)Y^*\left(\frac{1}{v^*}\right)v^{-1}\,\mathrm{d}v \tag{2.3.4}$$

绕原点逆时针闭合围线 C 取在 ROC：$\max\left(R_{x-},\dfrac{1}{R_{y+}}\right) < \lvert v \lvert < \min\left(R_{x+},\dfrac{1}{R_{y-}}\right)$ 之上，这就是 Parseval 定理。推导如下：

如果

$$X(z) = \text{ZT}[x(n)], \quad R_{x-} < \lvert z \lvert < R_{x+}$$

$$Y(z) = \text{ZT}[y(n)], \quad R_{y-} < \lvert z \lvert < R_{y+} \qquad R_{x-}R_{y-} < 1, \ R_{x+}R_{y+} > 1$$

说明收敛域交集包含单位圆，令 $w(n)=x(n)y^*(n)$，

$$W(z)\big|_{z=1} = \Big(\sum_{n=-\infty}^{\infty} w(n)z^{-n}\Big)\Big|_{z=1} = \sum_{n=-\infty}^{\infty} x(n)y^*(n)z^{-n}\big|_{z=1}$$

$$= \sum_{n=-\infty}^{\infty} x(n)y^*(n)$$

就得到式(2.3.4)左边，由复卷积定理知，两个时域序列相乘 $w(n)=x(n)y^*(n)$，对应是 Z 域的一个复卷积的过程，并取 $z=1$，即

$$\mathrm{ZT}[w(n)] = W(z) = \frac{1}{2\pi\mathrm{j}}\oint_C X(v)Y^*\Big(\frac{z^*}{v^*}\Big)v^{-1}\,\mathrm{d}v$$

$$W(1) = \frac{1}{2\pi\mathrm{j}}\oint_C X(v)Y^*\Big(\frac{1}{v^*}\Big)v^{-1}\,\mathrm{d}v$$

从而得到式(2.3.4)右边。由于 ROC 包含单位圆，选择 C 沿单位圆逆时针一周积分，即 $v=\mathrm{e}^{\mathrm{j}\omega}$ 代入，同时选取 $y(n)=x(n)$，则有

$$\sum_{n=-\infty}^{\infty} x(n)y^*(n) = \frac{1}{2\pi}\int_{-\pi}^{\pi} X(\mathrm{e}^{\mathrm{j}\omega})Y^*(\mathrm{e}^{\mathrm{j}\omega})\,\mathrm{d}\omega$$

和

$$\sum_{n=-\infty}^{\infty} |x(n)|^2 = \frac{1}{2\pi}\int_{-\pi}^{\pi} |X(\mathrm{e}^{\mathrm{j}\omega})|^2\,\mathrm{d}\omega \tag{2.3.5}$$

以及

$$\sum_{n=-\infty}^{\infty} |x(n)|^2 = \frac{1}{2\pi\mathrm{j}}\oint_C X(z)X(z^{-1})\frac{\mathrm{d}z}{z} \tag{2.3.6}$$

式(2.3.5)表明可以从时域或者频域来计算信号能量，结果是相同的。

2.4　Z 变换的应用

2.4.1　离散系统的系统函数

设线性时不变离散系统的初始状态为零，那么系统输出端对输入为单位样值 $\delta(n)$ 的响应，称为离散系统的单位脉冲响应 $h(n)$（或单位样值响应）。对 $h(n)$ 进行 DTFT 可得到 $H(\mathrm{e}^{\mathrm{j}\omega})$，一般称之为系统传输函数或频率响应，它表征了离散系统的频率特性。若对 $h(n)$ 进行 Z 变换后得到 $H(z)$，通常称 $H(z)$ 为离散系统的系统函数，它表征了离散系统的复频域特性。如果系统用如下 N 阶差分方程式描述：

$$\sum_{i=0}^{N} a_i y(n-i) = \sum_{j=0}^{M} b_j x(n-j), \quad N \geqslant M,\text{整数} \tag{2.4.1}$$

对式(2.4.1)两边进行 Z 变换，可得到系统函数 $H(z)$ 的一般表示式：

$$H(z) = \frac{Y(z)}{X(z)} = \frac{\sum\limits_{j=0}^{M} b_j z^{-j}}{\sum\limits_{i=0}^{N} a_i z^{-i}} \qquad h(n) = \mathrm{IZT}[H(z)] \tag{2.4.2}$$

离散系统稳定的充分必要条件是 $h(n)$ 绝对可和，即 $\sum\limits_{n=-\infty}^{\infty} |h(n)| < \infty$，意味着具备了

$H(e^{j\omega})$，也就是说 $H(z)$ 的收敛域 ROC 应包含单位圆 $|z|=1$。此外，如果稳定系统同时还是因果的，即 $h(n)$ 是因果稳定序列，那么，其变换式 $H(z)$ 的收敛域 ROC 将是 Z 全平面挖除半径小于 1 的圆盘后的区域，即 ROC：$|z|>R$，$0<R<1$。

2.4.2 系统的零极点及频率响应特性

式(2.4.2)表明系统函数是两个 $1/z$ 的多项式之比，可以分解成因子形式，从而定义出系统的零点和极点，为此改写式(2.4.2)如下：

$$H(z) = A \frac{\prod\limits_{j=1}^{M}(1-c_j z^{-1})}{\prod\limits_{i=1}^{N}(1-d_i z^{-1})} \tag{2.4.3}$$

式(2.4.3)中 $A=b_0/a_0$，它影响传输函数的幅度大小。显然，$z=c_j$ 都将使得 $H(z)=0$，称之为 $H(z)$ 的零点，而 $z=d_i$ 都将使得 $H(z)=\infty$，称之为 $H(z)$ 的极点。影响系统特性的是零点 c_i 和极点 d_i 的分布。在频率特性上，系统极点附近出现很高的峰值幅度响应，而零点附近则让系统幅度响应接近最小。

MATLAB 中有专门的函数，用来表达 $H(z)$ 多项式之比形式和零极点以及第 1 章所提到的状态方程形式，并且能够容易地互相转换。以下举例说明。

【例 2.4.1】 分析一阶离散系统的零极点位置和频率响应特性：

$$y(n) - py(n-1) = x(n)$$

解 两边 Z 变换，因果系统函数为

$$H(z) = \frac{1}{1-pz^{-1}} = \frac{z}{z-p}, \quad \text{ROC：} |z|>|p|$$

系统的单位脉冲响应 $h(n)=p^n u(n)$。当 $0<|p|<1$ 时，系统稳定，系统的极点 $z=p$ 在单位圆内部，零点 $z=0$ 位于原点。假设 $p=0.8$，用 *MATLAB* 分析，程序如下：

```
b=[1];                      %给出分子多项式系数，按减幂排列
a=[1,-0.8];                 %给出分母多项式系数，按减幂排列
[z,p,A]=tf2zp(b,a);         %多项式之比转换成因子形式，得到零极点和增益 A
[H,w]=freqz(b,a);           %求出系统频率特性
Ha=abs(H);                  %求幅频特性
Hb=angle(H);                %求相频特性
[h,n]=impz(b,a,30);         %求单位脉冲响应，30 个点
figure(1);
subplot(1,2,1);             %绘图
stem(n,h);xlabel('n');ylabel('h(n)');
subplot(1,2,2);
zplane(b,a);                %自动绘零极点图
figure(2);
subplot(2,1,1);             %绘幅频特性图
plot(w/pi,Ha);xlabel('w/π');ylabel('H(w)');
subplot(2,1,2);             %绘相频特性图
plot(w/pi,(Hb.*180)./pi);xlabel('w/π');ylabel('φ(w)Deg');
```

系统单位脉冲响应和零极点图如图 2.4.1 所示。系统的幅频特性和相频特性如图 2.4.2 所示。从零极点图中可见，当沿单位圆使频率 ω 接近 0 和 2π，即正实轴的极点 0.8 附近时，系统幅度就增大。而离极点最远的 π 处，幅度达到最小。

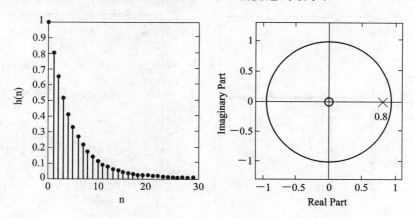

图 2.4.1　系统单位脉冲响应和零极点图

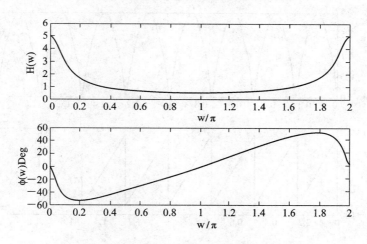

图 2.4.2　系统的幅频特性和相频特性图

【例 2.4.2】　分析 $H(z)=1-z^{-N}$ 的梳状滤波器的零极点位置和频率响应特性。

解

$$H(z) = 1 - z^{-N} = \frac{z^N - 1}{z^N}$$

$H(z)$ 的极点为 $z=0$，这是在原点的一个 N 阶极点，它不影响系统的频响。零点有 N 个，由令分子多项式等于零时的根决定：$z^N-1=0$，$z^N=e^{j2\pi k}$；$z=e^{j\frac{2\pi}{N}k}$，$k=0,1,2,\cdots,N-1$。

设 $N=8$，可用 MATLAB 绘制。8 个零点等间隔分布在单位圆上，如图 2.4.3 所示。当 ω 从零变化到 2π 时，每遇到一个零点，幅度为零，在两个零点的中间幅度最大，形成峰值。幅度谷值点频率为：$\omega_k=(2\pi/N)k$，$k=0,1,2,\cdots,N-1$。一般将具有如图 2.4.4 所示形状的幅度特性的滤波器称为梳状滤波器。

对照【例 2.4.1】的程序框架，只要重新确定 a 系数向量和 b 系数向量，同时把 tf2zp(b,a)

语句注销，就可以绘出所需图形。修正如下：

b＝[1,0,0,0,0,0,0,0,－1]；%给出分子多项式系数，按减幂排列，缺项为0，注意N＝8

a＝[1]；   %给出分母多项式系数，再套用例2.4.1的程序

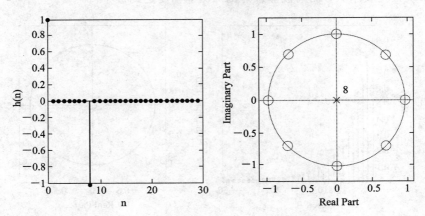

图2.4.3   N＝8阶的梳状滤波器单位脉冲响应和零极点图

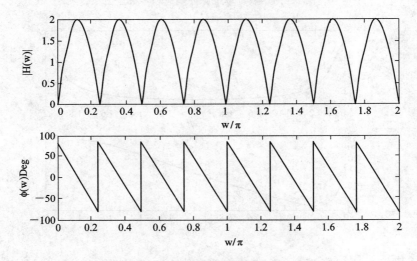

图2.4.4   N＝8阶的梳状滤波器幅频和相频图

习   题   二

2.1   设序列 $x(n)$ 的傅立叶变换为 $X(e^{j\omega})$，试求下列序列的傅立叶变换。

(1) $x(2n)$

(2) $x^*(n)$（共轭）

2.2   计算下列各信号的傅立叶变换。

(1) $2^n u(-n)$ (2) $\left(\dfrac{1}{4}\right)^n u(n+2)$

(3) $\delta(4-2n)$ (4) $n\left(\dfrac{1}{2}\right)^{|n|}$

2.3 序列 $x(n)$ 的傅立叶变换为 $X(e^{jw})$，求下列各序列的傅立叶变换。

(1) $x^*(-n)$

(2) $\mathrm{Re}[x(n)]$

(3) $nx(n)$

2.4 序列 $x(n)$ 的傅立叶变换为 $X(e^{jw})$，求下列各序列的傅立叶变换。

(1) $x^*(n)+x(-n)$

(2) $j\,\mathrm{Im}[x(n)]$

(3) $x^2(n)$

2.5 令 $x(n)$ 和 $X(e^{jw})$ 表示一个序列及其傅立叶变换，利用 $X(e^{jw})$ 表示下面各序列的傅立叶变换。

(1) $g(n)=x(2n)+2x(n)$

(2) $g(n)=\begin{cases} x\left(\dfrac{n}{2}\right) & n\ \text{为偶数} \\ 0 & n\ \text{为奇数} \end{cases}$

2.6 设序列 $x(n)$ 的傅立叶变换为 $X(e^{jw})$，求下列序列的傅立叶变换。

(1) $x(n-n_0)$ n_0 为任意实整数

(2) $g(n)=\begin{cases} x^*\left(\dfrac{n}{2}\right) & n\ \text{为偶数} \\ 0 & n\ \text{为奇数} \end{cases}$

(3) $x(2n)-x(-2n)$

2.7 计算下列各信号的傅立叶变换。

(1) $\left(\dfrac{1}{2}\right)^n \{u(n+3)-u(n-2)\}$

(2) $\cos\left(\dfrac{18\pi n}{7}\right)+\sin(2n)$

(3) $x(n)=\begin{cases} \cos\left(\dfrac{\pi n}{3}\right) & -1\leqslant n\leqslant 4 \\ 0 & \text{其他} \end{cases}$

2.8 求下列序列的序列傅立叶变换：

$nx^*(-n)$，$\mathrm{Re}[x(n)]+u(n)$，$x_0(n)$，$x_e(n)$

2.9 何谓全通系统？全通系统的系统函数 $H_{ap}(Z)$ 有何特点？

2.10 有一线性时不变系统，如题图 2.1 所示，试写出该系统的频率响应、系统（转移）函数、差分方程和卷积关系表达式。

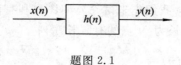

题图 2.1

第3章　离散傅立叶变换及其应用

3.1　引　言

　　离散傅立叶变换(DFT)是数字信号处理领域中功能最强大的常用方法之一，它与数字滤波器理论构成了数字信号处理的最基本内容。DFT 可以看成是一般傅立叶变换的数字化形式。二百多年前，法国科学家傅立叶(Fourier)在他的一篇著名论文中证明了"任一周期函数都可以表示成正弦函数和的形式，其中正弦函数的频率是周期函数频率的整数倍"这一理论，对科学发展和工程实践产生了巨大而深远的影响。后来人们在信号分析领域提出了基于输入与输出都是离散形式的傅立叶变换算法(DFT)，它巧妙地契合了数字计算机的工作方式，伴随着计算机运算速度的极大提高，也得益于 1965 年库利(Cooley)和图基(Tukey)提出的高效率计算 DFT 的快速方法，使得 DFT 的各种实际应用获得蓬勃发展，尤其是在卷积计算、调制、解调、离散余弦变换等数字信号处理算法中。

　　我们在第 2 章讲到周期序列的傅立叶级数展开，即 DFS 算法，它的输入与输出都呈现离散形式，不过由于它们是周期序列，无始无终，尽管全部的信息都只蕴藏在有限点的一个周期内，但还是不能直接使用计算机进行计算。幸运的是，现实中要处理的信号都可以认为是有限长度的，哪怕是持续很长时间的信号，我们也可以合理地将其分成许多小段，再头尾相接来逼近。因此，研究一个有限长序列的计算显得至关重要。另一方面，我们把有限长序列(假设 N 点)想像成是某个周期为 N 点的周期序列的一个周期，这种思路称为有限长序列的周期延拓，从而可以借用周期序列的 DFS 进行计算，最后在计算结果中截取其一个周期。这个过程就是以下要介绍的 DFT 算法。

3.2　离散傅立叶变换

3.2.1　DFT 定义

　　为了引用周期序列的概念，我们先来讨论周期序列和有限长序列之间的相互表达。假定一个周期序列 $\tilde{x}(n)$，它是由长为 N 点的有限长序列 $x(n)$ 经周期延拓而成，即

$$x(n) = \begin{cases} \tilde{x}(n) & 0 \leqslant n \leqslant N-1 \\ 0, & \text{其他} \end{cases} \tag{3.2.1}$$

$$\tilde{x}(n) = \sum_{r=-\infty}^{\infty} x(n+rN) \tag{3.2.2}$$

周期序列 $\tilde{x}(n)$ 的第一个周期 $n = 0 \sim (N-1)$ 定义为 $\tilde{x}(n)$ 的主值区间，也就是说，$x(n)$ 是

$\widetilde{x}(n)$ 的主值序列，即

$$x(n) = \widetilde{x}(n)R_N(n) \tag{3.2.3}$$

式(3.2.3)中 $R_N(n)$ 为 N 点因果矩形序列。如图 3.2.1 所示是一个 $N=6$ 点的有限长序列的周期延拓序列。

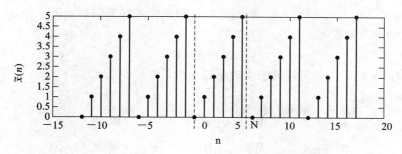

图 3.2.1　有限长序列 $N=6$ 的周期延拓

同样，对于 DFS 的周期性的系数 $\widetilde{X}(k)$，与主值频谱序列 $X(k)$ 也有如下关系：

$$\widetilde{X}(k) = \sum_{r=-\infty}^{\infty} X(k+rN) \tag{3.2.4}$$

$$X(k) = \widetilde{X}(k)R_N(k) \tag{3.2.5}$$

为了便于对照，将第 2 章的 DFS 变换对重写如下：

$$\widetilde{X}(k) = \sum_{n=0}^{N-1} \widetilde{x}(n)W_N^{nk} \quad 和 \quad \widetilde{x}(n) = \frac{1}{N}\sum_{k=0}^{N-1} \widetilde{X}(k)W_N^{-nk}$$

式中 $W_N = \mathrm{e}^{-\mathrm{j}\frac{2\pi}{N}}$ 称为旋转因子，幅度为 1，相角为 $-2\pi/N$，任何复数与其相乘将被附加一个负相角，在极坐标图中相当于被顺时针旋转 $2\pi/N$ 弧度。

W_N 是离散傅立叶变换中重要的单位复指数，它是序列点数 N 的函数。

注意到 DFS 的求和运算区间就是在周期序列的主值区间进行的，因此，我们定义有限长 N 点序列的 DFT 为

$$X(k) = \widetilde{X}(k)R_N(k) = \mathrm{DFT}[x(n)] = \sum_{n=0}^{N-1} x(n)W_N^{nk}, 0 \leqslant k \leqslant N-1 \tag{3.2.6}$$

$$x(n) = \widetilde{x}(n)R_N(n) = \mathrm{IDFT}[X(k)] = \frac{1}{N}\sum_{k=0}^{N-1} X(k)W_N^{-nk}, \quad 0 \leqslant n \leqslant N-1$$

$$\tag{3.2.7}$$

式(3.2.6)和(3.2.7)分别称为离散傅立叶正变换 DFT 和离散傅立叶逆变换 IDFT。再次强调的是，虽然以上两个式子都是针对有限长序列的，却都应该将其理解为周期序列中的一个周期。

$x(n)$ 与 $X(k)$ 都是长度为 N 的序列（复序列），都有 N 个独立值，因而具有等量的信息。已知 $x(n)$ 就能唯一地确定 $X(k)$，反之亦然。改写式(3.2.6)如下：

$$X(k) = \sum_{n=0}^{N-1} x(n)W_N^{nk} = \sum_{n=0}^{N-1} x(n)\cos\left(\frac{2\pi}{N}nk\right) - \mathrm{j}\sum_{n=0}^{N-1} x(n)\sin\left(\frac{2\pi}{N}nk\right), \quad 0 \leqslant k \leqslant N-1$$

可以看出，从 $k=0, 1, 2, \cdots, N-1$，相当于频率从直流 DC 到 $(N-1)f_s$ 的 N 个频率等分点。这些频率点上的余弦序列和正弦序列称之为频率单元或分析频点。也就是说，输入时域序列 $x(n)$ 与频率单元做序列点积运算而得到频谱的实部和虚部，即该频率点所分

解到的复系数 $X(k)$。

为了方便 DFT 的使用，特别是用 MATLAB 软件编程时，经常将其表示成矩阵形式。令

$x=\{x(0), x(1), x(2), \cdots, x(N-1)\}^{\mathrm{T}}$ 构成时域序列的列矩阵

$X=\{X(0), X(1), X(2), \cdots, X(N-1)\}^{\mathrm{T}}$ 构成频域序列的列矩阵

那么式(3.2.6)可以写成

$$X = W_N x \qquad (3.2.8)$$

式中 W_N 是 $N \times N$ 的方阵，而且关于主对角线对称，即

$$W_N = \begin{bmatrix} 1 & 1 & 1 & \cdots & 1 \\ 1 & W_N^1 & W_N^{1\times 2} & \cdots & W_N^{1(N-1)} \\ 1 & W_N^2 & W_N^{2\times 2} & \cdots & W_N^{2(N-1)} \\ \vdots & \vdots & \vdots & \ddots & \vdots \\ 1 & W_N^{(N-1)} & W_N^{2(N-1)} & \cdots & W_N^{(N-1)\times(N-1)} \end{bmatrix} \qquad (3.2.9)$$

同理，式(3.2.7)的 IDFT 式可写成

$$x = \frac{1}{N} W_N^{-1} X \qquad (3.2.10)$$

注意，式(3.2.10)中 W_N^{-1} 的上标(-1)表示矩阵中所有元素的指数都取负号，而不是求矩阵逆运算。

DFT 隐含的周期性可以从定义中看出来，对任意整数 m，总有

$$W_N^k = W_N^{(k+mN)}, \quad k, m, N, \text{均为整数}$$

$$X(k+mN) = \sum_{n=0}^{N-1} x(n) W_N^{(k+mN)n} = \sum_{n=0}^{N-1} x(n) W_N^{kn} = X(k)$$

说明 $X(k)$ 是以 N 点为周期的。同样地可以证明 IDFT 中，$x(n)$ 也是隐含 N 点周期的。

我们来看一个例子。

【例 3.2.1】 某复合正弦信号 $x(t)$ 由幅度为 1 个单位、频率为 2 kHz 和幅度为 0.5 个单位、频率为 6 kHz 且滞后 135°相角的两个正弦分量复合构成：

$$x(t) = \sin(2\pi \times 2000 \times t) + 0.5\sin(2\pi \times 6000 \times t - 3\pi/4)$$

若对其用 $f_s = 16$ kHz 采样率进行离散化(即 16 000 个样点数据/秒)，获得一串 $x(nT)$。$x(nT)=x(t)\big|_{t=nT}$，$T=1/16\ 000$。现在我们仅取其 16 个数据(相当于观察了 1 ms 的复合正弦信号)进行分析，可以获得这些数据所提供的频谱信息。试计算这 16 个数据的 DFT 变换 $X(k)$ 值，绘制 $X(k)$ 的幅度序列和相位序列图并加以仔细考察。

解 先用 MATLAB 计算出 16 个采样数据(复合正弦序列)。

```
t=0:1/16000:15/16000;        %t=0 开始，时间增量 1/16 ms，观察 16 点，即 1 ms
xt=sin(2*pi*2000*t)+0.5*sin(2*pi*6000*t-3*pi/4);        %复合正弦序列
figure(1);stem(t,xt);xlabel('n');ylabel('x(n)');
```

16 点采样序列值 x(n)={−0.35, 0.71, 1.35, 0.21, 0.35, −0.71, −1.35, −0.21, −0.35, 0.71, 1.35, 0.21, 0.35, −0.71, −1.35, −0.21}；绘出的序列杆图如图 3.2.2 所示。

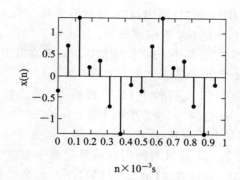

$n \times 10^{-3}$s

图 3.2.2 复合正弦的采样序列

构造 16×16 的变换矩阵 W_N，并计算出频谱 $X(k)$。

```
n=0:15;k=0:15;                          %两个序号行向量
WN=exp((-j*2*pi/16)).^(n'*k);           %构造变换矩阵，注意是群运算
X=xt*WN;Xa=abs(X);                      %进行 DFT 运算，获得频谱序列 X(k)，求幅度
Xb=(angle(X))*180/pi;                   %求相角，单位从弧度换成角度
figure(2);
subplot(2,1,1);stem(k,Xa);xlabel('k');ylabel('X(k)');      %幅度谱
subplot(2,1,2);stem(k,Xb);xlabel('k');ylabel('φ(k)deg');   %相位谱
```

可以得到频谱序列值：

$X(k) = \{0, 0, -8i, 0, 0, 0, -2.8+2.8i, 0, 0, 0, -2.8-2.8i, 0, 0, 0, +8i, 0\}$；

程序运行后分别绘出幅频和相频特性如图 3.2.3 所示。（注意 MATLAB 计算结果中近似于 0 的数值的表示方式，同时，对于非常小的幅度信号分量所对应的相位值可以不必考虑。）

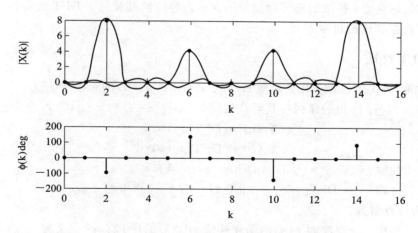

图 3.2.3 复合正弦序列的频谱图

我们知道，牢记其周期性，图 3.2.3 中 $k=0$ 和 $k=16$ 是一样的，对应的都是 DC 或 fs，本例是 16 kHz。因此，仔细观察 DFT 计算结果，发现 $k=2$ 和 $k=6$ 处有信号幅度出现，正是对应的 2 kHz 和 6 kHz 的分量，并且它们的幅度也是 2 倍关系。不过这里有些问题。首先，它们的值为何是 8 与 4；其次，为何对应相位变成了 $-90°$ 和 $135°$ 呢？这就是著名的

DFT 辅助效应，前者称为 DFT 的"计算增益"，增益值为 $0.5N$，（负频率部分还有 $0.5N$），这与数据点数 N 成正比，数据越长，效应越显著。这也是逆变换 IDFT 公式中除以 N 的原因。后者叫 DFT 的"附加相位"，是个 $-90°$ 固定值，与频率高低无关。例如，6 kHz 分量的正弦相位本来是 $-135°$，计算出来却是 $135°$，这是因为 $-135°-90°=-225°$，但在习惯的 $\pm180°$ 相位主值表示方式中，$-225°$ 等价于 $135°$，都是同一个角度，处于时针 10 点半方位。为何会有这个附加相位呢？这是因为 DFT 中的 $W_N^k = \cos(2\pi k/N) - j\sin(2\pi k/N)$，计算频谱本质上是将序列 $x(n)$ 在其上的投影（内积），现在两个正弦分量与 W_N^k 的内积，结果是被乘以 $-j$ 即附加相位 $-90°$，当然，如果本例用的信号是两个余弦分量复合而成，那么就不会出现这个附加相位的现象。请读者将【例 3.2.1】程序改为余弦分量进行验证。因此也可以这么认为：DFT 是以余弦 cos 作为参考 0 相位的！所有信号分量的相位都相对于余弦来表达。实际上对于例子中 DFT 的 k 以及幅度与相位值，我们可以先写出余弦表达式，再设法转换成正弦形式，即

$$
\begin{aligned}
x(t) &= 8/(0.5\times16)\cos(2\pi\times2\times1000t-90°) \\
&\quad + 4/(0.5\times16)\cos(2\pi\times6\times1000t+135°) \\
&= 1\sin(2\pi2000t) + 0.5\cos(2\pi6000t+225°-90°) \\
&= 1\sin(2\pi2000t) + 0.5\sin(2\pi6000t+225°) \\
&= 1\sin(2\pi2000t) + 0.5\sin(2\pi6000t-135°)
\end{aligned}
$$

这就是原来的复合信号。

至于计算结果出现 k＝10 和 k＝14 的高频分量，那是因为采样带来的镜像谐波频谱，实际上，正是它反映着负频率部分情况，也就是 -2 kHz 和 -6 kHz 的频谱值的体现，在实信号的条件下，是原信号的频谱关于 $0.5fs=8$ kHz 的镜像。幅度图中的细实线是从 2 kHz 和 6 kHz 复合正弦中截取一段 2 个周期长的信号序列的连续频谱，用 DFT 只看到了 2 个主瓣的最高点，扩散的连续频谱中的其他内容恰恰都躲过了 DFT 的观察点，即分析频率单元都落在频谱的过零点上。

3.2.2 DFT 性质

下面讨论 DFT 的性质。假设有限长序列 $x_1(n)$ 和 $x_2(n)$ 的长度分别为 N_1 和 N_2，取 $N=\max[N_1,N_2]$，即短的序列在其后补相应个 0。设 $x_1(n)$ 和 $x_2(n)$ 的 N 点 DFT 分别为：

$$X_1(k) = \mathrm{DFT}[x_1(n)]$$
$$X_2(k) = \mathrm{DFT}[x_2(n)]$$

（1）线性性质。假设 $y(n)=ax_1(n)+bx_2(n)$，则有

$$Y(k) = \mathrm{DFT}[y(n)] = aX_1(k) + bX_2(k), 0 \leqslant k \leqslant N-1 \qquad (3.2.11)$$

式中 a、b 为任意常数。

（2）循环移位。N 点序列 $x(n)$ 的循环移位 m 点后的序列 $y(n)$ 定义为

$$y(n) = x((n+m))_N R_N(n) \qquad (3.2.12)$$

式(3.2.12)的 $x((n+m))_N$ 符号表示这样的操作：先以 $x(n)$ 当主值周期做周期延拓成为 $\tilde{x}(n)$，然后进行移位，最后由 $R_N(n)$ 截取 $0\sim N-1$ 区间成为 N 点的 $y(n)$。这说明，N 点序列循环移位后仍然是 N 点序列。如图 3.2.4 所示，图(a)为 N＝6 点的序列；图(b)为进行周期延拓的序列；图(c)为周期序列右移 3 点的序列；图(d)为截取 n＝0～5 主值周期。

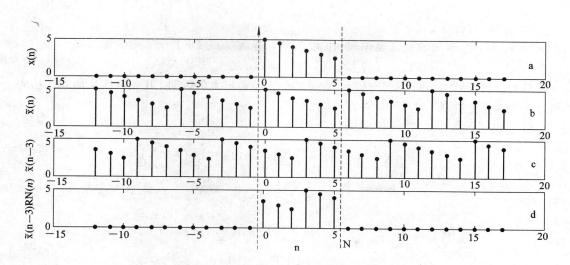

图 3.2.4　有限长 N 点序列循环移位

图 3.2.5 说明了同一个序列进行线性移位和循环移位操作的结果差异，左边是线性位移，0 从左边右移入主值区而序列值被移出；右边是循环移位，6 个值都在主值区内。请仔细体会。

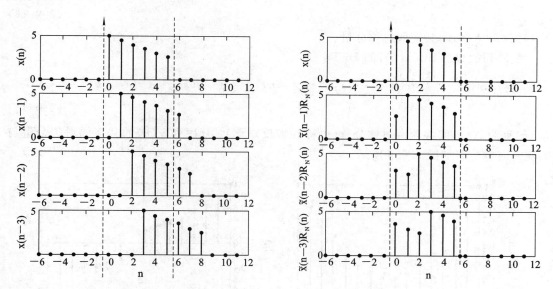

图 3.2.5　有限长 6 点序列线性位移和循环移位的区别

考虑到 $\mathrm{DFS}[\tilde{x}(n+m)]=W_N^{-mk}\tilde{X}(k)$ 和 $X(k)=\tilde{X}(k)R_N(k)$，我们有

$$\mathrm{DFT}[x((n+m))_N R_N(n)] = \mathrm{DFT}[\tilde{x}(n+m)R_N(n)]$$

$$= W_N^{-mk}\tilde{X}(k)R_N(k) = W_N^{-mk}X(k) \tag{3.2.13}$$

上式说明，经过循环移位后的序列的 DFT 与移位前的 DFT 差别仅是复乘以旋转因子而发生相位上的改变。这个改变量与移位置 m 以及离散频率 k 成正比，对幅频特性没有影响。同样，根据 DFT 变换的对偶性，有

$$\mathrm{IDFT}[X((k+r))_N R_N(k)] = W_N^{nr}x(n) = \mathrm{e}^{-\mathrm{j}\frac{2\pi}{N}nr}x(n) \tag{3.2.14}$$

(3) 共轭对称性。

设 $x^*(n)$ 是 $x(n)$ 的复共轭序列,长度为 N。若 $X(k)=\mathrm{DFT}[x(n)]$,则

$$\mathrm{DFT}[x^*(n)] = X^*(N-k), \quad 0 \leqslant k \leqslant N-1 \tag{3.2.15}$$

注意,当 $k=0$ 时,$X^*(N-k) = X^*(N)$,已经超出主值区间,我们再次从周期延拓的概念去理解,就有 $X^*(N)=X^*(0)$。

证明如下:

$$\begin{aligned}
X^*(N-k) &= \Big[\sum_{n=0}^{N-1} x(n) W_N^{(N-k)n} \Big]^* \\
&= \sum_{n=0}^{N-1} x^*(n) W_N^{-(N-k)n} \\
&= \sum_{n=0}^{N-1} x^*(n) W_N^{kn} \\
&= \mathrm{DFT}[x^*(n)]
\end{aligned}$$

有了式(3.2.15),就可以推导出许多有用的对称性质。

复序列的实部 $\mathrm{Re}\{x(n)\}$ 的 DFT:

$$\mathrm{DFT}[\mathrm{Re}\{x(n)\}] = \mathrm{DFT}\Big[\frac{1}{2}(x(n)+x^*(n)) \Big] = \frac{1}{2}[X(k)+X^*(N-k)] = X_e(k) \tag{3.2.16}$$

$X_e(k)$ 称为 $X(k)$ 的共轭偶对称分量。

复序列的虚部 $\mathrm{Im}\{x(n)\}$ 的 DFT:

$$\mathrm{DFT}[\mathrm{j}\,\mathrm{Im}\{x(n)\}] = \mathrm{DFT}\Big[\frac{1}{2}(x(n)-x^*(n)) \Big] = \frac{1}{2}[X(k)-X^*(N-k)] = X_o(k) \tag{3.2.17}$$

$X_o(k)$ 称为 $X(k)$ 的共轭奇对称分量(也称共轭反对称)。复序列 $x(n)$ 的共轭偶对称分量与共轭奇对称分量如图 3.2.6 所示。

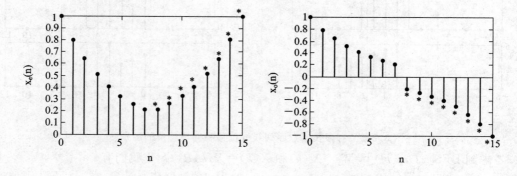

图 3.2.6　$x(n)$ 的共轭偶对称分量与共轭奇对称分量

现在讨论 $X_e(k)$ 与 $X_o(k)$ 两个分量本身的对称性。对于

$$X_e(k) = \frac{1}{2}[X(k)+X^*(N-k)]$$

将式中 k 以 $N-k$ 代入,得

$$X_e(N-k) = \frac{1}{2}[X(N-k) + X^*(N-(N-k))]$$
$$= \frac{1}{2}[X(N-k) + X^*(k))] = X_e^*(k)$$

得到

$$X_e(k) = X_e^*(N-k) \qquad (3.2.18)$$

说明 $X_e(k)$ 具有共轭偶对称特点。

类似地，可得到

$$X_o(N-k) = \frac{1}{2}[X(N-k) - X^*(N-(N-k))]$$
$$= \frac{1}{2}[X(N-k) - X^*(k)] = \frac{1}{2}[X^*(N-k) - X(k)]^*$$
$$= -X_o^*(k)$$
$$X_o(k) = -X_o^*(N-k) \qquad (3.2.19)$$

即 $X_o(k)$ 具有共轭反对称特点，称其为 $X(k)$ 的共轭奇对称分量。

现实中采集的时域序列都是纯实数序列 $x(n)$，即 $x(n) = x^*(n)$；$x(n) = \mathrm{Re}\{x(n)\}$，那么，频率 $X(k)$ 只有共轭偶对称部分，即 $X(k) = X_e(k)$，而 $X_o(k) = 0$。这表明实数序列的 DFT 具有共轭对称性。利用这一特性，意味着只要知道一半数目的 $X(k)$，$k = 0,1,2,\cdots,N/2-1$，就可得到另一半的 $X(k)$，$k = N/2,\cdots,N-1$。这一特点在求 DFT 时可以加以利用，省去一半运算量，以提高运算效率。

根据 DFT 的对偶特性，我们也可以找到频谱 $X(k)$ 的实部 $\mathrm{Re}\{X(k)\}$、虚部 $\mathrm{Im}\{X(k)\}$ 与序列 $x(n)$ 的共轭偶部 $x_e(n)$ 与共轭奇部 $x_o(n)$ 的关系。

分别以 $x_e(n)$ 及 $x_o(n)$ 表示序列 $x(n)$ 的圆周共轭偶部与圆周共轭奇部，即应把 N 点序列看成是周期延拓后的序列，显然，$x(N) = x(0) = x(N-0)$，也就是从所谓的圆周意义上来理解。可证明：

$$\mathrm{DFT}[x_e(n)] = \frac{1}{2}\mathrm{DFT}[x(n) + x^*(N-n)] = \frac{1}{2}[X(k) + X^*(k)] = \mathrm{Re}\{X(k)\}$$
$$(3.2.20)$$

$$\mathrm{DFT}[x_o(n)] = \frac{1}{2}\mathrm{DFT}[x(n) - x^*(N-n)] = \frac{1}{2}[X(k) - X^*(k)] = \mathrm{j\,Im}\{X(k)\}$$
$$(3.2.21)$$

（4）选频特性。

对复指数函数 $x(t) = e^{jr\omega_0 t}$（r 为整数），进行采样得复指数序列（余弦和正弦）

$$x(n) = e^{jr\omega_0 n}$$

当任意频率取 $\omega_0 = 2\pi/N$ 时，

$$x(n) = e^{jr\frac{2\pi}{N}n}$$

$x(n)$ 的离散傅立叶变换为

$$X(k) = \sum_{n=0}^{N-1} e^{jr\frac{2\pi}{N}n} e^{-j\frac{2\pi}{N}nk} = \sum_{n=0}^{N-1} e^{j(r-k)\frac{2\pi}{N}n}$$
$$= \frac{1 - e^{j\frac{2\pi}{N}(r-k)N}}{1 - e^{j\frac{2\pi}{N}(r-k)}} = \begin{cases} N & r = k \\ 0 & r \neq k \end{cases}, \quad 0 \leqslant k \leqslant N-1 \qquad (3.2.22)$$

可见，当输入信号频率是 $2\pi/N$ 的整数 r 倍时，变换 $X(k)$ 的 N 个频率值中只有 $X(r)=N$，其余 $k \neq r$ 的皆为零。因此，我们可以设想，如果输入信号由 $2\pi/N$ 的不同倍数的多个频率信号组成，那么，经离散傅立叶变换后，在不同的频率点 k 上，$X(k)$ 将有一一对应的输出，如【例 3.2.1】中 $k=2$ 和 $k=6$。也就是说，离散傅立叶变换算法实质上是对频率具有选择性的，它依赖于点数 N。更一般地，如果输入的信号频率不为 $2\pi/N$ 整数倍，即 r 任意，情况会怎样呢？仔细考察式(3.2.22)会发现，如果 r 不是整数，那么，$r-k$ 就不会是整数，不管 k 取多少，式中 $X(k)$ 都是不等于零的！即所有的频率分析点 $k=0 \sim N-1$ 都会有幅度输出。这也说明，对一个单一频率的复信号进行采样，由于选取采样点数 N（即截取的序列长度）的不合适，使得 $2\pi/N$（即 f_s/N）与该输入信号频率不成整数倍关系，那么经过 DFT 的运算，就会得出所有频率点都有输出的现象。这也真正揭示了这样的事实：一个无限长时域信号被截断后，将造成单一频率信号的能量（频谱幅度平方）泄漏到附近所有频率区域上，这称为频谱泄漏。

现在来深入理解这个现象。我们把【例 3.2.1】中的 2 kHz 频率分量改成 2.3 kHz，且为了看得更清楚，去掉 6 kHz 分量。即 $x(t)=1 \times \sin(2\pi \times 2300 \times t)$ 信号，经过 $T=1/16$ ms 采样，用 $N=16$ 个数据计算出的频谱幅度结果，如图 3.2.7 所示。虚线是 2.3 kHz 信号被截取后的连续频谱图。

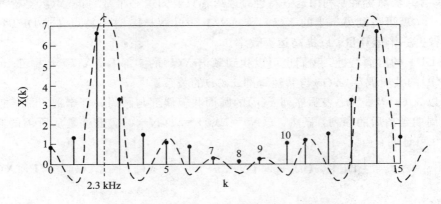

图 3.2.7 频谱泄漏现象的揭示

本来期望于 2.3 kHz 的地方出现幅度为 $1 \times N/2=8$ 的频谱，可是没有。现在由于 DFT 的选频特点，因为 $f_s/N=1$ kHz，它只会表达 $0 \sim 15$ kHz 整数频率点信号，对 2.3 kHz 是没有频率单元与之对应的，最接近的是 2 kHz 单元，它获得最大的输出约为 6.5；并且所有各频率分析点都不位于连续频谱的过零点而观察到了泄漏的情况，特别是第一、第二旁瓣的幅度。要注意的是，这条虚线不是 sinc(x) 或 Sa(x) 函数，它已经包含了周期化后的旁瓣的互相串扰，也可以说是"混叠的 Sa(x)"。

再看该 $X(k)$ 所对应的采样数据 $x(n)$。如图 3.2.8 所示，注意观察那些小幅值点，可以发现数据并没有出现完整的周期性规律，换句话说，周期信号采样应该采集到一个完整周期里的 N 个数据，然后用这个序列片段通过周期延拓后，恰好与真实的周期信号序列相同，这才合乎逻辑。正因为 DFT 本身隐含着周期化处理，图中这个 16 点的 $x(n)$ 周期化后已不是 $x(nT)=\sin(2\pi \times 2300 \times nT)$，$-\infty<n<\infty$。也可以理解成另外某个信号，当然频谱就肯定不同。请读者比较图 3.2.9(a)和图 3.2.9(b)两种情况。同一个信号，截取的点数

（长度）不同，（a）图截取 2 个完整周期，经过周期化后跟原周期序列是一样的，而（b）图只截取 1.75 个周期，周期化时在"接头"的地方将出现跳变，已非原来的正弦序列。

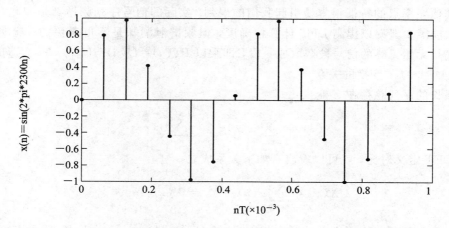

图 3.2.8　2.3 kHz 正弦信号以 16 kHz 采样率取样的数据

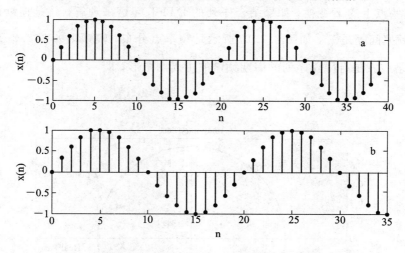

图 3.2.9　正弦序列的两种截断情况

　　如何才能更真实地获得结果呢？假如我们继续增长对 2.3 kHz 信号的观察时间，以 1/16 ms 的间隔获得更多的采样数据，直到序列有一个完整周期。比如 $N=160$，那么做 DFT 时，其频率分析点间隔是 $f_s/N=16$ kHz/160＝0.1 kHz，即每点递增 100 Hz，第 23 点就恰好准确地观察到 2.3 kHz 信号最高幅度，其他都为 0，避开了泄漏现象引起的幅度误判。（尽管泄漏减小了些，但始终存在着，只是没有观察到，考虑一下有什么办法能看到第一旁瓣的大致幅度？）我们还可以在图 3.2.8 的 16 点序列后面添加 0 直到 160 点，再计算 DFT，这实际上是增加并调整 DFT 频率分析点位置和密度，使得 2.3 kHz 上有一个分析点，这样也能看到频谱在第 23 点处有一个最大幅度，但它将比前面那种方法要小些。还有一点不同，这个方法在其他的分析频率点也都有输出，并不为 0，反映的正是泄漏的那些旁瓣大小。

　　值得指出的是，我们早已知道非周期序列信号的 DTFT 频谱是连续频率的，在其频带范围里分布着无限多的频率成分。显然用 DFT 计算这种序列时，无论 N 取多大，总有些频率不能刚好对应到有限个输出频率单元上，结果一定会受到上述泄漏现象的影响，它的扩散到其他频率点的特征很容易引起我们的误判。实际的信号序列频谱都是如此，虽然有许多办法能减少泄漏以提高 DFT 计算精确度，但频谱泄漏却是不可避免的。泄漏的问题归根结底是无始无终的信号被截取成一段，即乘以 $R_N(n) = U(n) - U(n-N)$ 而造成的。

（5）DFT 与 Z 变换的关系。

有限长的序列总存在 Z 变换：

$$X(z) = \sum_{n=-\infty}^{\infty} x(n) z^{-n} = \sum_{n=0}^{N-1} x(n) z^{-n}$$

与 DFT 定义对比，就可以看出有如下关系成立：

$$X(k) = \sum_{n=0}^{N-1} x(n) \mathrm{e}^{-\mathrm{j}\frac{2\pi}{N}nk} = X(z) \Big|_{z=\mathrm{e}^{\mathrm{j}\frac{2\pi}{N}k}} \tag{3.2.23}$$

式中 $z = \mathrm{e}^{\mathrm{j}\frac{2\pi}{N}k}$，说明是 z 平面单位圆上相角为 $\frac{2\pi}{N}k (k = 0, 1, \cdots, N-1)$ 的 N 个点，$X(k)$ 就是 $x(n)$ 在这些点上的 Z 变换。如果结合序列的 DTFT 频谱来理解，就是连续谱在频率域被离散化。频率间隔是 $\frac{2\pi}{N}$，如图 3.2.10 所示是频率点分布。幅频则如图 3.2.11 所示，虚线表示的包络线就是有限长序列的周期频谱的主周期图形，即

$$X(k) = X(\mathrm{e}^{\mathrm{j}\omega}) \Big|_{\omega=\frac{2\pi}{N}k} = \sum_{n=-\infty}^{\infty} x(n) \mathrm{e}^{-\mathrm{j}\omega n} \Big|_{\omega=\frac{2\pi}{N}k} = X(\mathrm{e}^{\mathrm{j}\frac{2\pi}{N}k}) \tag{3.2.24}$$

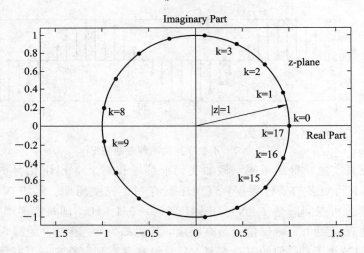

图 3.2.10　单位圆上等分点处的 Z 变换即 DFT

3.2.3　频率域采样

N 点时域序列 $x(n)$，其 DTFT 是 ω 的连续函数，即频谱 $X(\mathrm{e}^{\mathrm{j}\omega})$；而我们用 DFT 计算 $x(n)$ 时是 N 点的 $X(k)$，它是连续频谱 $X(\mathrm{e}^{\mathrm{j}\omega})$ 的频率域 N 点等间隔采样，如图 3.2.11 所表达的。

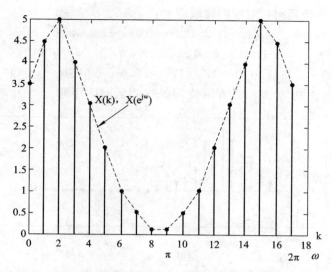

图 3.2.11　序列的 DTFT 连续频谱与 DFT 离散频谱关系

现在要讨论的问题是：设频率域 $0\sim2\pi$ 间的均匀采样点数为 M，它可不可以比 N 小？或者比 N 大？我们再一次从 DFT 对偶特性来分析。

时域里连续信号被采样成离散信号时，会使得频谱发生周期化。时域采样间隔 T 决定了频谱周期化的周期大小，即 $f_s=1/T$，为防止频谱混叠发生，f_s 应足够大，大到超过信号带宽。同样，频域里连续频谱被采样成等间隔离散频率点，即彼此呈谐波关系，而使得时域对应表现为周期化。频率采样间隔 F 决定了时域周期化的周期大小，即 $t_s=1/F$，为防止时域混叠发生，t_s 应足够大，大于信号长度。显然，频域采样点数 $M=2\pi/F$ 越大，其频率间隔 F 越小，时域周期化的周期长度 t_s 越长，它换算成时域序列点数 $t_s/T=N_s$ 就越大，只要原连续频谱对应的时域序列点数 N 少于 N_s，就不会发生时域序列的混叠。这就是频率域采样定理。

【例 3.2.2】　频率域取样的例子。

一个连续的频谱 $X(e^{j\omega})$ 在一周期里等间隔取样了 32 个频率数据 $X(k)$，$X(k)=\{$ 40，$-32.6-j30.1$，$-14.3+j38.1$，$20.6+j7.0$，$0.3-j0.7$，…，$-32.6+j30.1\}$，如图 3.2.12 所示。

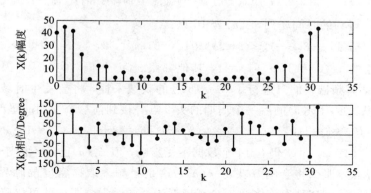

图 3.2.12　$X(e^{j\omega})$ 的 32 个频谱样点的幅度和相位图

经过 IDFT 逆变换后得到对应的时域序列：

$x(n) = \{2, -1, -3, -5, -2, 2.1204e-016, 1, 2, 4, 5, 7, 9, 8, 6, 3, 1, 1, 2,$
$1.2204e-016, 0, 1.304e-016, 0, 0, 0, 0, 0, 0, 0, 0, 0, 0, 0\}$

如图 3.2.13 所示，注意 $x(0)=2$，$x(1)=-1$，$\cdots$，$x(16)=1$，$x(17)=2$，从 $x(18)$ 起都为 0，说明频谱所对应的 $x(n)$ 是有限长 $N=18$ 点的时间序列。

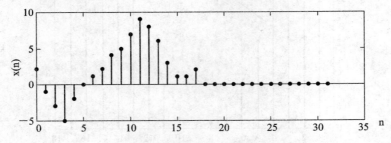

图 3.2.13　$X(k)$ 的 IDFT 后的序列 $x(n)$ 幅度图

若对 $X(e^{j\omega})$ 在一周期里等间隔取样了 16 个频率数据 $X_1(k)$，就是等效从 32 点的 $X(k)$ 中抽取偶数序号的频谱点构成，如图 3.2.14 所示。

$$X_1(k) = \{40, -14.3+j38.1, 0.3-j0.7, \cdots, -14.3-j38.1\}$$

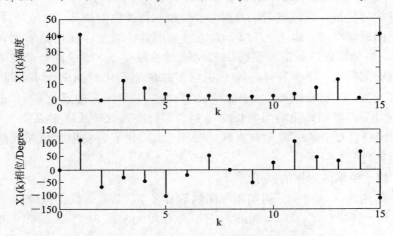

图 3.2.14　$X(e^{j\omega})$ 的 16 个频谱样点的幅度和相位图

对应的 IDFT 后得到的时间序列 $x_1(n)$ 为 16 点：

$$x_1(n) = \{3, 1, -3, -5, -2, 2.1204e-016, 1, 2, 4, 5, 7, 9, 8, 6, 3, 1\}$$

注意：这里的 $x_1(0)=3$，$x_1(1)=1$，其他都跟 $x(n)$ 相同。实际上，因为有限长序列 $x(n)$ 是 $N=18$，其频谱我们只进行了 $M=16$ 点的频域采样，将会发生时域周期化后的混叠现象。在这里表现为 $x(n)$ 的后一个周期的头 2 点叠接到前一个周期的尾部 2 点。可以对照一下数据，$x_1(0)=3=x(0)+x(-2)=x(0)+x(16)=2+1$，$x_1(1)=1=x(1)+x(-1)=x(1)+x(17)=-1+2$。虽然仍有 14 个数据不受影响，但 $x_1(n)$ 已经不同于 $x(n)$ 了。如果频谱取 18 个样点，那么将会刚好获得 $x(n)$，这是个频率取样密度的临界值。一般在做 IDFT 时发现时间序列尾部有许多数据全都接近于 0 的情况，那么就可以降低频率域采样密度。反过来说，当发现 IDFT 出来的序列数据尾部没有 0，那么就要提高频率域采样点数，再次计算并查看序列尾部是否都是 0 了，如此反复，直到有限长的序列点无重叠地全部展现出来。图 3.2.13 中 $x(n)$ 有了很多 0，显然可以知道 32 点频率域采样的点数偏多，可以减小直到 18 点。

3.2.4 循环卷积定理

所谓循环卷积的概念是为了配合有限长序列的 DFT 性质和应用而引入的，即频率域相乘操作对应于时间域的卷积运算。我们知道，两个周期相同的序列可以在一个周期内进行卷积运算，称为周期卷积，其卷积结果依然保有周期性。现在对于两个一样长度的有限长序列先周期延拓后再进行卷积运算，就称为循环卷积。它类同于周期卷积，只不过它的周期性是延拓想像出来的，循环卷积的结果仍然是个同长度的有限长序列。

假设 $x(n)$、$y(n)$ 是两个长度为 N 的有限长序列，它们的 N 点 DFT 分别为 $X(k)$、$Y(k)$，若 $F(k)=X(k)Y(k)$，那么

$$\text{IDFT}\{F(k)\} = f(n) = \Big\{ \sum_{m=0}^{N-1} x(m)y((n-m))_N \Big\} R_N(n) \tag{3.2.25}$$

运算成立。

首先把 $x(n)$、$y(n)$ 周期性延拓成周期序列 $\tilde{x}(n)$、$\tilde{y}(n)$，再把式 (3.2.25) 看做是周期序列 $\tilde{x}(n)$ 和 $\tilde{y}(n)$ 的周期卷积后再取其主值序列。将 $F(k)$ 周期延拓，简便记为 $F((k))_N = X((k))_N Y((k))_N$，对应的周期卷积式为

$$\text{IDFS}\{\tilde{F}(k)\} = \tilde{f}(n) = \sum_{m=0}^{N-1} x((m))_N y((n-m))_N$$

因为在 $0 \leqslant m \leqslant N-1$ 内，$x((m))_N = x(m)$，可以看到式 (3.2.25) 的运算过程与周期卷积是一样的，只是最后仅取结果的主值序列。由于卷积过程只在主值区间 $0 \leqslant m \leqslant N-1$ 内进行，因此对于 $y((n-m))_N$ 实际上就是 $y(m)$ 的循环移位，称为"循环卷积"，以区别于线性卷积及周期卷积。循环卷积习惯上用一个数字外加一个圆圈来表示，数字表示参与卷积的序列长度。例如：式 (3.2.25) 记为 $f(n) = x(n) \text{⑥} y(n)$，符号"⑥"表示 2 个 6 点有限长序列进行的循环卷积。

两个序列的循环卷积计算方法：

(1) 由两个有限长序列 $x(n)$、$y(n)$ 延拓构造出周期序列 $x((n))_N$ 和 $y((n))_N$。

(2) 计算 $x((n))_N$ 和 $y((n))_N$ 的周期卷积 $f((n))_N$。

(3) 取卷积结果 $f((n))_N$ 主值，即 $f(n) = x(n) \text{Ⓝ} y(n) = f((n))_N R_N(n)$。

我们用一个例子来验证 DFT 的循环卷积的性质。

【例 3.2.3】 有两个长度都为 6 点的序列 $x(n)$ 和 $y(n)$，其频谱分别记 $X(k)$ 和 $Y(k)$。要求验证 DFT 循环卷积性质，$x(n) = \{-2, 5, -1, 3, 4, 7\}$ 和 $y(n) = \{1, 2, 7, 3, 4, 6\}$。

解 分析：把 $y(n)$ 周期化，有

$$y((n))_6 = \{\cdots, 4, 6, 1, 2, 7, 3, 4, 6, 1, 2, 7, 3, 4, \cdots\}$$

对 $y(0)=1$ 处左右翻转后成为

$$y((-m))_6 = \{\cdots, 6, 4, 3, 7, 2, 1, 6, 4, 3, 7, 2, 1, \cdots\}$$

按照定义式子 $\tilde{f}(n) = \sum_{m=0}^{6-1} x(m)y((n-m))_6$，计算得

$$f((n))_6 = \{\cdots, 75, 68, 50, 82, 52, 41, 75, 68, 50, 82, 52, 41, 75, \cdots\}$$

↑

取主值序列，得：

$$f(n) = f((n))_6 R_6(n) = \{75, 68, 50, 82, 52, 41\}$$

MATLAB 程序如下：

```
x=[-2, 5, -1, 3, 4, 7]; y=[1, 2, 7, 3, 4, 6];
N=6;                        %序列循环卷积长度 N
m=0:1:N-1;
y=y(mod(-m, N)+1);%对每个序号 m 求模 6 的值，即左右翻转 y 序列
A=zeros(N, N);              %构造一个 6×6 的全 0 方阵
for n=1:1:N
  A(n, :)=cirshftt(y, n-1, N);%对某个 n、y 序列循环移 n-1 位后，对应放在 A 的第 n 行
end
f=x*A';                    %进行乘加运算，得到结果，f=[75, 68, 50, 82, 52, 41]
figure(1); stem(f);        %绘制序列杆图
    %调用的 N 点循环移位子程序函数 cirshftt 如下
function w=cirshftt(s,m,N) %参数入口，s 是被循环移位的序列，N 是其长度，m 是移位点数
n=0:1:N-1;                 %得到序号{0, 1, 2, 3, 4, 5, …, N-1}，本例 N=6
q=mod(n-m,N);             %根据位移量 m 值，得到模 6 的序号，如 m=3, q={3,4,5,0,1,2}
w=s(q+1);                 %将循环移 m 位后的序列放函数出口 w 中
    % 现在来计算 x(n)和 y(n)的 DFT 频谱序列 X(k)和 Y(k)
X=fft(x);                 %查结果有 X={16, -0.5 + j6.1, -6.5-j2.6, -14, -6.5
                                +j2.6, -0.5-j6.1}
Y=fft(y);                 %Y={23, -3.5 +j0.87, -5.5+j6.1, 1, -5.5-j6.1, -3.5
                                -j0.87}
F=X.*Y;                   %F={368, -3.5-j21.7, 51.5-j25.1, -14, 51.5+j25.1, -3.5
                                +j21.7}
f1=ifft(F);               %查看 Workspace 有 f1=[75, 68, 50, 82, 52, 41]，它确实和前面计
                                算的一样！
figure(2); stem(f1);
```

由例[3.2.3]说明，DFT 的卷积性质是属于循环卷积的。现在用表 3.2.1 总结一下我们所讲的三种卷积的异同点。

表 3.2.1　三种定义的序列卷积比较

项　目		线性卷积	周期卷积	循环卷积
运算对象限制		任意两个非周期序列	相同周期的两个序列	相同长度的两个序列
结果特征	长度	两序列长度之和减 1	同周期的无限长序列	同长度的有限长序列
	幅度	没有周期规律	具有周期特征	有限个数据
适用场合		离散线性系统响应	DFS 理论	DFT 理论

因此，我们可以认为循环卷积或周期卷积只是一种计算方法的定义，周期卷积用于真实的周期序列研究，循环卷积则用于有限长序列（延拓周期序列）的研究。要注意的是，序列的线性卷积定义是由求解离散线性系统响应而引出来的，具有明确的物理意义。我们能够通过修改原来的两个序列，使用循环卷积计算方法来计算线性卷积，从而把 DFT 应用到离散线性系统分析中。下面以例 3.2.4 来说明循环卷积在这方面的应用。

【**例 3.2.4**】 线性卷积的数据来源于例 3.2.3。不妨将 $y(n)$ 看成是某离散系统的单位脉冲响应，$x(n)$ 是其输入，那么系统的零状态响应就是二者的线性卷积，即 $x(n) * y(n) = f(n)$。调用 MATLAB 信号处理的内部函数 conv(x,y)，它计算两个序列线性卷积，即可得到 $6+6-1=11$ 个点的输出响应数据：

$$f(n) = \{-2, 1, -5, 30, 10, 41, 77, 67, 55, 52, 42\}$$

现我们在 $x(n)$ 后面添加 5 个 0，使得序列成为 11 个点，即

$$x(n) = \{-2, 5, -1, 3, 4, 7, 0, 0, 0, 0, 0\}; n = 0 \sim 10$$

然后 DFT 求出 $X(k)$，$k = 0 \sim 10$。用同样办法构造 $y(n)$，也在其后面添 5 个 0，再经过 DFT 得到 $Y(k)$。

最后求 IDFT$\{X(k)Y(k)\}$ 而得到输出响应 $f(n) = x(n) * y(n)$。结果与直接卷积 conv(x,y) 一样，从而实现了用 DFT 求取系统响应的目的。

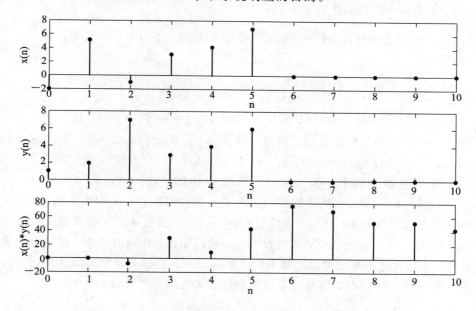

图 3.2.15　用 DFT 计算线性卷积

为什么序列经过添 0 处理后再进行循环卷积就会有线性卷积的结果呢？对照图 3.2.15，如果把添 0 后的 $y(n)$ 周期化成 $y((n))_{11}$ 再翻折，然后开始移位乘加运算。可以发现，所添的 0 在这个过程中恰好把原有的 $y(n)$ 的前后周期都隔离开，加大了循环移位的周期，配合上 $x(n)$ 所添的 0，效果就好比做线性卷积时有值序列以外都用 0 替代一样，从而避免了 $y(n)$ 延拓后的主值周期以外的数据被循环进入乘加运算，达到利用循环卷积计算线性卷积的目的。

一般地，一个 N 点的序列 $x(n)$ 和一个 M 点的序列 $h(n)$ 的线性卷积结果是长度为 $L=$

$N+M-1$ 的序列，那么，进行 $x(n)$ 后添 $M-1$ 个 0 而 $y(n)$ 后添 $N-1$ 个 0 的预处理，再进行 L 点循环卷积就可以得到线性卷积的结果。

3.3 快速傅立叶变换 FFT

从前面的讨论中我们看到，有限长序列在数字技术中占有很重要的地位。它的一个重要特点是其频谱可以被离散化而不会发生时域序列混叠，从而有了离散傅立叶变换 DFT，它是确定时域序列的频率成分的最直接的数学方法。然而在很长一段时间里，由于 DFT 运算量十分巨大，这个频谱分析的数学方法并没有得到真正的运用，实际工程中频谱分析依然采用连续信号的滤波技术。直到 1965 年库利（Cooley）和图基（Tukey）首次提出了 DFT 运算的一种有效技巧以后，情况才发生了根本的变化。这个技巧称之为快速傅立叶变换 FFT（Fast Fourier Transform）。FFT 的发现，使 DFT 的运算大为简化，在输入数据点数较大的情况下，节约运算量效果相当显著，从而使 DFT 技术在实际中得以广泛应用。不过要强调的是，快速傅立叶变换（FFT）只是计算 DFT 的一种技巧，并非某种新的变换，更不能误解成是 DFT 的近似。它精确地等于 DFT，它就是 DFT。

3.3.1 减少运算量的思路

我们从 DFT 定义来分析有限长 N 点序列 $x(n)$ 进行一次 DFT 运算所需的运算量。如 $k=5$ 时的 $X(5)$，

$$\begin{cases} X(k) = \mathrm{DFT}[x(n)] = \sum_{n=0}^{N-1} x(n)W_N^{nk} & k=0,1,\cdots,N-1 \\ X(5) = x(0)W_N^{0\times5} + x(1)W_N^{1\times5} + x(2)W_N^{2\times5} + \cdots + x(N-1)W_N^{(N-1)\times5} \end{cases} \tag{3.3.1}$$

一般地，$x(n)$ 和 W_N^{nk} 都是复数，因此，计算 $X(5)$ 的值时，要进行 N 次复数相乘和 $N-1$ 次复数相加。$X(k)$ 有 $k=0,1,2,\cdots,N-1$ 总共 N 个点，故完成全部的 DFT 运算，就需要 $N\times N$ 次复数相乘和 $N\times(N-1)$ 次复数相加。进一步，从 $(a+jb)(c+jd)=(ac-bd)+j(ad+cb)$ 可知，一次复数相乘包含了 4 次实数乘法和 2 次实数加法，而一次复数加法包含了 2 次实数加法。所以，完成一次 N 点 DFT 需要 $4\times N^2$ 次实数乘法和 $2\times N^2 +2\times N\times(N-1)=4\times N^2-2\times N$ 次实数加法。我们知道，在计算机中，加法运算要比乘法运算快得多，相比之下加法可以忽略不计，那么，DFT 的运算量就基本上约等于 $4N^2$ 次实数乘法。当 $N=1024$ 点时，该乘法量将达到四百多万的惊人次数。

庆幸的是，算式中乘数之一——$W_N^{nk}=\cos\left(\dfrac{2\pi}{N}nk\right)-j\sin\left(\dfrac{2\pi}{N}nk\right)$ 的序列值具有周期重复和对称特点，令 $q=nk$，那么整数 q 的范围是 $0\sim(N-1)^2$，只有 q 的值在 $0\sim N-1$ 之间时，W_N^{nk} 实部或虚部才是独立的数，q 为其他整数时，都将被重复。例如 $N=8$ 的情况，整数 q 的取值为 $0,1,2,3,\cdots,49$。W_N^{nk} 的实部和虚部如图 3.3.1 所示。

可以看出，$q=0\sim7$ 是正弦主值周期，值为 $\{0,0.707,1,0.707,0,-0.707,-1,-0.707\}$ 才是独立的，其余的 q 值所对应的正弦值都已在主值周期里出现过。由于对称性，正弦主值区间里 $q=1$ 和 $q=3$ 的序列值是相等的，$q=4$ 和 $q=6$ 的序列值也是相等的，并且还与 $q=1$ 的序列值仅差一负号，剩下特殊序列值是 ±1 和 0。余弦也类似，主值为

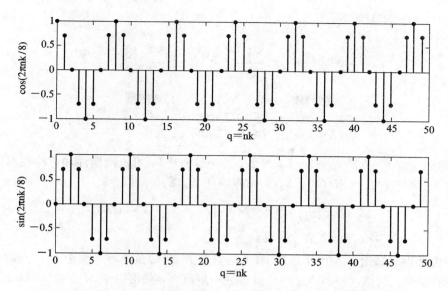

图 3.3.1 $N=8$ 时 W_N^{nk} 的实部和虚部序列

$\{1, 0.707, 0, -0.707, -1, -0.707, 0, 0.707\}$。那么 $x(n)$ 与这些相同的值做乘法运算时就可以化简合并，例如式(3.3.1)的 $X(5)$ 中的某 2 项：

$$\cdots + x(1)W_8^5 + \cdots + x(5)W_8^{25} + \cdots$$
$$= \cdots + x(1)(-0.707 + j0.707) + \cdots + x(5)(0.707 - j0.707) + \cdots$$
$$= [x(1) - x(5)](-0.707 + j0.707) + \cdots$$

付出 1 次 $x(1)$ 与 $x(5)$ 的加法而节省了 1 次复数乘法。实际上，正弦函数只要知道 1/4 周期的值就可全部确定，因为其函数值在 $0\sim\pi/2$ 和 $\pi/2\sim\pi$ 范围内是关于 $\pi/2$ 点左右对称的，而在 $0\sim\pi$ 和 $\pi\sim 2\pi$ 范围内又关于横轴正负半周对称。恰恰是这些特性的巧妙利用，成功地减少了 DFT 运算量，才造就了 FFT。

考虑 $W_N^{nk} = \mathrm{e}^{-\mathrm{j}\frac{2\pi}{N}nk}$ 序列，因为 $W_N^{nk} = W_N^{(n+iN)k} = W_N^{nk}W_N^{iNk} = W_N^{n(k+iN)}$，表现出关于 N 为周期的特性。同时有 $W_N^{\frac{N}{2}} = -1$，$W_N^N = 1$，$W_N^{(k+\frac{N}{2})} = -W_N^k$，它表现出关于 $N/2$ 的对称性和特殊值。利用这些特性，尽管已经发展出多种的快速算法，但基 2 的 FFT 依然是主流，原因是 DFT 的运算量与 N^2 成正比，如果能把一个大点数 N 的 DFT 分成 2 个 $N/2$ 点数的 DFT 进行运算，那么，运算量是 $2 \times (N/2)^2 = 0.5N^2$，减少了一半。所谓基 2 是指序列的长度 N 为 2 的整数次幂，即 $N = 2^M$，如果序列原始长度不凑巧，那么通常是在其后面添若干个 0，以补足到 2 的整数次幂长度。后续内容会解释这种做法不会影响 DFT 的频谱分析质量。

3.3.2 基 2 - FFT 算法

1. 基 2 时间抽取(DIT)的 FFT

假定序列 $x(n)$ 的长度为 N 点，$N = 2^M$，M 为正整数。

我们将 $x(n)$ 依照序号分解为两组子序列，一个为偶数号项组成，另一个为奇数号项组成：

$$\begin{cases} x_1(r) = x(2r) \\ x_2(r) = x(2r+1) \end{cases} \quad r = 0, 1, 2, \cdots, \frac{N}{2} - 1 \qquad (3.3.2)$$

因此，求 $x(n)$ 的 DFT 如下：

$$X(k) = \sum_{n=0}^{N-1} x(n) W_N^{nk} = \sum_{r=0}^{\frac{N}{2}-1} x(2r) W_N^{2rk} + \sum_{r=0}^{\frac{N}{2}-1} x(2r+1) W_N^{(2r+1)k}$$

$$= \sum_{r=0}^{\frac{N}{2}-1} x(2r) W_{\frac{N}{2}}^{rk} + W_N^k \sum_{r=0}^{\frac{N}{2}-1} x(2r+1) W_{\frac{N}{2}}^{rk}$$

$$\equiv X_1(k) + W_N^k X_2(k) \quad k = 0, 1, 2, \cdots, \frac{N}{2} - 1 \qquad (3.3.3)$$

而 $X(k)$ 的后半段 $k = N/2, N/2+1, N/2+2, \cdots, N-1$，可由周期性和对称性求得。

因为 $X_1(k+N/2) = X_1(k)$，$X_2(k+N/2) = X_2(k)$，所以

$$X\left(k + \frac{N}{2}\right) = X_1\left(k + \frac{N}{2}\right) + W_N^{\left(k + \frac{N}{2}\right)} X_2\left(k + \frac{N}{2}\right) \quad k = 0, 1, 2, \cdots, \frac{N}{2} - 1$$

$$= X_1(k) - W_N^k X_2(k) \qquad (3.3.4)$$

我们由此得出结论：一个 N 点的 DFT 运算任务 $X(k)$ 被分解为两个 $N/2$ 点的 DFT 运算，这两个较少点的 $X_1(k)$ 和 $X_2(k)$ 可以再进一步组合，获得一个 N 点的 $X(k)$。

当然随后的这个组合运算也是要花时间的，不过这个开销很小。因此，基本上可以认为，这个按奇偶分组的方法，其计算效率提高了将近一倍。如式(3.3.3)和式(3.3.4)的组合运算过程，可以用如图 3.3.2 或图 3.3.3 所示的蝶形信号流图表达。

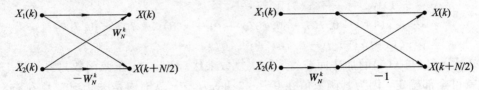

图 3.3.2　蝶形信号流图　　　　图 3.3.3　另一形式的蝶形图

对于 $X_1(k)$ 或 $X_2(k)$ 的求解，自然会想到继续如法炮制，比如将其原序列 $x_1(r)$ 再次按奇偶分组，计算 2 个 $N/4$ 点的更短 DFT，然后组合得到 $X_1(k)$。这个过程可以一直下去，最后到 2 个点的 DFT 运算：

$$X(k) = \sum_{n=0}^{1} x(n) W_2^{nk} \quad k = 0, 1$$

$$X(0) = x(0) W_2^{0 \times 0} + x(1) W_2^{1 \times 0} = x(0) + x(1)$$

$$X(1) = x(0) W_2^{0 \times 1} + x(1) W_2^{1 \times 1} = x(0) - x(1)$$

这也可以归结为 $x(0)$ 和 $x(1)$ 两点输入经过如图 3.3.2 所示蝶形运算后输出的两个点值，这恰是基-2 名称的由来。

我们以图 3.3.4 所示 $N=8$ 为例子，说明基-2 的 DIT 算法过程。

如图 3.3.4 所示，将 $x(n)$ 按奇偶序号分成 2 个 4 点的子序列，分别用 4 点 DFT 算出中间的值 $A(k)$ 和 $B(k)$；经过蝶形组合运算得到 8 个点的 DFT 值 $X(k)$。注意，$A(0)$ 与 $B(0)$ 是一双对偶节点，下节点 $B(0)$ 要乘以 W_N^k，k 的值与上节点 $A(0)$ 序号一致，其他类推。我们现在对虚线框里的 4 点 DFT 进行再次分组，它的输入序列 $\{x(0), x(2), x(4), x(6)\}$ 按其位置奇偶分开成偶序号组 $\{\{x(0), x(4)\}$ 和奇序号组 $\{x(2), x(6)\}$，对 $\{x(1), x(3), x(5), x(7)\}$ 也同样进行，如图 3.3.5 所示。

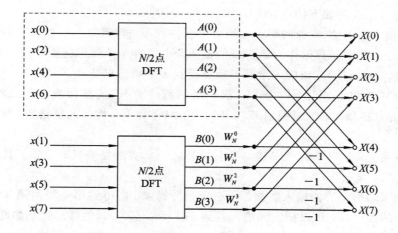

图 3.3.4 两个 4 点 DFT 组合成一个 8 点 DFT

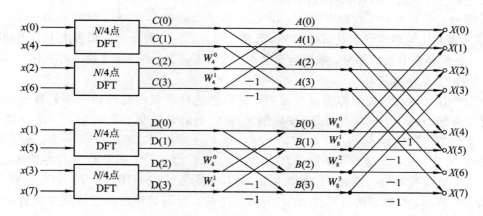

图 3.3.5 4 个 2 点 DFT 组合成 2 个 4 点 DFT

全部用流图绘出如图 3.3.6 所示。

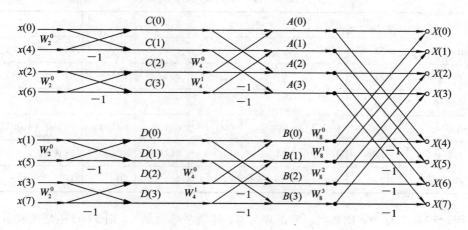

图 3.3.6 基 2 - DIT 的 8 点 DFT 运算流图

仔细观察可以发现如下特点：

（1）8 个输入序列值 $x(n)$ 的顺序已经被重新排列了，经过第一级的 4 个蝶形运算，获得了 C 和 D 的 8 个中间数据作为第二级的输入，也经过 4 个蝶形运算，得到 A 和 B 的 8 个数据，最后，再经过第三级的 4 个蝶形运算得到 8 个频谱点结果 $X(k)$。

（2）因为 $W_4^1 = W_8^2$，$W_N^0 = 1$，所以，第一级用到一类 W_8^0 的复指数，第二级用到 W_8^0 和 W_8^2 两个类型的复指数，第三级用到 W_8^0、W_8^1、W_8^3、W_8^4 共 4 个类型的复指数。W_N^{nk} 其他值都不需要。

（3）复数乘法 4 次×3 级＝12 次，考虑到 $W_N^0 = 1$，实际复乘只有 5 次。其余的都是复数加法。

（4）每一级蝶形运算的输入数据都不必保留。例如，当得到第一级的第 3 个蝶形输出 $D(0)$ 和 $D(1)$ 的数据后，可以把它回填覆盖到 $x(1)$ 和 $x(5)$，其他蝶形也是如此。

因此，程序入口数组 $x(n)$ 在经过全部三级运算后，它的内容已经成为 $X(k)$，数组的地址还是同一个，这个特征也称为同址运算。

一般地，一个 $N = 2^M$ 点的序列 $x(n)$，完成 DFT 要经过 $1, 2, \cdots, M$ 级运算，每一级都有 $N/2$ 个蝶形。蝶形的下节点所乘的 W_N^q 类型个数为 2^{M-1}，每一级的蝶形上下节点间距也是 2^{M-1}，q 就是上节点的序号。乘法运算量为 $(N/2)\log_2 N$，将 $N = 8$ 代入可算出，它比直接 DFT 的 N^2 要少很多。

相对于序号的自然规律称为正序排列，我们把这种看似混乱的输入序列秩序称为倒序，英文为 bit reversal，其本意是"按位倒转"。它指的是这样一种过程：一个自然序列 $x(n)$，它的值依照序号 $n = 0, 1, 2, 3, \cdots, N-1$ 顺序地排列。现在将序号用二进制表达，根据长度 N 的大小，显然需要不同位数（bit）的二进制，$N = 2^M$，则需要 M 位才能表达，比如 $N = 32$，就需要 5 位二进制。以图 3.3.6 为例，序号 0～7，可用 3 个 bit 的二进制表达。如表 3.3.1 所示，把原来的自然序 $x(n)$ 的每一个值，根据其序号的对应倒序位置重新排列，所得到的新序列就是倒序规律的。值得注意的是，同一个整数在不同长度 N 里，其倒序位置是不同的。

表 3.3.1　$N = 8$ 时的倒序规律

自然序号	0	1	2	3	4	5	6	7
3 - bits	000	001	010	011	100	101	110	111
bit - reversal	000	100	010	110	001	101	011	111
$N = 8$ 倒序	0	4	2	6	1	5	3	7
5 - bits	00000	00001	00010	00011	00100	00101	00110	00111
bit - reversal	00000	10000	01000	11000	00100	10100	01100	11100
$N = 32$ 倒序	0	16	8	24	4	20	12	28

排列过程并不复杂，比如，$x(0)$ 的序号 0，其倒序号也是 0，则 $x(0)$ 还是放在 $n = 0$ 的位置；而 $x(1)$ 的序号 1 对应的倒序是 4，那么 $x(1)$ 应该和 $x(4)$ 号互相调换位置，如此类推。应该注意，这样调换的工作按自然序逐个进行，只需完成到 $N/2$ 序号就结束，否则，

会发生重复调换又回到自然序的情况。MATLAB 的信号处理工具箱(toolbox/signal)里的 bitrevorder(x)函数就是用来完成这个工作的，它把自然序的数据 x 排列调整成倒序排列。读者可以试一下。

因此，我们按照流图 3.3.6 进行运算之前，需要对数据进行一次倒序排列。不过，也可以对流图进行重新整理，通过升降流图中的某些水平横向的整条支路，把输入 $x(n)$ 调整成自然序，输出频谱序列 $X(k)$ 则将成为倒序排列。通过整理后如图 3.3.7 所示，它是输入正序输出倒序的基-2 时间抽取 FFT 的另一流图。

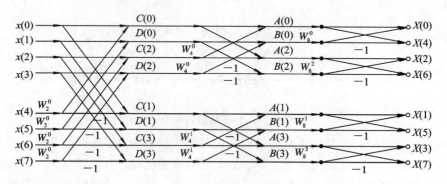

图 3.3.7　输入正序输出倒序的基-2 时间抽取 8 点 FFT 流图

图中的中间变量 C、D、A、B 实际上是无所谓的，只是个标记。最后得到的输出频谱是倒序排列的，它可以通过倒序整理环节，成为自然序。如果现在仅调整第 3 级的输出点位置也成为自然序，可以想像，蝶形图就会失去同址存储的规律，不利于编程。我们在这里又一次体会了相同功能可以用不同的流程实现的概念。以下再介绍另一种常用的 FFT 算法。

2. 基 2 频率抽取的 FFT(DIF)

与 DIT 将输入数据按序号奇偶分组不同，频率抽取方法 DIF 则是将输入序列 $x(n)$ 按前后对半断开，成为两个短序列部分。这样便将 N 点 DFT 做成前后两截：

$$X(k) = \sum_{n=0}^{N/2-1} x(n)W_N^{nk} + \sum_{n=N/2}^{N-1} x(n)W_N^{nk}$$

$$X(k) = \sum_{n=0}^{\frac{N}{2}-1} x(n)W_N^{nk} + \sum_{n=0}^{\frac{N}{2}-1} x\left(n+\frac{N}{2}\right)W_N^{\left(n+\frac{N}{2}\right)k} = \sum_{n=0}^{\frac{N}{2}-1}\left[x(n) + W_N^{\frac{N}{2}k}x\left(n+\frac{N}{2}\right)\right]W_N^{nk}$$

$$= \sum_{n=0}^{\frac{N}{2}-1}\left[x(n) + (-1)^k x\left(n+\frac{N}{2}\right)\right]W_N^{nk} \quad k=0,1,2,\cdots,N-1 \quad (3.3.5)$$

进一步，按照频率序号 k 的奇偶，上式可以分解成 2 个式子。

偶频组，当 $k=2r$ 时，r 为正整数，有

$$X(2r) = \sum_{n=0}^{\frac{N}{2}-1}\left[x(n) + x\left(n+\frac{N}{2}\right)\right]W_N^{n2r} \equiv \sum_{n=0}^{\frac{N}{2}-1} a(n)W_{\frac{N}{2}}^{nr} \quad r=0,1,2,\cdots,\frac{N}{2}-1$$

$$(3.3.6)$$

奇频组，当 $k=2r+1$ 时，得

$$X(2r+1) = \sum_{n=0}^{\frac{N}{2}-1} \left(\left[x(n) - x\left(n+\frac{N}{2}\right) \right] W_N^n \right) W_N^{n2r}$$

$$\equiv \sum_{n=0}^{\frac{N}{2}-1} b(n) W_{\frac{N}{2}}^{nr} \tag{3.3.7}$$

显然,式(3.3.6)和式(3.3.7)都是 $N/2$ 点的 DFT,被变换的短序列 $a(n)$ 是原 $x(n)$ 的前后两段直接对加,而短序列 $b(n)$ 稍微复杂些,是 $x(n)$ 的前后两段对减再乘以 W_N^n,这可以用流图 3.3.8 表示。

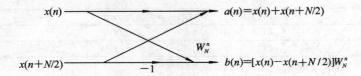

图 3.3.8　频率抽取的蝶形图

如果对 $a(n)$ 或 $b(n)$ 也分别进行前后截两段及相应的处理,那么就是重复上述过程,而成为 4 个 $N/4$ 点的 DFT。如此类推,最后是 2 点的蝶形运算。仍然以 $N=8$ 为例子,如图 3.3.9 所示,输入序列是正序,输出频谱是倒序排列的,使用时可对结果再行排序处理。

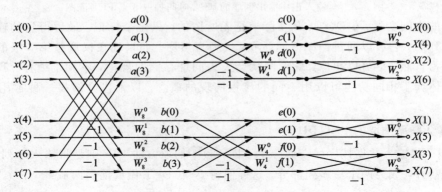

图 3.3.9　$N=8$ 时的 DIF 频率抽取流图

这里的 W_N^q 类型也是 $N/2$ 个,全部计算的乘法次数和 DIT 相同。比如,直流分量 $X(0)$ 的计算,$X(0)=c(0)+c(1)=\left[a(0)+a(2)\right]+\left[a(1)+a(3)\right]=x(0)+x(4)+x(1)+x(5)+x(2)+x(6)+x(3)+x(7)$。事实上,对于直流,DFT 就是把所有 N 点数据直接相加,$X(0)=\sum_{n=0}^{7} x(n)$。

同样地,对图 3.3.9 进行调整,为了输出 $X(k)$ 按自然序排列,流图中整条水平横线支路上下调换位置,就可以得到输入倒序而输出正序的 DIF 另一种形式。如图 3.3.10 所示,图中间变量只供说明用。

细心的读者可能已经发现,DIF 和 DIT 的流图规律很相似。实际上,图 3.3.9 和图 3.3.6 是互易的,或称流图转置关系,把输入名和输出名对调,流向倒转但增益和结构不变,就可互相转换。图 3.3.10 和图 3.3.7 也是互易的。

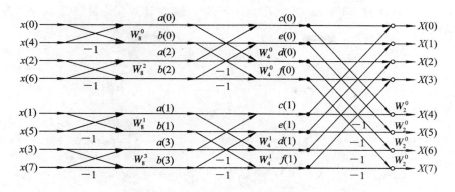

图 3.3.10　$N=8$ 时 DIF 的另一种流图形式

　　需要说明的是，我们在调用 MATLAB 函数 fft(x) 和 ifft(x) 的时候，并不关心其采用哪张流图运算，而且若不指定数据长度的话，函数会自动补零到最接近的 2^M 长度，并且输入序列 $x(n)$ 和输出频谱 $X(k)$ 都是自然序。其实在数据量不大的情况下，它只是用矩阵计算 DFT。

　　以上讨论的 FFT 都假定有效数据长度是 2 的整幂次方。一般是不会这么凑巧，比如只有 80 个数据，那么我们怎么办？一种是只使用 64 点 FFT，将剩下的 16 个数据扔掉，这个方法是不可取的，因为每一个数据都携带有信息，数据越多对分析的准确性越有利。另一种是在 80 个数据后面添 48 个 0，用 128 点的 FFT 来进行频谱分析，显然它的计算量会有所增大。因此，在数据量不受掌控的情况下，为了进行最合适的 DFT 应用，人们提出了其他基的 FFT 算法，称为组合基 FFT。还有一个问题，DFT 是在频率域等间隔频点上计算频谱，从直流到采样频率 f_s 均匀布点。如果被测的信号频带很窄，就希望在频带区多安排计算频率点，而其他无频谱分量的区域少安排或不安排，也就是从直流到 f_s 之间不均匀分配计算频率点。这是 DFT 无法做到的，有一个称为调频 Z 变换（Chirp-Z）的算法能实现这样的窄带信号的频谱分析，而且对点数没有要求。下面对这两种方法进行介绍。

3.3.3　N 为组合数的 FFT 算法

　　以上讨论的都是以 2 为基数的 FFT 算法，即 $N=2^M$。实际应用时，有限长序列的长度 N 很大程度上由人为因素确定，因此多数场合可取 $N=2^M$，从而直接使用以 2 为基数的 FFT 算法。

　　如 N 不能人为确定，N 的数值也不是以 2 为基数的整数次方，那么处理方法有以下两种：

　　(1) 补零：将 $x(n)$ 补零，使 $N=2^M$。

　　例如 $N=30$，补上 $x(30)=x(31)=0$ 两点，使 $N=32=2^5$，这样可直接采用以 2 为基数 $M=5$ 的 FFT 程序。有限长序列补零后并不影响其频谱 $X(e^{jw})$，只是频谱的采样点数增加了，上例中由 30 点增加到 32 点，所以在许多场合这种处理是可接受的。

　　(2) 如要求准确的 N 点 DFT 值，可采用任意数为基数的 FFT 算法，其计算效率低于以 2 为基数的 FFT 算法。

　　如 N 为复合数，可分解为两个整数 P 与 Q 的乘积，像前面以 2 为基数时一样，FFT 的基本思想是将 DFT 的运算尽量减小。因此，在 $N=PQ$ 的情况下，也希望将 N 点的

DFT 分解为 P 个 Q 点 DFT 或 Q 个 P 点 DFT，以减少计算量。算法步骤是，先将 n, k 写成：

$$\begin{cases} n = n_1 Q + n_0 \\ k = k_1 P + k_0 \end{cases}$$

式中：n_0, k_1 分别为 $0, 1, \cdots, Q-1$；n_1, k_0 分别为 $0, 1, \cdots, P-1$。

N 点 DFT 可以重新写为

$$X(k) = X(k_1 P + k_0) = X(k_1, k_0) = \sum_{n=0}^{N-1} x(n) W_N^{kn}$$

$$= \sum_{n_0=0}^{Q-1} \sum_{n_1=0}^{P-1} x(n_1 Q + n_0) W_N^{(k_1 P + k_0)(n_1 Q + n_0)} \tag{3.3.8}$$

可以写成

$$X(k_1, k_0) = \sum_{n_0=0}^{Q-1} \sum_{n_1=0}^{P-1} x(n_1, n_0) W_N^{k_1 n_1 PQ} W_N^{k_0 n_1 Q} W_N^{k_1 n_0 P} W_N^{k_0 n_0}$$

$$= \sum_{n_0=0}^{Q-1} \sum_{n_1=0}^{P-1} x(n_1, n_0) W_N^{k_0 n_1 Q} W_N^{k_1 n_0 P} W_N^{k_0 n_0} \tag{3.3.9}$$

再考虑到 $W_N^{k_0 n_1 Q} = W_P^{k_0 n_1}$，代入式(3.3.9)，得

$$X(k_1, k_0) = \sum_{n_0=0}^{Q-1} \left\{ \left[\sum_{n_1=0}^{P-1} x(n_1, n_0) W_P^{k_0 n_1} \right] W_N^{k_0 n_0} \right\} W_Q^{k_1 n_0}$$

令

$$X_1(k_0, n_0) = \sum_{n_1=0}^{P-1} x(n_1, n_0) W_P^{k_0 n_1} \tag{3.3.10}$$

则有

$$X(k_1, k_0) = \sum_{n_0=0}^{Q-1} \left[X_1(k_0, n_0) \cdot W_N^{k_0 n_0} \right] W_Q^{k_1 n_0}$$

再令 $X_1'(k_0, n_0) = X_1(k_0, n_0) \cdot W_N^{k_0 n_0}$，可得

$$X_2(k_1, k_0) = \sum_{n_0=0}^{Q-1} X_1'(k_0, n_0) \cdot W_Q^{k_1 n_0} \tag{3.3.11}$$

由式(3.3.10)、式(3.3.11)可见，N 点 DFT 变成 Q 个 P 点 DFT、P 个 Q 点 DFT 两级运算。下面以 $P=3$，$Q=4$，$N=12$ 为例，说明其算法处理过程，如图 3.3.11 所示。

(1) 先将 $x(n)$ 通过 $x(n_1 Q + n_0)$ 改写成 $x(n_1, n_0)$。因为 $Q=4$，$n_1 = 0、1、2$，$n_0 = 0、1、2、3$，故输入是按自然顺序的，即：

$$x(0,0) = x(0) \qquad x(0,1) = x(1) \qquad x(0,2) = x(2) \qquad x(0,3) = x(3)$$
$$x(1,0) = x(4) \qquad x(1,1) = x(5) \qquad x(1,2) = x(6) \qquad x(1,3) = x(7)$$
$$x(2,0) = x(8) \qquad x(2,1) = x(9) \qquad x(2,2) = x(10) \qquad x(2,3) = x(11)$$

(2) 求 Q 个 P 点的 DFT。

$$X_1(k_0, n_0) = \sum_{n_1=0}^{2} x(n_1, n_0) W_3^{k_0 n_1}$$

(3) $X_1(k_0, n_0)$ 乘以 $W_N^{k_0 n_0}$ 得到 $X_1'(k_0, n_0)$。

(4) 求 P 个 Q 点的 DFT，参变量是 k_0，

$$X_2(k_0, k_1) = \sum_{n_0=0}^{3} X_1'(k_0, n_0) W_4^{k_1 n_0}$$

(5) 将 $X_2(k_0, k_1)$ 通过 $X(k_0 + k_1 P)$ 恢复为 $X(k)$。

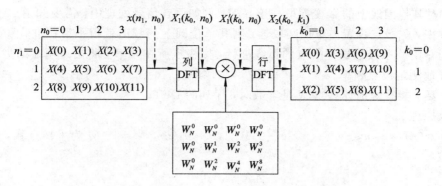

图 3.3.11 $N=12$ 时的 FFT 算法

N 为组合数时的 FFT 运算量分析：

(1) 求 Q 个 P 点 DFT 需要 QP^2 次复数乘法和 $Q \cdot P \cdot (P-1)$ 次复数加法。

(2) 乘 N 个 W 因子需要 N 次复数乘法。

(3) 求 P 个 Q 点 DFT 需要 PQ^2 次复数乘法和 $P \cdot Q(Q-1)$ 次复数加法。

总的复数乘法量：$QP^2 + N + PQ^2 = N(P+Q+1)$

总的复数加法量：$Q \cdot P(P-1) + P \cdot Q \cdot (Q-1) = N(P+Q-2)$

假设 $N=667$，直接计算运算量：乘法为 $667 \times 667 = 444\ 889$；加法为 $667 \times (667-1) = 444\ 222$。本算法运算量：$N = 667 = 23 \times 29$，乘法为 $667 \times (23+29+1) = 35\ 351$，比直接计算减少 12.58 倍；加法为 $667 \times (23+29-2) = 33\ 350$，比直接计算减少 13.32 倍。但如果采用 $N=1024$ 基 2 算法，乘法为 $1024/2 \times \log_2(1024) = 5120$，加法为 $1024 \times \log_2(1024) = 10\ 240$，运算效率最高。

上述分解原则可推广至任意基数的更加复杂的情况。

例如，如果 N 可分解为 m 个质数因子 $p_1, p_2, \cdots, p_m$，即 $N = p_1 p_2 p_3 \cdots p_m$，则：

第一步，可把 N 先分解为两个因子 $N = p_1 q_1$，其中 $q_1 = p_2 p_3 \cdots p_m$，并用上述讨论的方法将 DFT 分解为 p_1 个 q_1 点 DFT。

第二步，将 q_1 分解为 $q_1 = p_2 q_2$，$q_2 = p_3 p_4 \cdots p_m$，然后将每个 q_1 点 DFT 再分解为 p_2 个 q_2 点 DFT。

依此类推，通过 m 次分解，一直分到最少点数的 DFT 运算，从而获得最高的运算效率。其运算量近似为 $N(p_1 + p_2 + \cdots + p_m)$ 次复数乘法和复数加法。但其计算效率的提高是以编程的复杂性为代价的，一般较少应用。

当 $p_1 = p_2 = \cdots = p_m = 2$ 时，为基 2 FFT 算法。当组合数 $N = P_1 P_2 P_3 \cdots P_m$ 中所有的 P_i 均为 4 时，就是基 4 FFT 算法。对这类 FFT 算法有兴趣的读者可以阅读参考文献[5]和[6]。

3.3.4 Chirp-Z 变换

采用 FFT 可以算出全部 N 点 DFT 值，即 Z 变换 $X(z)$ 在 z 平面单位圆上的等间隔取样值。问题的提出：

（1）不需要计算整个单位圆上 Z 变换的取样，如对于窄带信号，只需要对信号所在的一段频带进行分析。这时，希望频谱的采样集中在这一频带内，以获得较高的分辨率，而频带以外的部分可不考虑。

（2）对其他围线上的 Z 变换取样感兴趣，例如语音信号处理中，需要知道 Z 变换的极点所在频率，如极点位置离单位圆较远，则其单位圆上的频谱就很平滑；如果采样不是沿单位圆而是沿一条接近这些极点的弧线进行，则极点所在频率上将出现明显的尖峰，由此可较准确地测定极点频率。

（3）要求能有效地计算当 N 是素数时，序列的 DFT。

算法原理：

已知 $x(n)$，$0 \leqslant n \leqslant N-1$，令 $z_k = AW^{-k}$，$k = 0, \cdots, M-1$，M 为采样点数，A、W 为任意复数，

$$\begin{cases} A = A_0 e^{j\theta_0} \\ W = W_0 e^{-j\varphi_0} \end{cases} \tag{3.3.12}$$

式（3.3.12）中：A_0 表示起始取样点的半径长度，通常 $A_0 \leqslant 1$；θ_0 表示起始取样点 z_0 的相角；φ_0 表示两相邻点之间的等分角；W_0 为螺旋线的伸展率，$W_0 < 1$ 则线外伸，$W_0 > 1$ 则线内缩（反时针），$W_0 = 1$ 则表示半径为 A_0 的一段圆弧，若 $A_0 = 1$，则这段圆弧是单位圆的一部分，如图 3.3.12 所示。

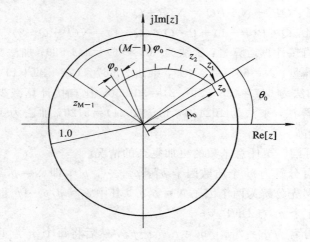

图 3.3.12 Z 平面上的频率采样形式

计算 Z 变换在采样点 z^k 的值：

$$X(z_k) = \sum_{n=0}^{N-1} x(n) z_k^{-n} \quad k = 0, 1, \cdots, M-1 \tag{3.3.13}$$

显然，按照以上公式计算出全部 M 点采样值需要 NM 次复乘和 $(N-1)M$ 次复加，当 N 及 M 较大时，计算量迅速增加，以上运算可转换为卷积形式，从而可采用 FFT 进行，这样可大大提高计算速度，

$$X(z_k) = \sum_{n=0}^{N-1} x(n) A^{-n} W^{nk} \tag{3.3.14}$$

nk 可以用以下表示式来替换：

$$nk = \frac{1}{2}[k^2 + n^2 - (k-n)^2]$$

则

$$X(z_k) = W^{\frac{k^2}{2}} \sum_{n=0}^{N-1} x(n) A^{-n} W^{\frac{n^2}{2}} W^{-\frac{(k-n)^2}{2}} \tag{3.3.15}$$

令 $g(n) = x(n) A^{-n} W^{\frac{n^2}{2}}$，$h(n) = W^{-\frac{n^2}{2}}$，式(3.3.15)变为

$$X(z_k) = W^{\frac{k^2}{2}} \sum_{n=0}^{N-1} g(n) h(k-n) = W^{\frac{k^2}{2}} g(k) * h(k), \quad k = 0, 1, \cdots, M-1$$

$$\tag{3.3.16}$$

又由于

$$h(n) = W^{-\frac{n^2}{2}} = (W_0 e^{-j\varphi_0})^{-\frac{n^2}{2}} = (W_0)^{-\frac{n^2}{2}} (e^{j\varphi_0} {}^{\frac{n^2}{2}})$$

式中转角意味着频率。

可见，系统的单位脉冲响应的相角随时间呈线性增加，与线性调频信号相似，因此称为 Chirp $-Z$ 变换。

由于输入信号 $g(n)$ 是有限长的，长为 N，但序列 $h(n) = W^{-\frac{n^2}{2}}$ 是无限长的，而计算 $0 \sim M-1$ 点卷积 $g(k) * h(k)$ 所需要的 $h(n)$ 是取值在 $n = -(N-1) \sim M-1$ 那一部分的值，因此，可认为 $h(n)$ 是一个有限长序列，长为 $L = N + M - 1$。所以，Chirp $-Z$ 变换为两个有限长序列的线性卷积 $g(k) * h(k)$，可通过 FFT 来实现。$h(n)$ 的主值序列 $\bar{h}(n)$ 可由 $h(n)$ 作周期延拓后取 $0 \leqslant n \leqslant L-1$ 部分值获得，将 $\bar{h}(n)$ 与 $g(n)$ 作循环卷积后，其输出的前 M 个值就是 Chirp $-Z$ 变换的 M 个值。对 Chirp $-Z$ 变换有兴趣的读者可以阅读参考文献[5]和[6]。

3.4 离散傅立叶变换的实际应用问题

3.4.1 频谱泄漏(leakage)

我们知道，频带有限的信号在时域是无限长的，而时域有限的信号其频谱是无限宽的。在实际的 DFT 运算中，时间长度总是取有限值，总要截断，这必然引起频谱向无限方向泄漏。我们在 3.2 节曾经接触过频谱泄漏这个问题，如果一个 DFT 的 N 个分析频率点确定了，那么，除非输入信号频率是准确地切合在其中的某个频率点上，才不会发生由于泄漏而带来的误判。比如用 $f_s = 16\ \text{kHz}$ 采集 16 个点数据进行 DFT 分析，分析频率点就是 $k f_s / N$，即分别为直流 1 kHz，2 kHz，$\cdots$，8 kHz，$\cdots$，15 kHz 这些频点。如果输入信号频率分量都恰好是在 8 kHz 以下的这些整数，那么截断带来的泄漏不会影响到 DFT 输出数据。这其实是 N 个点时间序列片段经过周期延拓后与真实序列完全一致，才能这么凑巧。但是有限长即非周期序列的频率分布是连续的，也就是说一定有频率不为整数的频谱成分，这些成分将对所有频率分析点上的 DFT 全部输出值产生影响。实际上，频谱泄漏是由于时域截断造成的，任何单一频率的周期信号被截取成有限长而成为非周期信号，它就无法保持单一频率成分，频谱线必然会向周围泄漏而成为频带，其微小幅度(能量)能延伸扩

散到很高频区，如图 3.4.1(d) 所示。

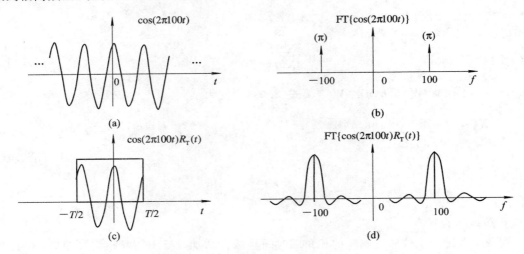

图 3.4.1　信号截断引起的频谱泄漏

对于序列 $x(n)$ 的截断操作，我们常用 N 点的矩形窗 $R_N(n)$ 去乘 $x(n)$，截断后的信号频谱是原有信号的频谱 $X(e^{jw})$ 与矩形窗谱 $W_R(e^{jw})$ 的卷积结果。这个 $W_R(e^{jw})$ 的特性显然对信号频谱的改变有着重大影响。图 3.4.2 是 $N=8$ 矩形窗的时域和频域图。$R_N(n)$ 的 DTFT 为

$$W_R(e^{j\omega}) = \sum_{n=0}^{N-1} R_N(n)e^{-j\omega n} = \sum_{n=0}^{N-1} e^{-j\omega n} = \frac{1-e^{-j\omega N}}{1-e^{-j\omega}} = \frac{\sin(N\omega/2)}{\sin(\omega/2)} e^{-j\omega \frac{N-1}{2}} \quad (3.4.1)$$

当 $|\omega| \to \pi$ 时，到达折叠频率，此时若 N 为偶数，则 $W_R(e^{j\pi})=0$；若 N 为奇数，则 $|W_R(e^{j\pi})|=1$；而当 $\omega=2\pi i/N$ 时（i 为不等于零的整数），则 $W_R(e^{j\omega})=0$，即是幅度过零点，而直流点 $\omega=0$ 处，$W_R(e^{j\omega})=W_R(1)=N$。

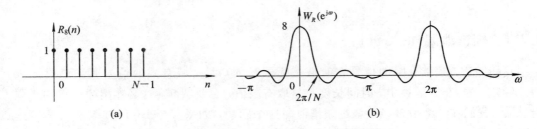

图 3.4.2　$N=8$ 矩形窗的时域和频域图

图 3.4.2(b) 所示矩形序列窗谱的中间部分称为主瓣，宽度为 $4\pi/N$，信号主要能量大都集中在此，在卷积的过程中它使得信号 $x(n)$ 的基频谱峰展宽，原来比较尖锐陡峭的谱峰变得平缓，降低了频率分辨率，即当两个不同频率的谱峰很靠近时，就可能无法明显展现两个不同的峰值。要改善这种状况，只有增大 N，使得主瓣变窄，旁瓣降低，极端情况是当 N 趋向无限大时（相当于信号没有开窗截取），主瓣就成为冲激，旁瓣消失，卷积时才完全不影响原来频谱。紧靠主瓣左右是两个第一旁瓣，负值的面积仅次于主瓣，随后是第二、第三旁瓣等，左右扩展直至 $\pm\pi$ 而形成一个周期。卷积时这些波动的旁瓣使得信号谱峰分

量扩散到其他频率特别是高频区去，形成能量的泄漏。虽然增大 N 可以减小泄漏量，但截断带来的频谱泄漏是不可避免的。同时，由于这种旁瓣泄漏产生的高频又会引起采样定理的不满足而出现频谱混叠（aliasing），二者经常互相交叉影响，给频谱分析带来误差。注意图 3.4.2(b) 的频谱是 2π 为周期的，应与 $\mathrm{sinc}(x)$ 或 $\mathrm{Sa}(x)$ 信号相区别，在文献中称式 (3.4.1) 为狄利克雷核函数（Dirichlet Kernel）或频率混叠的 sinc。

除了用矩形窗 $R_N(n)$ 来截取序列之外，还有些其他形状的窗，如余弦窗等，它们的窗谱特性和矩形窗的 $W_R(\mathrm{e}^{j\omega})$ 不一样，主瓣宽些但旁瓣更低。用这些时域窗来截取序列时，造成的原信号频谱泄漏特点也不一样，会使谱线模糊程度加剧，谱峰更平缓，但高频泄漏减小，可尽量避免混叠效应。在时域窗宽（长度 N）相同的前提下，各类窗的主瓣宽度和旁瓣幅度是一对矛盾，二者不可调和，没有主瓣既窄旁瓣又低的窗。

此外，在选好窗型后，确定序列截取窗的中心也就是截取信号的具体部位，这一步是非常关键的，若截取不当，往往会使频谱分析不能得到正确的结果，必须仔细考察，一定要设法截出能够反映信号特征的主要部分。

如果序列是从一个包含直流量的信号采样得来的，那么在对序列做 DFT 之前应预先进行去直流处理，尤其是直流值比较大时。因为如果在 $k=0$ 处有直流量，那么经过截断带来的泄漏，其主瓣就会在直流及其附近出现，假设原始有用信号频率较低，频带就位于直流的边上，这时大的直流分量的泄漏频谱很可能淹盖了真实信号频谱，这一点要引起格外注意。办法很简单，先求序列平均值 Q（序列总和除以数据个数），再将所有数据都减去 Q 即可。

3.4.2　分辨率及补零方法

频谱分析的分辨率包括两个方面的含义：频率分辨率是指在分析频带范围内，频率样点间的间隔，即频点密集度；幅度分辨力也称为分析精度，是指对于真正的频谱幅度的逼近能力，幅度分辨力越高，越接近真实频谱值，精度越好，误差越小。前者由 f_s 和 N 共同决定，后者由数据信息量大小决定，通常是原始信号的采集长度。

做 DFT 时，对序列填补零值可以改变其对 DTFT 的采样密度。因此人们常常有一种误解，认为通过补零可以提高 DFT 的频谱分辨率。我们知道，在数据 $x(n)$ 后面填补若干个 0，根据 DTFT 的定义，是不会对其 DTFT 结果 $X(\mathrm{e}^{j\omega})$ 带来任何影响的。因此，尽管 DFT 的点数增大了，也只是改变了 DFT 计算频谱点的位置和密度，是对同一个 DTFT 采用了不同的频率采样密度而已，频谱分析的精度（幅度和相位的准确程度）没有丝毫改变，它完全取决于有效数据的长度。不同长度的实际 $x(n)$ 其 DTFT 的结果 $X(\mathrm{e}^{j\omega})$ 是不一样的，有效序列越长，分析精度就越高。为此，我们特地把补 0 后得到的 DFT 频谱称为高密度频谱（High density spectrum），而将增加有效数据长度获得的 DFT 频谱称为高精度频谱（High resolution spectrum）。不过要注意的是，应该在数据的尾部补零，按照 DTFT 式子，如果从数据的头部补零，相当于把有用的数据推后，从而带来附加的滞后相位。也不能在数据之间插 0，那会完全改变原序列，属于插值处理，是另外一种信号处理方法。

DFT 还有一种现象，就是所谓的栅栏效应，凡是用离散的值来近似连续的量都会有这种现象。我们知道 DTFT 的频谱是连续且周期的，我们在其 2π 主周期内将频率均匀采样成为 DFT，如果频率采样点不够密，就很有可能在两个频率点之间漏掉一个又窄又高的频谱成分，我们没有观察到，这就好比从栅栏后面看景物似的，有些物体被栏板宽度所遮而看不到。幸好这个问题不严重也容易解决，增加点数使得频点间距变小，或者在序列后面添加少量 0，使得所有频率点都稍微移动位置，这样就能让原本被遗漏的谱峰落在分析频率点上，获得计算。由于当前硬件技术的发展，采样点数可以做得很大，故栅栏效应问题已经不突出了。

【例 3.4.1】 对于有限长指数信号 $x(n) = 0.9^n [\, U(n) - U(n-N)\,]$ 和 $y(n) = 0.9^n [\, U(n) - U(n-2N)\,]$，请分析其频谱 $X(k)$ 和 $Y(k)$。

解 我们对 $x(n)$ 后面补 N 个 0，使得其跟 $y(n)$ 一样长；同时还可以调整 N，以提高精度。分析如下：

$$x(t) = \mathrm{e}^{-at} \equiv 0.9^t, \ t = nT, \ T = 1$$

$$0.9^n = \mathrm{e}^{-an}, \ a = -\ln 0.9 = 0.1, \ X(\omega) = \frac{1}{0.1 + \mathrm{j}\omega}$$

$$X(k) = \sum_{n=0}^{N-1} x(n) \mathrm{e}^{-\mathrm{j}\frac{2\pi}{N}nk}, \ k = 0 \sim N-1; \ X(0) = \sum_{n=0}^{N-1} 0.9^n = \frac{1 - 0.9^N}{1 - 0.9} \xrightarrow{N \to \infty} 10$$

MATLAB 程序：

```
N=16；n=0:N-1；m=0:2*N-1；
x=0.9.^n;y=0.9.^m;
x0=[x,zeros(1,N)];            %序列后补 16 个 0;
figure(1);
subplot(2,1,1);stem(m,x0);xlabel('n');ylabel('x0(n)');
subplot(2,1,2);stem(m,y);xlabel('n');ylabel('y(n)');
X0=fft(x0);Y=fft(y);          %求出高密度频谱 X0，高精度频谱 Y
figure(2);
subplot(2,1,1);stem(m,abs(X0));xlabel('k');ylabel('|X0(k)|');
subplot(2,1,2);stem(m,abs(Y));xlabel('k');ylabel('|Y(k)|');
```

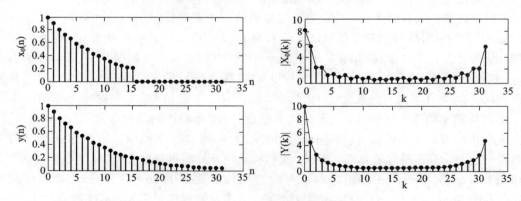

图 3.4.3　实指数序列的高密度频谱和高精度频谱

从图 3.4.3 可以看出，DFT 在直流点的数据就不相同，$y(n)$ 多了真实的尾部，这是当然的。由 $X(\omega) = 1/(0.1 + \mathrm{j}\omega)$，可得直流幅度真值是 $X(0) = 1/0.1 = 10$。查看 32 点数据 $y(n)$ 的 DFT 内容，$Y(0) = 9.64$，很接近真值。16 点数据 $x(n)$ 经过后面补零成 32 点 $x_0(n)$，其 DFT 的误差要大得多，$X_0(0) = 8.01$。可见，虽然后者频点密度也是 32 点，但幅度分辨力明显低下。

图 3.4.4 是没有补零的 $x(n)$ 及其 DFT 频谱 $X(k)$，只有 16 点，它恰恰就是 $X_0(k)$ 的偶数序号的内容，它们二者的频谱包络线是一样的，说明添 0 后的 $X_0(k)$ 对真正的频谱的逼近程度没有提高。这是显然的，因为添 0 并未给序列增加额外有效信息。因此，实际应用中，在允许的情况下，可充分利用硬件资源，以足够高的采样率采集足够长的信息，尽量提高分辨率。

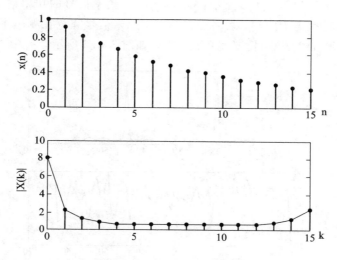

图 3.4.4 实指数序列的 16 点采样值及其频谱

3.4.3 DFT 的处理增益

如果一个 1 V 的直流电压信号被采样，然后运用 N 点的 DFT 计算，将会在 $k=0$ 处得到 $N\times1$ V 的数值，这就是 DFT 的处理增益，也叫运算增益。对其他频率点 $\pm k$ 处的情况也是一样，只不过每个 k 上的增益量为 $0.5N$，考虑到对称的负频率部分的 $0.5N$，可以认为 DFT 对所有各个信号分量都放大 N 倍，这从能量的角度也很容易理解。我们可以利用 N 点 DFT 的内在相关增益来检测隐藏于噪声中的信号能量，从而把信号从噪声背景中提取出来。一个 N 点 DFT 对信号的加工过程，还可以看成是 N 个窄带的带通滤波器并联工作，它输出 N 个频率分量。每个窄带滤波器就是 DFT 的一个输出频率单元，中心频率就在分析频点处，即 kf_s/N。随着 N 的增大，滤波器的增益变大，而带宽变窄。这在能量检测方面十分有效，因为降低带宽除了可以滤除通带内的背景噪声外，还可以提高频率分辨率。我们用一个例子来说明。

【例 3.4.2】 在一个叠加有随机噪声的单一频率的正弦波信号中，提取正弦频谱。随机噪声服从 0 均值和方差 1 的 $N(0,1)$ 正态分布（normal distribution），即高斯分布（Gaussian distribution）。

$N=64; n=0:N-1;$	%数据长度 64 点
$Noise=random('Normal',0,1,1,N);$	%（−2〜2）之间的 $N(0,1)$ 随机数生成
$x=\sin((2*pi*20/64).*n);$	%归一化 fs=1，分 64 频率点。第 20 点的信号频率为 $20/64=0.3125$
$xN=0.5*x+2*Noise;$	%将幅度为 0.5 的信号淹没在幅度为其 4 倍的噪声中
$X=fft(x); XN=fft(xN);$	

```
Xa=abs(X);PX=Xa.^2;                      %原始信号的频谱幅度和功率(幅度平方)
XNa=abs(XN);PXN=XNa.^2;                   %加有噪声信号的频谱幅度和功率(幅度平方)
figure(1);
subplot(2,1,1);plot(n,20 * log10(PX));xlabel('k');ylabel('Px(k)');
subplot(2,1,2);plot(n,20 * log10(PXN));xlabel('k');ylabel('Pxs(k)');
```

程序运行后的结果如图 3.4.5 所示，(a)图为单一频率信号的功率谱 $P_x(k)$，(b)图是携带噪声的信号的功率谱 $P_{xs}(k)$，后者已看不出来原来信号究竟在哪里了。我们增加观察时间，把采样数据增加到 256，情况就会好一些，如图 3.4.6 所示。

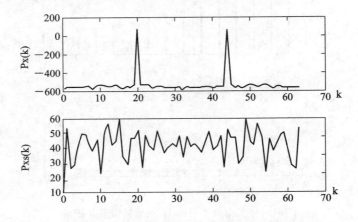

图 3.4.5　64 点 DFT 计算的信号功率频谱

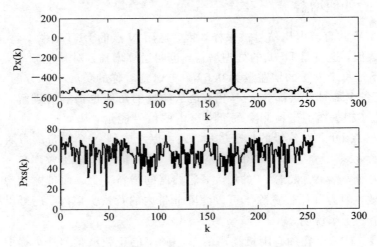

图 3.4.6　256 点 DFT 的信号功率频谱

继续增加数据长度到 $N=1024$，DFT 的处理增益就显示威力了，提高了 SNR，如图 3.4.7 所示，正弦频谱的位置在 $P_{xs}(k)$ 中明显从噪声里展露出来。

我们有一个结论，DFT 频率点输出噪声的标准差 RMS(均方根)与 $\sqrt{N}$ 成比例，而包含信号谐波的频率点的 DFT 输出幅度与 N 成正比，二者增长率不同，因此，输入样点 N 越大，DFT 计算出来的信号幅度和噪声幅度之比(即 SNR)就越大。每增加一倍的点数，信噪比 SNR 增大 3 dB 左右，即 $\text{SNR}_{2N}=\text{SNR}_N+20 \lg \sqrt{\dfrac{2N}{N}}$。

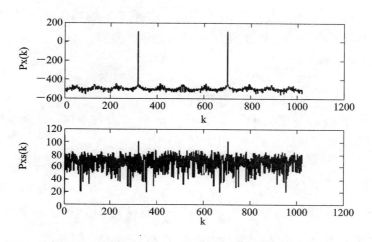

图 3.4.7　1024 点 DFT 的信号功率频谱

理论上说，我们可以让 N 变得非常大以获得很高的处理增益，问题是 DFT 的运算量跟 N^2 成正比，N 过大会使计算难以进行。为此我们采取把一个 $M \times N$ 点数据分 M 段处理，每段是可接受的 N 点。这样分别进行 M 次 DFT 后，再将 M 个结果进行平均，也能提高 SNR，这称为综合增益。数据分段的方法可以是完全对接的形式，还可以采取 50% 长度重叠使用的形式，得到的 SNR 也不一样。此外，也可以采取相干的办法来提高信号的 SNR，它是在同一个时间段里用 L 个独立的 AD 采样器在唯一的采样频率控制下对信号进行多路同步采集，获得 L 组的 N 个数据。这些数据采集的时间点严格一致，若将 L 个数组做相加平均，就得到一个 SNR 高的 N 点数据，然后再进行 DFT，这种相干检测方法能够提取检测淹没在噪声中的信号。这些方法的细节请读者参考有关资料[7]。

3.5　快速傅立叶变换 FFT 典型用法

3.5.1　IDFT 的快速算法

FFT 可以用来计算 IDFT，我们知道 DFT 的正反变换只有两点不同：一个是变换指数上的正负号，另一个就是比例因子 N。因为

$$x(n) = \frac{1}{N} \sum_{k=0}^{N-1} X(k) W_N^{-nk} = \frac{1}{N} \left(\sum_{k=0}^{N-1} X^*(k) W_N^{nk} \right)^* = \frac{1}{N} (\mathrm{DFT}[X^*(k)])^* \quad (3.5.1)$$

这说明把频谱 $X(k)$ 先求共轭，然后做 FFT 得到中间结果，将它求共轭后除以 N 就是 $x(n)$。

3.5.2　实数序列的 FFT

任何实数都可看成虚部为零的复数。例如：求某实信号 $x(n)$ 的复谱，可认为是将实信号加上数值为零的虚部变成复信号 $(x(n)+\mathrm{j}0)$，再用复数形式 FFT 求其离散傅立叶变换。这种做法很不经济，因为把实序列变成复序列，存储器要增加一倍，且计算机运行时，即使虚部为零，也要进行涉及虚部的运算，浪费了运算量。

合理的解决方法是利用复数形式 FFT 对实数据进行有效计算，下面介绍两种方法。

（1）用一个 N 点 FFT 同时计算两个 N 点实序列的 DFT。

设 $x(n)$、$y(n)$ 是彼此独立的两个 N 点实序列，且

$$X(k) = \text{DFT}[x(n)], \quad Y(k) = \text{DFT}[y(n)]$$

则 $X(k)$、$Y(k)$ 可通过一次 FFT 运算同时获得。

首先将 $x(n)$、$y(n)$ 分别当作一复序列 $g(n)$ 的实部及虚部，即令 $g(n) = x(n) + \text{j}y(n)$，经过 FFT 运算可获得 $g(n)$ 的 DFT 值：

$$G(k) = X(k) + \text{j}Y(k) \tag{3.5.2}$$

利用离散傅立叶变换的共轭对称性：

$$\text{DFT}[\text{Re}\{g(n)\}] = X(k) = \frac{1}{2}[G(k) + G^*(N-k)] \tag{3.5.3}$$

通过 $g(n)$ 的 FFT 运算结果 $G(k)$，由上式可得到 $X(k)$ 的值。同理，通过 $G(k)$，由上式也可得到 $Y(k)$ 的值，

$$\text{DFT}[\text{j Im}\{g(n)\}] = \text{j}Y(k) = \frac{1}{2}[G(k) - G^*(N-k)]$$

$$Y(k) = \frac{1}{2\text{j}}[G(k) - G^*(N-k)] \tag{3.5.4}$$

由式（3.5.2）、式（3.5.3）、式（3.5.4）可见，作一次 N 点复序列的 FFT，再通过加、减法运算就可以将 $X(k)$ 与 $Y(k)$ 分离出来。显然，与分别做两次 FFT 相比，这个办法将使运算效率提高一倍。

（2）用一个 N 点的 FFT 运算获得一个长度 $2N$ 点实序列的 DFT。

设 $x(n)$ 是 $2N$ 点的实序列，现人为地将 $x(n)$ 分为偶数组 $x_1(n)$ 和奇数组 $x_2(n)$：

$$x_1(n) = x(2n) \quad n = 0, 1, \cdots, N-1$$

$$x_2(n) = x(2n+1) \quad n = 0, 1, \cdots, N-1$$

然后将 $x_1(n)$ 及 $x_2(n)$ 组成一个复序列：

$$y(n) = x_1(n) + \text{j}x_2(n)$$

通过 N 点 FFT 运算可得到：

$$Y(k) = X_1(k) + \text{j}X_2(k) \tag{3.5.5}$$

根据前面的讨论，可得到

$$\begin{cases} X_1(k) = \dfrac{1}{2}[Y(k) + Y^*(N-k)] \\ X_2(k) = -\dfrac{\text{j}}{2}[Y(k) - Y^*(N-k)] \end{cases} \tag{3.5.6}$$

现在，为求 $2N$ 点 $x(n)$ 所对应 $X(k)$，需求出 $X(k)$ 与 $X_1(k)$、$X_2(k)$ 的关系。由定义有：

$$X(k) = \sum_{n=0}^{2N-1} x(n) W^{nk} = \sum_{n=0}^{N-1} x(2n) W_{2N}^{2nk} + \sum_{n=0}^{N-1} x(2n+1) W_{2N}^{(2n+1)k}$$

$$= \sum_{n=0}^{N-1} x(2n) W_N^{nk} + W_{2N}^{k} \sum_{n=0}^{N-1} x(2n+1) W_N^{nk} \tag{3.5.7}$$

令

$$\begin{cases} X_1(k) = \sum_{n=0}^{N-1} x_1(n) W_N^{nk} = \sum_{n=0}^{N-1} x(2n) W_N^{nk} \\ X_2(k) = \sum_{n=0}^{N-1} x_2(n) W_N^{nk} = \sum_{n=0}^{N-1} x_1(2n+1) W_N^{nk} \end{cases} \qquad (3.5.8)$$

代入式(3.5.7)可得：

$$X(k) = X_1(k) + W_{2N}^k X_2(k) \qquad (3.5.9)$$

$$X(k+N) = X_1(k) - W_{2N}^k X_2(k) \qquad (3.5.10)$$

上述分析表明：将 $x_1(n)$ 及 $x_2(n)$ 组成复序列，经 FFT 运算求得 $Y(k)$，利用共轭对称性分解出 $X_1(k)$、$X_2(k)$，最后利用式(3.5.9)、式(3.5.10)构造出 $X(k)$ 的 $0 \sim N-1$ 点和式(3.5.10)求出 $N \sim 2N-1$ 点频谱数据，实现用一个 N 点的 FFT 计算一个 $2N$ 点实序列 DFT 的目的。

3.5.3 线性卷积的 FFT 计算

我们已经知道，DFT 的卷积定理是对应于循环卷积的，虽然与线性卷积不同，但可以通过在序列后面补若干个 0，就能使用循环卷积来计算线性卷积。也就是把 FFT 用在线性卷积上，从而发挥出它的快速优势，避免因直接计算线性卷积而付出大量的运算时间。

设 N 点 $x(n)$ 与 M 点 $h(n)$，做线性卷积时得到输出 $y(n)$，共 $L = N + M - 1$ 点。用 L 点的 FFT 完成卷积的过程是：

(1) $x(n)$ 补 $M-1$ 个 0 到 L 点后，用 FFT 求出 $X(k)$。

(2) $h(n)$ 补 $N-1$ 个 0 到 L 点后，用 FFT 求出 $H(k)$。

(3) 将 $X(k)$ 和 $H(k)$ 对应相乘得到 $Y(k)$，并求其 L 点的 IFFT，即可获得线性卷积结果 $y(n)$。

可见，只要进行二次 FFT 和一次 IFFT 就可完成线性卷积计算。通过比较已经确认，$L > 32$ 时，上述计算线性卷积的方法比直接计算线性卷积有明显的优越性，因此，也称循环卷积方法为快速卷积法。此结论适用于 $x(n)$、$h(n)$ 两序列长度比较接近或相等的情况，如果 $x(n)$、$h(n)$ 长度相差较多，例如，$h(n)$ 为某滤波器的单位脉冲响应，长度有限，用来处理一个很长的输入信号 $x(n)$，或者处理一个连续不断的信号，按上述方法，$h(n)$ 要补许多零再进行计算，计算量会有很大的浪费，或者根本不能实现。

如果参与线性卷积运算的两个有限长序列长度相当，那么，用循环卷积会节约不少运算量。但是当两个序列长度相差很远，其中一个点数很多，用循环卷积时就要在短的那个序列补很多的 0，这会带来较大的运算开销，这种方法就不是很好。此外，如果是研究一个线性离散系统的响应，那么系统的 $h(n)$ 通常是已知有限长度序列，而输入 $x(n)$ 则是没完没了的信号序列，长度事先难以确定，因而也就无法知道该对 $h(n)$ 补几个 0。因此，我们必须另外想办法。这就是下面要介绍的分段卷积滤波，先将 $x(n)$ 分成与 $h(n)$ 长度相当的许多片段，分别计算卷积，再合成拼接出系统的输出 $y(n)$。

1. 重叠相加法

假设无限长序列 $x(n)$，我们将其切成小段，每段 N 点。有如下表示：

$$x_i(n) = \begin{cases} x(n) & iN \leqslant n \leqslant (i+1)N-1 \\ 0 & n \text{ 为其他} \end{cases}$$

$$x(n) = \sum_{i=-\infty}^{\infty} x_i(n) \qquad (3.5.11)$$

那么离散线性系统 $h(n)$ 的输出就是

$$y(n) = h(n) * x(n) = \sum_{i=-\infty}^{\infty} x_i(n) * h(n) = \sum_{i=-\infty}^{\infty} y_i(n) \qquad (3.5.12)$$

说明每个小段 $x_i(n)$ 各自和 M 点 $h(n)$ 做卷积，在得到片段输出 $y_i(n)$ 后再拼接成 $y(n)$。要注意的是，这里说的拼接不是各段前后对接相连，因为每一段的 $y_i(n)$ 都是 $M+N-1$ 点，如果直接相连的话，那么每进行一次运算，输出长度就将多出 $M-1$ 点，显然不合理。而应该是 $y_i(n)$ 的后面和 $y_{i+1}(n)$ 的前面重叠 $M-1$ 点，即数据对应相加 $M-1$ 点，依次类推。为了使用基 2 的 FFT，由于 $h(n)$ 的 M 点一般是给定的，那么对 $x(n)$ 分段时要确定 N，使得 $N+M-1$ 值恰好是 2 的整次幂。对每小段的运算就可以采用前述的 FFT 快速卷积方法，即 $x_i(n)$ 和 $h(n)$ 各自补零，然后求频谱相乘再 IFFT。最后的输出结果的处理方式也就是重叠相加法名称的由来。

如图 3.5.1 和图 3.5.2 是长的输入信号 $x(n)$ 切成 $N=10$ 点的片段和短的脉冲响应 $h(n)$，$M=7$ 的情况。图 3.5.3 是各小段输出结果的重叠相加过程。

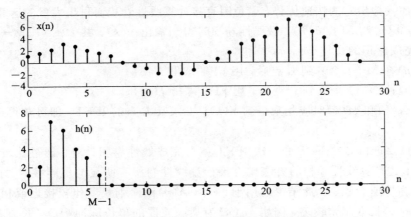

图 3.5.1　长的输入信号 $x(n)$ 和短的脉冲响应 $h(n)$

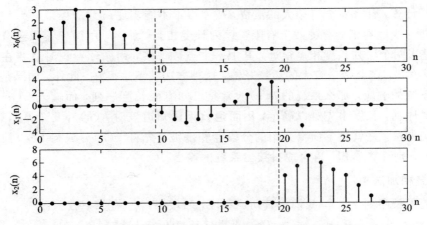

图 3.5.2　输入信号 $x(n)$ 切成各小段 $x_i(n)$ 长度 $N=10$

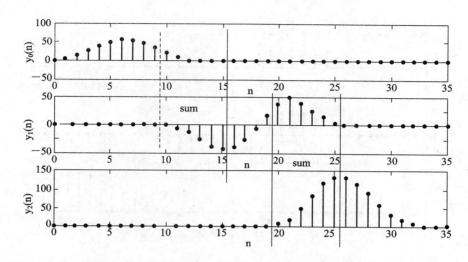

图 3.5.3　输出各小段 $y_i(n)$ 长度 $N+M-1=16$，头尾叠加 $M-1=6$ 点的情况

2. 重复保留法

重复保留法与上面这个方法稍有不同，在分段序列 $x_i(n)$ 的后面不用补零，而是将前小段用过的数据尾部保留 $M-1$ 点下来，再添上本小段新的数据 N 点，形成 $N+M-1$ 点后参与卷积运算，接下来，本段的尾部也要留下 $M-1$ 给下一段用。因此保留的数据被用了 2 遍，在片段结果 $y_i(n)$ 中就应该将其抛弃，它位于每段结果 $y_i(n)$ 的前部 $M-1$ 点。这样将剔除后的 $y_i(n)$ 与前面的 $y_{i-1}(n)$ 尾部直接连接即可。这个方法的名称指的是对输入数据片段的形成特点。它跟前者不一样，少了数据相加的环节，比较省事。要注意的是，在开始的第一段，因为是最前面，并没有数据留下来，只好用 $M-1$ 个 0 来填充，这个 0 是补在序列前面的！输入序列小段如图 3.5.4 所示。输出构成如图 3.5.5 所示。

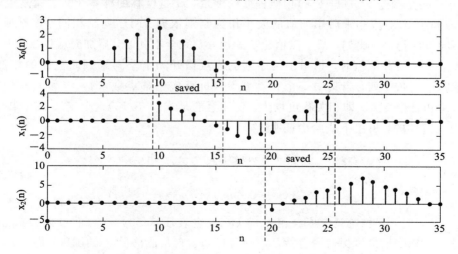

图 3.5.4　输入各小段 $x_i(n)$ 构成长度 $N+M-1=16$，首段前面补 $M-1=6$ 个零

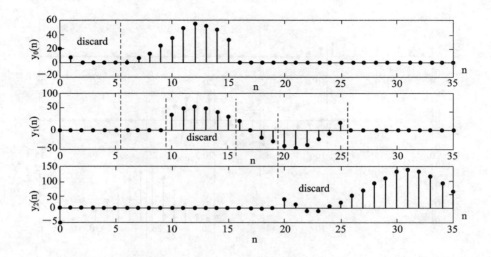

图 3.5.5　输出的形成，各小段 $y_i(n)$ 长度 $N+M-1=16$，首段前面的 6 个数舍弃掉

3.5.4　相关函数的 FFT 计算

在数字信号处理中，相关的概念非常重要，许多场合都会用到，特别是在信号检测方面。它在随机信号的统计特性分析以及功率谱估计中有着重要地位，在生物遗传学方面也有广泛应用。

两个长为 N 的实离散时间序列 $x(n)$ 与 $y(n)$ 的互相关函数定义为

$$r_{xy}(m) = \sum_{n=0}^{N-1} x(n-m)y(n) = \sum_{n=0}^{N-1} x(n)y(n+m) \qquad (3.5.13)$$

互相关 $r_{xy}(m)$ 是判断 $x(n)$ 与 $y(n)$ 相似程度的度量，m 是位移的样本个数。就是说，$m=0$ 时把 $x(n)$ 和 $y(n)$ 对应相乘后累加值的大小作为判别依据，两序列越相同，该累加值就越大，越不同值就越小。比如，某一点值正负相反，是完全不同的，累加时就做了减法，总和则必然变小。m 为其他值时，相当于两序列的原点错开 m 位，再来判断它们的相似程度，比如，余弦与正弦序列，当其中一个移动 0.5π（折算成位移点数）时，将和另一个完全相同，这时总和就会变大，即相关程度增大。要注意的是式(3.5.13)这个定义 $x(n)$ 与 $y(n)$ 是不具有交换特性的，可由下式给出证明：

$$
\begin{aligned}
r_{yx}(m) &= \sum_{n=0}^{N-1} y(n-m)x(n) = \sum_{n=0}^{N-1} y(n)x(n+m) \\
&= \sum_{n=0}^{N-1} x(n-(-m))y(n) = r_{xy}(-m)
\end{aligned}
\qquad (3.5.14)
$$

当 $y(n)=x(n)$ 时，互相关就变成自相关 $r_{xx}(m)$，它表征其信号 $x(n)$ 的过去、现在和将来的相似性，也是信号是否保持原有特征的一种度量。它是位移量 m 的函数，即

$$
\begin{aligned}
r_{xx}(m) &= \sum_{n=0}^{N-1} x(n-m)x(n) = \sum_{n=0}^{N-1} x(n)x(n+m) \\
&= \sum_{n=0}^{N-1} x(n-(-m))x(n) = r_{xx}(-m)
\end{aligned}
\qquad (3.5.15)
$$

显然，如果 $x(n)$ 是实信号，自相关 $r_{xx}(m)$ 就是偶对称函数，而且是实数的。当 $m=0$ 时，就是信号自身当前进行相似性判断，毫无疑问是达到相似程度最高（完全相等）的状态，从而取得累加和式的最大值。m 值越大，过得时间越久，通常信号越不相似，这也符合大自然实际情况。

仔细研究一下相关运算的式(3.5.14)和式(3.5.15)，可发现它们的计算结果跟线性卷积式(3.5.16)的计算过程几乎一样，只是没有了线性卷积中一个序列需要对原点反折的操作。因此，可以这么认为，将其中一个序列反折后，再进行线性卷积运算，其结果就是序列的线性相关，

$$f(m) = \sum_{n=0}^{N-1} y(n)x(m-n) = y(m)^* x(m) \tag{3.5.16}$$

$$r_{xy}(m) = \sum_{n=0}^{N-1} y(n)x(n-m) = \sum_{n=0}^{N-1} y(n)x(-(m-n))$$
$$= y(m)^* x(-m) \tag{3.5.17}$$

因此，我们根据时域卷积对应频率域相乘的定理，先将序列 $x(-m)$ 和 $y(m)$ 做 FFT，然后进行相乘，再 IFFT 变换回序列，就得到 $r_{xy}(m)$。对于 $r_{xx}(m)$ 也是类似处理。步骤如下：

(1) 将 N 点序列 $x(n)$ 与 $y(n)$ 后面添 0 到 $L=2N-1$ 点。

(2) 用 L 点的 FFT 完成频谱计算 $X(k)$ 和 $Y(k)$，注意 $x(-n)$ 对应的是 $X^*(k)$。

(3) 做 $X^*(k)$ 和 $Y(k)$ 相乘得到 $R(k)$。

(4) 用 FFT 求出 IFFT$[R(k)]$，得到 $r_{xy}(m)$。

同样，由于 $x(n)$ 与 $y(n)$ 是同等地位的，求 $r_{yx}(m) = $ IFFT$[X(k)Y^*(k)] = r_{xy}(-m)$。对于自相关 $r_{xx}(m)$ 也可以类似处理：$r_{xx}(m) = $ IFFT$[X(k)X^*(k)] = $ IFFT$[|X(k)|^2]$。

特别要注意的是：用 FFT 计算出来的数据点 $2N-1$ 个，下标是在 $0 \sim 2N-2$ 范围内；其中 $0 \sim N-1$ 是相关函数的 m 在 $(0 \sim N-1)$ 的 $r_{xy}(m)$ 值；而后面的 $N \sim 2N-1$ 的值是要反折过来的，它对应 m 在 $(-N+1 \sim -1)$ 的 $r_{xy}(m)$ 值，即

FFT 计算结果取前 N 项形成：$r_{xy}(m)$，$0 \leqslant m \leqslant N-1$

余下的后 $N-1$ 项形成：$r_{xy}(m)$，$-N+1 \leqslant m \leqslant -1$

【例 3.5.1】 假设 $x=[1\ 3\ -1\ 1\ 2\ 3\ 3\ 1]$，$y=[2\ 1\ -1\ 1\ 2\ 0\ -1\ 3]$，求它们的互相关函数。

解 MATLAB 实现代码如下：

```
x=[1 3 -1 1 2 3 3 1];
y=[2 1 -1 1 2 0 -1 3];
k=length(x);                    %两个8点序列的互相关结果将是15个点
xk=fft(x,2*k);                  %用16点fft运算
yk=fft(y,2*k);
rm=real(ifft(conj(xk).*yk));    %求互相关 rₓy(m)
rm=[rm(k+2:2*k) rm(1:k)];       %取结果并调整位置
m=(-k+1):(k-1);                 %序号范围(-7~7)
stem(m,rm)
```

xlabel('m');ylabel('幅度');

程序运行结果如图 3.5.6 所示。将程序略微修改可以实现自相关函数的计算,并且能观察到 $r_{xx}(m)$ 偶对称的特征。请读者自行验证。

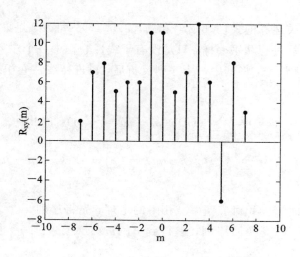

图 3.5.6 两个 8 点序列的互相关函数

【例 3.5.2】 用 MATLAB 计算衰减正弦信号 $x(n)=\mathrm{e}^{-anT}\sin(2\pi fnT)$ 的自相关函数。截取原序列长度 $N=16$。

解 先产生 16 点信号序列 $x(n)$,再通过 FFT 计算 $r_{xx}(m)$。

MATLAB 程序如下:

```
N=16;a=0.2;f=0.0625;T=1;        %给出衰减正弦参数
n=0:N-1;
x=exp(-a*n).*sin(2*pi*f*n);     %生成 16 点衰减正弦序列数据
Xa=fft(x,32);                   %采用 32 点 FFT 得到频谱,该函数会自动在 x(n) 的后
                                  面添 16 个零
Rm=ifft((abs(Xa)).^2);          %求 Xa Xa*=|Xa|²,得到频谱幅度平方后,进行逆变
                                  换
Rm=[Rm(17:32),Rm(1:16)];        %因为 IFFT 的结果下标是 m=0~31,但自相关是在
                                  -15~15
m=-16:15;                       %自相关数据 31 个点,m=-16 的是由 32 点 FFT 带
                                  来的

figure(1);
subplot(2,1,1);stem(n,x);
xlabel('n');ylabel('x(n)');
subplot(2,1,2);stem(m,Rm);
xlabel('m');
ylabel('Rxx(m)');
```

程序结果如图 3.5.7 所示。

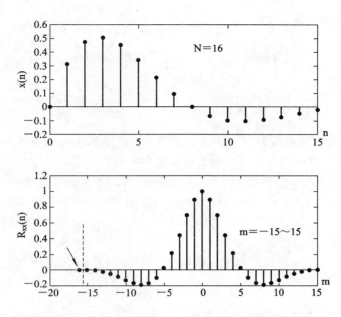

图 3.5.7　衰减正弦序列 $N=16$ 的数据及其自相关函数

3.5.5　用 FFT 计算二维离散的傅立叶变换

二维信号有图像信号、时空信号、时频信号等。二维离散傅立叶变换可用于处理二维离散信号。二维离散傅立叶变换的定义为

$$X(k,l) = \sum_{m=0}^{M-1} \sum_{n=0}^{N-1} x(n,m) \mathrm{e}^{-\mathrm{j}\frac{2\pi}{N}kn} \mathrm{e}^{-\mathrm{j}\frac{2\pi}{M}lm}$$

$$= \sum_{m=0}^{M-1} \sum_{n=0}^{N-1} x(n,m) W_N^{kn} W_M^{lm} \tag{3.5.18}$$

$$W_N = \mathrm{e}^{-\mathrm{j}\frac{2\pi}{N}}, \quad W_M = \mathrm{e}^{-\mathrm{j}\frac{2\pi}{M}}$$

二维离散傅立叶变换可通过两次一维离散傅立叶变换来实现：

（1）作一维 N 点 DFT（对每个 m 做一次，共 M 次）：

$$A(k,m) = \sum_{n=0}^{N-1} x(n,m) \mathrm{e}^{-\mathrm{j}\frac{2\pi}{N}kn} \quad k=0,1,\cdots,N-1, m=0,1,\cdots,M-1$$

$$\tag{3.5.19}$$

（2）作 M 点的 DFT（对每个 k 做一次，共 N 次）：

$$X(k,l) = \sum_{m=0}^{M-1} A(k,m) \mathrm{e}^{-\mathrm{j}\frac{2\pi}{M}lm} \quad k=0,1,\cdots,N-1, l=0,1,\cdots,M-1$$

$$\tag{3.5.20}$$

这两次离散傅立叶变换都可以用快速算法求得，若 M 和 N 都是 2 的整数次幂，则可使用基 2 FFT 算法，所需乘法次数为

$$N\frac{M}{2}\lg M + M\frac{N}{2}\lg N = \frac{MN}{2}\lg(MN)$$

而直接计算二维离散傅立叶变换所需的乘法次数为 $(M+N)MN$，当 M 和 N 比较大时用

FFT 运算，可节约很多运算量。

习　题　三

3.1　试用文字叙述 DFT 与 DFS 之间的关系。什么是周期延拓？什么是截取主值序列？

3.2　信号在时间域的周期延拓与采样离散化，与其频率域的离散和周期重复特点有着确定的对偶关系，但如何解释两个域上的幅度的变化？

3.3　如果 $\tilde{x}(n)$ 是一个周期为 N 点的周期序列，它也必是周期为 qN 的周期序列。令周期为 N 的有 $\tilde{x}_N(n) \leftrightarrow \tilde{X}_N(k)$，则周期为 qN 的有 $\tilde{x}_q(n) \leftrightarrow \tilde{X}_q(k)$。试用 $\tilde{X}_N(k)$ 表示 $\tilde{X}_q(k)$。

3.4　序列 $x(n)=\{1,1,0,0\}$，其 4 点 DFT $|X(k)|$ 如题图 3.1 所示。现将 $x(n)$ 按下列 (1)、(2)、(3) 的方法扩展成 8 点 $y(n)$，试绘出 $y(n)$ 并利用 DFT 的特性求它们的 8 点 DFT 即 $Y(k)$。

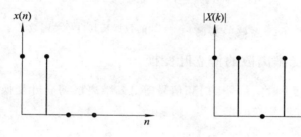

题图 3.1

(1) $y_1(n)=\begin{cases} x(n) & n=0\sim3 \\ x(n-4) & n=4\sim7 \end{cases}$

(2) $y_2(n)=\begin{cases} x(n) & n=0\sim3 \\ -x(nt) & n=4\sim7 \end{cases}$

(3) $y_3(n)=\begin{cases} x\left(\dfrac{n}{2}\right) & n=偶数 \\ 0 & n=奇数 \end{cases}$

3.5　设 $x(n)$ 是一个 $2N$ 点的序列，具有如下性质：
$$x(n+N)=x(n) \quad n=0,1,2,\cdots,N-1$$
另设 $x_1(n)=x(n)R_N(n)$，它的 N 点 DFT 为 $X_1(k)$，求 $x(n)$ 的 $2N$ 点 DFT，即求 $X(k)$ 和 $X_1(k)$ 的关系。

3.6　试求以下有限长序列的 N 点 DFT(闭合形式表达式)：

(1) $x(n)=a^n R_N(n)$

(2) $x(n)=n R_N(n)$

(3) $x(n)=[u(n-N)-u(n-2N)]R_{4N}(n)$

3.7　计算下列序列的 N 点 DFT：

(1) $x(n)=b^n, 0\leqslant n\leqslant N-1$

(2) $y(n)=\cos\left(\dfrac{2\pi}{N}nm\right)$, $0\leqslant n\leqslant N$, $0<m<N$

3.8 已知一个有限长序列 $x(n)=\delta(n)+2\delta(n-5)$：

(1) 求它的 10 点离散傅立叶变换 $X(k)$。

(2) 已知序列 $y(n)$ 的 10 点离散傅立叶变换为 $Y(k)=W_{10}^{2k}X(k)$，求序列 $y(n)$。

(3) 已知序列 $m(n)$ 的 10 点离散傅立叶变换为 $M(k)=X(k)Y(k)$，求序列 $m(n)$。

3.9 (1) 已知 N 点序列：$x(n)=\sin\left(\dfrac{2\pi}{N}n\right)$，$0\leqslant n\leqslant N-1$，求 $x(n)$ 的 N 点 DFT。

(2) 已知 3 点序列：$x(n)=\begin{cases}1, & n=0,1,2 \\ 0, & \text{其他}\end{cases}$，则 $x(n)$ 的 9 点 DFT 是

$$X(k)=\mathrm{e}^{-\mathrm{j}\frac{2\pi}{9}k}\frac{\sin\left(\dfrac{\pi}{3}k\right)}{\sin\left(\dfrac{\pi}{9}k\right)}$$

$k=0,1,2,\cdots,8$ 正确否？用演算来证明你的结论。

3.10 一个 8 点序列 $x(n)$ 的 8 点离散傅立叶变换 $X(k)$ 如题图 3.2 所示。在 $x(n)$ 的每两个取样值之间插入一个零值，得到一个 16 点序列 $y(n)$，即

$$y(n)=\begin{cases}x\left(\dfrac{n}{2}\right) & n\text{ 为偶数} \\ 0 & n\text{ 为奇数}\end{cases}$$

(1) 求 $y(n)$ 的 16 点离散傅立叶变换 $Y(k)$，并画出 $Y(k)$ 的图形。

(2) 设 $X(k)$ 的长度 N 为偶数，且有 $X(k)=X(N-1-k)$，$k=0,1,\cdots,0.5N-1$，求 $x(0.5N)$。

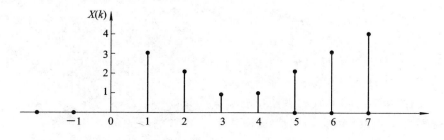

题图 3.2

3.11 计算下列有限长序列 $x(n)$ 的 DFT，假设长度为 N。

(1) $x(n)=0.5^n$　$0\leqslant n\leqslant N-1$

(2) $x(n)=\{1,2,-3,-1\}$

3.12 长度为 8 的有限长序列 $x(n)=R_8(n)$ 的 8 点 DFT 为 $X(k)$，长度为 16 的一个新序列定义为

$$y(n)=\begin{cases}2x\left(\dfrac{n}{2}\right) & n=0,2,\cdots,14 \\ 0 & n=1,3,\cdots,15\end{cases}$$

试用 $X(k)$ 表示 $Y(k)=\mathrm{DFT}[y(n)]$，绘制 $x(n)$、$X(k)$、$y(n)$、$Y(k)$，并由此解释什么是 DFT 的运算增益。

3.13　若 $x(n)=\begin{cases}2 & n=0,1 \\ 1 & n=2, \\ 0 & n=3\end{cases}$ $N=4$，试计算 $x(n)$ 的离散傅立叶变换 $X(k)$ 的值（$k=0$，1，2，3）。

3.14　设 $X(k)$ 表示长度为 N 的有限长序列 $x(n)$ 的 DFT。

（1）试证明如果 $x(n)$ 满足关系式 $x(n)=-x(N-1-n)$，则 $X(0)=0$。

（2）试证明当 N 为偶数时，如果 $x(n)=x(N-1-n)$，则 $X\left(\dfrac{N}{2}\right)=0$。

3.15　试证 N 点序列 $x(n)$ 的离散傅立叶变换 $X(k)$ 满足 Parseval 恒等式：

$$\sum_{k=0}^{N-1}|x(n)|^2=\frac{1}{N}\sum_{m=0}^{N-1}|X(k)|^2$$

3.16　$x(k)$ 和 $X(n)$ 是一个离散傅立叶变换对，n 是时间序点，k 是频率序点，试证明离散傅立叶变换的对称性：

$$\frac{1}{N}X(k)\Leftrightarrow x(-n)$$

3.17　证明：$x(n)$ 是长为 N 的有限长序列，若 $x_e(n)$、$x_o(n)$ 分别为 $x(n)$ 的圆周共轭偶部及奇部，也必有下式成立：

$$x_e(n)=x_e^*(N-n)=\frac{1}{2}[x(n)+x^*(N-n)]$$

$$x_o(n)=-x_o^*(N-n)=\frac{1}{2}[x(n)-x^*(N-n)]$$

3.18　若 $x(n)=\text{IDFT}[X(k)]$，求证 $\text{IDFT}[x(k)]=\dfrac{1}{N}X((-n)_N)R_N(n)$。

3.19　证明：若 $x(n)$ 为实偶对称，即 $x(n)=x(N-n)$，则 $X(k)$ 也为实偶对称。

3.20　已知 $x(n)=n+1$，$(0\leqslant n\leqslant 3)$；$y(n)=(-1)^n$，$(0\leqslant n\leqslant 3)$，用圆周（循环）卷积法求 $x(n)$ 和 $y(n)$ 的线性卷积 $z(n)$。

3.21　序列 $a(n)$ 为 $\{1,2,3\}$，序列 $b(n)$ 为 $\{3,2,1\}$。

（1）求线性卷积 $a(n)*b(n)$ 并绘图表示。

（2）若要用基 2FFT 的循环卷积法（FFT 快速卷积）来得到两个序列的线性卷积运算结果，试写出具体步骤。

3.22　有限长为 $N=100$ 的两序列：

$$x(n)=\begin{cases}1 & 0\leqslant n\leqslant 10 \\ 0 & 11\leqslant n\leqslant 99\end{cases}\qquad y(n)=\begin{cases}1 & n=0 \\ 0 & 1\leqslant n\leqslant 89 \\ -1 & 90\leqslant n\leqslant 99\end{cases}$$

绘出 $x(n)$，$y(n)$ 示意图，求循环卷积 $f(n)=x(n)\textcircled{N}y(n)$ 及绘图。

3.23　已知 $x(n)$ 是长度为 N 的有限长序列，$X(k)=\text{DFT}[x(n)]$，现将 $x(n)$ 的每两点之间补进 $r-1$ 个零值，得到一个长为 rN 的有限长序列 $y(n)$：

$$y(n)=\begin{cases}x\left(\dfrac{n}{r}\right) & n=ir,\ i=0,1,\cdots,N-1 \\ 0 & n\neq ir,\ i=0,1,\cdots,N-1\end{cases}$$

求：$\text{DFT}[y(n)]$ 与 $X(k)$ 的关系。

3.24 已知 $x(n)$ 是 N 点有限长序列，$X(k)=\text{DFT}[x(n)]$。现在其后面补零，将长度变成 rN 点的有限长序列 $y(n)$：

$$y(n)=\begin{cases} x(n) & 0 \leqslant n \leqslant N-1 \\ 0 & N \leqslant n \leqslant rN-1 \end{cases}$$

试求 rN 点 $\text{DFT}[y(n)]$ 与 $X(k)$ 的关系，由此解释高密度频谱的概念。

3.25 已知序列 $x(n)=4\delta(n)+3\delta(n-1)+2\delta(n-2)+\delta(n-3)$ 和它的 6 点 DFT 为 $X(k)$。

(1) 若有限长序列 $y(n)$ 的 6 点 DFT 为 $Y(k)=W_6^{4k}X(k)$，求 $y(n)$。

(2) 若有限长序列 $u(n)$ 的 6 点 DFT 为 $X(k)$ 的实部，即 $U(k)=\text{Re}[X(k)]$，求 $u(n)$。

(3) 若有限长序列 $v(n)$ 的 3 点 DFT 为 $V(k)=X(2k)(k=0,1,2)$，求 $v(n)$。

3.26 为了说明循环卷积计算过程，分别计算两矩形序列 $x(n)=y(n)=R_N(n)$ 的卷积，如果 $x(n)=y(n)=R_6(n)$，求：

(1) 6 点循环卷积。

(2) 12 点循环卷积。

3.27 已知某信号序列 $f(k)=\{3,2,1,2\}$，$h(k)=\{2,3,4,2\}$，试借助 MATLAB 软件计算：

(1) $f(k)$ 和 $h(k)$ 的循环卷积 $f(k)④h(k)$；

(2) $f(k)$ 和 $h(k)$ 的线性卷积 $f(k)*h(k)$；

(3) 写出利用循环卷积计算线性卷积的步骤。

3.28 题图 3.3 表示一个 5 点序列 $x(n)=\{1,0,2,1,3\}$。借助 MATLAB 软件，实现：

(1) 画出线性卷积 $x(n)*x(n)$ 的图。

(2) 画出循环卷积 $x(n)⑤x(n)$ 的图。

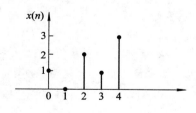

题图 3.3

3.29 设 $x(n)$ 是长度为 M 的有限长序列，其 Z 变换为 $X(Z)=\sum\limits_{n=0}^{M-1}x(n)Z^{-n}$，今欲求 $X(Z)$ 在单位圆上 N 个等距离点上的采样值 $X(Z_k)$，其中 $Z_k=e^{j\frac{2\pi}{N}k}$，$k=0,1,\cdots,N-1$，解答下列问题(用一个 N 点的 FFT 来算出全部的值)：

(1) 分别当 $N<M$ 和 $N \geqslant M$ 时，写出用一个 N 点 FFT 各自算出 $X(Z_k)$ 的过程；

(2) 若求 $X(Z_k)$ 的 IDFT，说明哪一部分结果和 $x(n)$ 等效，为什么？

3.30 已知 $x(n)=a^n u(n)$，$0<a<1$，今对其 Z 变换 $X(z)$ 在单位圆上等分采样，采样值为 $X(k)=X(z)|_{z=W_N^{-k}}$，求有限长序列 $\text{IDFT}[X(k)]$。

3.31 研究一个长度为 M 点的有限长序列 $x(n)$：

$$x(n) = \begin{cases} x(n) & 0 \leqslant n \leqslant M-1 \\ 0 & \text{其他 } n \end{cases}$$

我们希望计算 Z 变换 $X(z) = \sum_{n=0}^{M-1} x(n)z^{-n}$ 在单位圆上 N 个等间隔点上的抽样，即在 $z = e^{j\frac{2\pi}{N}k}$，$k=0, 1, \cdots, N-1$ 上的抽样。当 $N > M$ 时，试找出只用一个 N 点 DFT 就能计算 $X(z)$ 的 N 个抽样的方法，并证明之。

3.32　对有限长序列 $x(n) = \{1, 0, 1, 1, 0, 1\}$ 的 Z 变换 $X(z)$ 在单位圆上进行 5 等分取样，得到取样值 $X(k)$，即 $X(k) = X(z)|_{z=w_5^{-k}}$，$k=0, 1, 2, 3, 4$。求 $X(k)$ 的逆傅立叶变换 $x_1(n)$。

3.33　设如题图 3.4 所示的单位矩形序列 $x(n)$ 的 Z 变换为 $X(z)$，对 $X(z)$ 在单位圆上等间隔的 4 点上取样得到 $X(k)$，即 $X(k) = X(z)|_{z=e^{j\frac{2\pi}{4}k}}$，$k=0, 1, 2, 3$。试求 $X(k)$ 的 4 点离散傅立叶逆变换 $x_1(n)$，并画出 $x_1(n)$ 的图形。

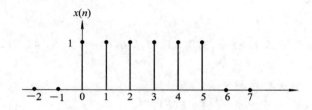

题图 3.4

3.34　用某台 FFT 仪做谱分析。使用该仪器时，选用的抽样点数 N 必须是 2 的整数次幂。已知待分析的信号中，上最高限频率 $\leqslant 1025$ kHz，要求谱分辨率 $\leqslant 5$ Hz。试确定下列参数：① 一个记录数据中的最少抽样点数；② 相邻样点间的最大时间间隔；③ 信号的最小记录时间。

3.35　(1) 模拟数据以 10.24 kHz 速率取样，且计算了 1024 个取样点的 DFT。求频谱取样之间的频率间隔。

(2) 以上频率域数据经处理以后又进行了离散傅立叶反变换，求 IDFT 后对应的抽样点的时间间隔为多少？整个 1024 点的信号时间长度为多少？

3.36　频谱分析的模拟信号以 8 kHz 被抽样，计算了 512 个抽样的 DFT，试确定频谱抽样之间的频率间隔，并证明你的回答。

3.37　设有一谱分析用的信号处理器，抽样点数必须为 2 的整数幂，假定没有采用任何特殊数据处理措施，要求频率分辨力 $\leqslant 10$ Hz。如果采用的抽样时间间隔为 0.1 ms，试确定：① 最小记录长度；② 所允许处理的信号的最高频率；③ 在一个记录中的最少点数。

3.38　如果一台通用计算机的速度为：平均每次复乘需 100 μs，每次复加需 20 μs，今用来计算 $N = 1024$ 点的 $DFT\{x(n)\}$。问直接运算耗时多少？用 FFT 运算需要时间又是多少？

3.39　FFT 算法是利用了旋转因子 $e^{-j\frac{2\pi}{N}k}$ 的对称性和周期性特点，试绘图说明这些特点。

3.40　什么是基 2 DIT 和基 2 DIF 中的同址存储特性和倒序现象？用 $N=8$ 说明之。

3.41　$X(k)$ 和 $x(n)$ 是一对 N 点序列 DFT，N 为偶数。两个 0.5N 点序列定义为

$$x_1(n) = \frac{1}{2}\big[x(2n) + x(2n+1)\big]$$

$$x_2(n) = \frac{1}{2}\big[x(2n) - x(2n+1)\big], \quad 0 \leqslant n \leqslant 0.5N-1$$

若已知 $X_1(k)$ 和 $X_2(k)$，试由其确定 $X(k)$。

3.42 简略推导按频率抽取基 2 FFT 算法的蝶形公式，并画出 $N=8$ 时算法的流图，注意旋转因子的规律。

3.43 画出基 2 时域抽取 4 点的 FFT 信号流图。

3.44 已知两个 N 点实序列 $x(n)$ 和 $y(n)$ 的 DFT 分别为 $X(k)$ 和 $Y(k)$，现在需要求出序列 $x(n)$ 和 $y(n)$，试用一次 N 点 IFFT 运算及相应组合式子来完成。

3.45 已知长度为 $2N$ 的实序列 $x(n)$ 的 DFT 为 $X(k)$ 的各个数值($k=0,1,\cdots,2N-1$)。现在需要由 $X(k)$ 计算 $x(n)$，为了提高效率，请设计用一次 N 点的 IFFT 来完成。

3.46 写出采用 FFT 的重叠相加法实现因果长序列 $x(n)$ 的滤波程序流程框图。滤波器 $h(n)$ 为 M 点。

3.47 写出采用 FFT 的重复保留法实现因果长序列 $x(n)$ 的滤波程序流程框图。滤波器 $h(n)$ 为 M 点。

3.48 证明两个序列 $x(n)$ 与 $y(n)$ 的互相关 $r_{xy}(m)$ 和 $y(n)$ 与 $x(n)$ 的互相关 $r_{yx}(m)$ 是不相等的。

3.49 证明一个序列的自相关序列 $R_{xx}(m)$ 是偶对称的，且在 $m=0$ 取得最大值。

3.50 写出用 FFT 计算自相关的快速方法的程序流程框图。

第4章 无限长单位脉冲响应数字滤波器设计

4.1 数字滤波器的基本概念

许多信息处理过程，如通信系统中的信号检测、预测、变频、调制等都要用到滤波器。数字滤波器是数字信号处理系统中最常用的一种线性系统，是数字信号处理的重要基础。所谓数字滤波器是指输入、输出均为数字信号，通过一定运算关系改变输入信号的频率或者相位特性的器件或者软件。数字滤波的概念和模拟滤波基本相同，只是处理的信号形式不同，滤波实现方法不同。数字滤波器与模拟滤波器相比，具有精度高、稳定、体积小、重量轻、灵活、不需要阻抗匹配、能够实现模拟滤波器无法实现的特殊功能等优点。模拟信号可以通过 A/DC、D/AC 转换匹配后，采用数字滤波器实现滤波。因此，数字滤波器得到广泛应用。

4.1.1 数字滤波器的分类

数字滤波器有不同的分类方法，主要有以下三种：

（1）根据滤波器的性能来分，可以分为经典数字滤波器和现代数字滤波器。经典数字滤波器即一般滤波器，特点是有用信号和干扰信号各占不同的频带，通过一个合适的滤波器选择出有用的频率信号，滤除干扰信号，因此也称为选频滤波器。现代数字滤波器的特点是针对信号和干扰的频带相互重叠时，按照随机信号内部的一些统计分布规律，从干扰中提取有用信号，例如，维纳滤波器、卡尔曼滤波器、自适应滤波器等最佳滤波器。本课程仅介绍经典数字滤波器。

（2）根据数字滤波器的功能来分，和模拟滤波器一样，可以分为低通、高通、带通、带阻、多带数字滤波器。它们的理想幅度特性如图 4.1.1 所示。从图 4.1.1 中可以看出，数字滤波器的传输函数 $H(e^{j\omega})$ 都是以 2π 为周期的，滤波器的低通频带位于 2π 的整数倍附近，而高通频带在 π 的奇数倍附近。

（3）根据实现的网络结构或者从单位脉冲响应来分，可以分成无限脉冲响应(IIR)滤波器和有限脉冲响应(FIR)滤波器。它们的系统函数分别为：

$$H(z) = \frac{\sum_{i=0}^{M} a_i z^{-i}}{1 - \sum_{i=1}^{N} b_i z^{-i}}, \quad \text{一般 } M \leqslant N \tag{4.1.1}$$

$$H(z) = \sum_{i=0}^{M} h_i z^{-i} \tag{4.1.2}$$

式(4.1.1)表示的滤波器为单位脉冲响应无限长，有反馈支路，即含有环路，也称为递归型；阶数为 N，因此称为 N 阶 IIR(Infinite Impulse Response)数字滤波器。式(4.1.2)表示的滤波器为单位脉冲响应有限长，无反馈支路，也称为非递归型；阶数为 M，因此称为 M 阶 FIR(Finite Impulse Response)数字滤波器。

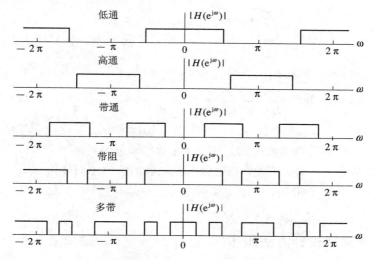

图 4.1.1　理想低通、高通、带通、带阻、多带数字滤波器幅度特性

4.1.2　数字滤波器的技术指标

常用的数字滤波器属于选频滤波器。假设数字滤波器的传输函数 $|H(e^{j\omega})|$ 用下式表示：

$$H(e^{j\omega}) = |H(e^{j\omega})| e^{j\theta(\omega)} \tag{4.1.3}$$

式中：$|H(e^{j\omega})|$ 为幅频特性，$\theta(\omega)$ 为相频特性。对于一般作为选频滤波器的 IIR 数字滤波器，其技术指标是由幅频特性给出的，而相频特性不作要求。本章主要研究的 IIR 数字滤波器的技术指标就是由幅频特性提出的。下面以低通 IIR 数字滤波器为例，介绍数字滤波器的技术指标。

图 4.1.2 为低通数字滤波器的幅度特性，图中：$0 \sim \omega_p$ 为通带，ω_p 称为通带截止频率；$\omega_p \sim \omega_r$ 为过渡带，$\omega_r \sim \pi$ 为阻带，ω_r 称为阻带截止频率。

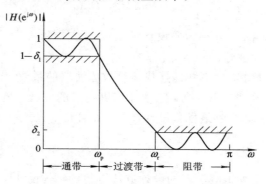

图 4.1.2　低通数字滤波器的幅度特性

通带内的技术指标为

$$1 - \delta_1 \leqslant |H(e^{j\omega})| \leqslant 1 \qquad \omega \leqslant \omega_p \qquad (4.1.4)$$

阻带内的技术指标为：

$$|H(e^{j\omega})| \leqslant \delta_2 \qquad \omega_r \leqslant \omega \leqslant \pi \qquad (4.1.5)$$

通带内波动用 dB 数表示：

$$\delta = 20 \lg \frac{|H(e^{j\omega})|_{max}}{|H(e^{j\omega})|_{min}} = 20 \lg \frac{1}{1 - \delta_1} = -20 \lg(1 - \delta_1) \qquad \omega \leqslant \omega_p \qquad (4.1.6)$$

阻带内最小衰减用 dB 数表示：

$$At = 20 \lg \frac{1}{|H(e^{j\omega})|_{max}} = 20 \lg \frac{1}{\delta_2} = -20 \lg\delta_2 \qquad \omega_r \leqslant \omega \qquad (4.1.7)$$

从式(4.1.4)、式(4.1.5)、式(4.1.6)、式(4.1.7)可见，低通数字滤波器的特性可由 ω_p、ω_r、δ、At 4 个技术指标参数确定。对于高通数字滤波器，由于它与低通滤波器相比只是通带和阻带的位置不一样，因此，高通数字滤波器的特性也同样由 ω_p、ω_r、δ、At 4 个技术指标参数确定。而对于带通、带阻、多带数字滤波器的技术指标参数，将在后续课程介绍。

4.1.3　数字滤波器设计方法概述

数字滤波器的设计都采用逼近方法，步骤是先按照实际需要确定滤波器的技术指标，再用一个因果稳定系统 $H(z)$ 或 $h(n)$ 去逼近这个性能要求。由于 IIR 数字滤波器和 FIR 数字滤波器的设计方法有很大的不同，因此，本章只讲述 IIR 数字滤波器的设计，而 FIR 数字滤波器的设计则安排在下一章讲述。

IIR 数字滤波器设计方法可以分为两类：直接设计法和间接设计法。

1) 直接设计法

直接设计法是直接在频域或时域进行逼近设计，具体方法有零极点累试法、频域逼近法、时域逼近法，通常须借助计算机进行优化设计，因此也称为最优化设计方法。具体步骤分两步：

(1) 确定一种最优准则，如最小均方误差准则，即使设计出的实际频率响应的幅度特性与所要求的理想频率响应的均方误差最小，如：

$$\varepsilon = \sum_{i=1}^{M} \left[|H(e^{j\omega_i})| - |H_d(e^{j\omega_i})| \right]_{min}^2 \qquad (4.1.8)$$

式中：$|H_d(e^{j\omega_i})|$、$|H(e^{j\omega_i})|$ 分别为要设计的目标滤波器和所设计的滤波器的幅频特性；M 为采样点数，取值越大越好；ω_i 为频率采样点。

(2) 在此最佳准则下，通过不断地迭代运算求滤波器的系数，直到满足要求为止。

此外还有其他多种误差最小准则。随着计算机技术的发展，最优化设计方法的使用也在逐渐增多。但是，由于涉及到最优化设计算法，而且目前已经有商业设计程序可以使用，因此本章不介绍。

2) 间接设计法

间接设计法是借助于模拟滤波器的设计方法进行的，其设计步骤是：先设计模拟滤波器得到传输函数 $H_a(s)$，然后将 $H_a(s)$ 按某种方法转换成数字滤波器的系统函数 $H(z)$。由于模拟滤波器的设计方法已经发展得很成熟，而且模拟滤波器有简单而严格的设计公式，设计起来方便、准确，因此可将这些理论推广应用到数字域，作为设计数字滤波器的工具。本章后续内容将介绍这种设计方法。

4.2　模拟滤波器的设计

模拟滤波器的理论和设计方法已发展得相当成熟，且有若干典型的模拟滤波器供我们选择，如巴特沃斯(Butterworth)滤波器、切比雪夫(Chebyshev)滤波器、椭圆(Ellipse)滤波器、贝塞尔(Bessel)滤波器等，这些滤波器都有严格的设计公式、现成的曲线和图表供设计人员使用，因此设计方便。

模拟滤波器根据幅度特性可以分为低通、高通、带通和带阻滤波器，它们的理想特性如图 4.2.1 所示。由于模拟滤波器的设计总是先设计低通滤波器，再通过频率变换将低通变换为希望类型的滤波器，因此，下面先介绍模拟低通滤波器的技术指标和逼近方法，然后介绍模拟滤波器的频率变换。

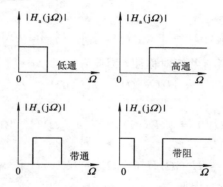

图 4.2.1　各种理想模拟滤波器的幅频特性

4.2.1　模拟低通滤波器的技术指标及逼近方法

模拟低通滤波器的归一化特性曲线如图 4.2.2 所示，图中：Ω_p 为通带截止频率；Ω_c 为幅度下降到 0.707(也就是下降 3 dB)时的频率，因此通常被称为 3 dB 截止频率；Ω_r 为阻带截止频率。

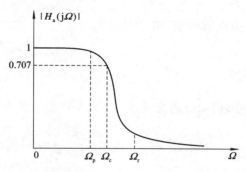

图 4.2.2　模拟低通滤波器的幅频特性曲线

与数字低通滤波器相似，模拟低通滤波器的设计指标也用 4 个参数描述：δ、Ω_p、At 和 Ω_r。其中：δ 是通带 $\Omega(=0\sim\Omega_p)$ 中的最大衰减系数；At 是阻带 $\Omega\geqslant\Omega_r$ 的最小衰减系数，δ 和 At 一般用 dB 数表示，可表示成：

$$\delta = 20\lg\frac{\mid H(e^{j\Omega})\mid_{\max}}{\mid H(e^{j\Omega})\mid_{\min}} = 10\lg\frac{\mid H(e^{j\Omega})\mid_{\max}^2}{\mid H(e^{j\Omega})\mid_{\min}^2} = -10\lg\mid H(e^{j\Omega})\mid_{\min}^2 \tag{4.2.1}$$

$$At = -20\lg\mid H(e^{j\Omega})\mid_{\max} = -10\lg\mid H(e^{j\Omega})\mid_{\max}^2 \tag{4.2.2}$$

如果模拟低通滤波器的特性是单调下降，则可表示为：

$$\delta = -10\lg\mid H_a(j\Omega_p)\mid^2 \tag{4.2.3}$$

$$At = -10\lg\mid H_a(j\Omega_r)\mid^2 \tag{4.2.4}$$

滤波器的技术指标给定后，模拟滤波器的设计就是构造一个模拟系统函数 $H_a(s)$，使其特性按照技术指标的要求去逼近某个理想滤波器特性。对于一般滤波器的单位脉冲响应 $h_a(t)$ 为实数的因果系统有

$$H_a(j\Omega) = \int_0^\infty h_a(t)e^{-j\Omega t}\,dt \tag{4.2.5}$$

将式(4.2.5)的右边展开得

$$H_a(j\Omega) = \int_0^\infty h_a(t)(\cos\Omega t - j\sin\Omega t)\,dt \tag{4.2.6}$$

由于 $h_a(t)$ 为实数，其频谱具有共轭对称性，因此有

$$H_a(-j\Omega) = H_a^*(j\Omega) \tag{4.2.7}$$

定义幅度平方函数：
$$A(\Omega^2) = \mid H_a(j\Omega)\mid^2 = H_a(j\Omega)H_a^*(j\Omega) \tag{4.2.8}$$

将式(4.2.7)代入式(4.2.8)得

$$A(\Omega^2) = H_a(j\Omega)H_a(-j\Omega) = H_a(s)H_a(-s)\mid_{s=j\Omega} \tag{4.2.9}$$

又由于 $s=j\Omega$，$\Omega^2=-s^2$，因此

$$A(\Omega^2) = A(-s^2)\mid_{s=j\Omega}$$

对于给定的 $A(-s^2)$，先在 S 复平面上标出 $A(-s^2)$ 的极点和零点，由(4.2.9)式知，$A(-s^2)$ 的极点和零点总是"成对出现"，且对称于 S 平面的实轴和虚轴，选用 $A(-s^2)$ 的对称极、零点的任一半作为 $H_a(s)$ 的极、零点，则可得到 $H_a(s)$。

为了保证 $H_a(s)$ 的稳定性，应选用 $A(-S^2)$ 在 S 左半平面的极点作为 $H_a(s)$ 的极点，零点可选用任一半。

可见只要给定幅度平方函数模型，模拟滤波器就可以设计出来，下面介绍三种模拟低通滤波器的设计。

4.2.2　巴特沃兹滤波器

巴特沃兹(Butterworth)模拟低通滤波器的幅度平方函数的表达式为

$$A(\Omega^2) = \mid H_a(j\Omega)\mid^2 = \frac{1}{1+\left(\dfrac{j\Omega}{j\Omega_c}\right)^{2N}} \tag{4.2.10}$$

式中 N 为滤波器的阶数。

巴特沃兹滤波器的幅度特性曲线如图 4.2.3 所示。由图可以看出，它的特点是：通带

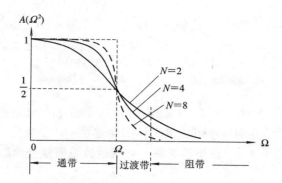

图 4.2.3　巴特沃兹滤波器振幅平方函数

内具有最大平坦的幅度特性，且随频率的增加，幅频特性单调下降。随着 N 的增加，通带和阻带的近似性越好，过渡带越陡。通带内，分母 $\Omega/\Omega_c < 1$，$(\Omega/\Omega_c)^{2N}$ 非常小，$A(\Omega^2) \to 1$。过渡带和阻带，$\Omega/\Omega_c > 1$，$(\Omega/\Omega_c)^{2N}$ 远远大于 1，随着 Ω 增加，$A(\Omega^2)$ 快速减小。

当 $\Omega = \Omega_c$ 时，$A(\Omega^2) = \dfrac{1}{2}$，因此，$\dfrac{A(\Omega_c^2)}{A(0)} = \dfrac{1}{2}$，幅度衰减相当于 3 dB 衰减点。

可以证明：随着 N 的增加，通带内频率响应变得更为平坦，阻带内的衰减更大；过渡带内频响更趋于斜率为 $-6N$ dB/倍频程的渐近线。

由式(4.2.10)可以求得幅度平方函数的极点：

$$\mathrm{SP}_k = (-1)^{\frac{1}{2N}}(\mathrm{j}\Omega_c) = \Omega_c \mathrm{e}^{\mathrm{j}\pi\left(\frac{1}{2} + \frac{2k+1}{2N}\right)} \tag{4.2.11}$$

式中：$k = 0, 1, 2, \cdots, 2N-1$。可见，巴特沃兹滤波器的振幅平方函数有 $2N$ 个极点，它们均匀对称地分布在 $|S| = \Omega_c$ 的圆周上。例如，$N=3$ 阶时巴特沃兹幅度平方函数的极点分布如图 4.2.4 所示。

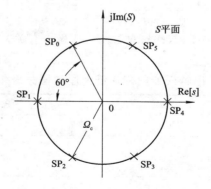

图 4.2.4　三阶 $A(-s^2)$ 的极点分布

考虑到系统的稳定性，可知模拟低通滤波器的系统函数应由 S 平面左半部分的极点（SP_0，SP_1，SP_2）组成，它们分别为

$$\mathrm{SP}_0 = \Omega_c \mathrm{e}^{\mathrm{j}\frac{2}{3}\pi}, \qquad \mathrm{SP}_1 = -\Omega_c, \qquad \mathrm{SP}_2 = \Omega_c \mathrm{e}^{-\mathrm{j}\frac{2}{3}\pi}$$

则

$$H_a(s) = \frac{\Omega_c^3}{(s - \mathrm{SP}_0)(s - \mathrm{SP}_1)(s - \mathrm{SP}_2)} = \frac{1}{\left(\dfrac{s}{\Omega_c} - \dfrac{\mathrm{SP}_0}{\Omega_c}\right)\left(\dfrac{s}{\Omega_c} - \dfrac{\mathrm{SP}_1}{\Omega_c}\right)\left(\dfrac{s}{\Omega_c} - \dfrac{\mathrm{SP}_2}{\Omega_c}\right)}$$

式中：$\dfrac{s}{\Omega_c}=\dfrac{j\Omega}{\Omega_c}$，令$\dfrac{\Omega}{\Omega_c}=\lambda$，称为归一化频率；再令一复变量 $p=j\lambda$，得归一化的传输函数：

$$H_a(p)=\dfrac{1}{\displaystyle\prod_{k=0}^{N-1}(p-\mathrm{SP}_k)} \qquad (4.2.12)$$

式中：$\mathrm{SP}_k=\mathrm{e}^{j\pi\left(\frac{1}{2}+\frac{2k+1}{2N}\right)}$，$k=0,1,2,\cdots,(2N-1)$，称为归一化的极点；它只与 N 有关，因此，当 N 确定时，归一化的极点可以事先算出并建立一个参数表，如表4.2.1所示。

表 4.2.1　巴特沃斯归一化低通滤波器极点参数

极点位置 / 阶数 N	$P_{0,N-1}$	$P_{1,N-2}$	$P_{2,N-3}$	$P_{3,N-4}$	P_4
1	-1.0000				
2	$-0.7071\pm j0.7071$				
3	$-0.5000\pm j0.8660$	-1.0000			
4	$-0.3827\pm j0.9239$	$-0.9239\pm j0.3827$			
5	$-0.3090\pm j0.9511$	$-0.8090\pm j0.5878$	-1.0000		
6	$-0.2588\pm j0.9659$	$-0.7071\pm j0.7071$	$-0.9659\pm j0.2588$		
7	$-0.2225\pm j0.9749$	$-0.6235\pm j0.7818$	$-0.9010\pm j0.4339$	-1.0000	
8	$0.1951\pm j0.9808$	$0.5556\pm j0.8315$	$-0.8315\pm j0.5556$	$-0.9808\pm j0.1951$	
9	$-0.1736\pm j0.9848$	$-0.5000\pm j0.8660$	$-0.7660\pm j0.6428$	$-0.9397\pm j0.3420$	-1.0000

将式(4.2.12)分母的因式展开为多项式，则 $H_a(p)$ 可以写成以下形式：

$$H_a(p)=\dfrac{1}{b_0+b_1p+b_2p^2+\cdots+b_{N-1}p^{N-1}+p^N} \qquad (4.2.13)$$

式中的系数 $b_k(k=0,1,2,\cdots,2N-1)$ 只与归一化极点有关，它可以事先算出并建立一个参数表，如表4.2.2所示。

表 4.2.2　巴特沃斯归一化低通滤波器分母多项式参数

分母多项式 / 系数阶数 N	$B(p)=p^N+b_{N-1}p^{N-1}+b_{N-2}p^{N-2}+\cdots+b_1p+b_0$								
	b_0	b_1	b_2	b_3	b_4	b_5	b_6	b_7	b_8
1	1.0000								
2	1.0000	1.4142							
3	1.0000	2.0000	2.0000						
4	1.0000	2.6131	3.4142	2.613					
5	1.0000	3.2361	5.2361	5.2361	3.2361				
6	1.0000	3.8637	7.4641	9.1416	7.4641	3.8637			
7	1.0000	4.4940	10.0978	14.5918	14.5918	10.0978	4.4940		
8	1.0000	5.1258	13.1371	21.8462	25.6884	21.8642	13.1371	5.1258	
9	1.0000	5.7588	16.5817	31.1634	41.9864	41.9864	31.1634	16.5817	5.7588

这样，当 N 确定时，通过查表就可以得到滤波器的归一化原型，例如：当 $N=3$ 时，查

表得

$$H_a(p) = \frac{1}{p^3 + 2p^2 + 2p + 1} \tag{4.2.14}$$

令 $p = \dfrac{s}{\Omega_c}$，并去归一化后，得到所要设计的巴特沃兹模拟低通滤波器的传递函数为

$$H_a(s) = \frac{1}{(s/\Omega_c)^3 + 2(s/\Omega_c)^2 + 2(s/\Omega_c) + 1} \tag{4.2.15}$$

因此，只要能够确定阶数 N 和 3 dB 截止频率 Ω_c，就可以得到所要设计的滤波器。

下面讨论如何确定巴特沃兹模拟低通滤波器的阶数 N 和 3 dB 截止频率 Ω_c。

巴特沃兹模拟低通滤波器的阶数 N 是根据滤波器的技术指标来确定的。将式 (4.2.10) 代入式 (4.2.3) 得

$$\delta = -10 \lg |H(e^{j\Omega_p})|^2 = -10 \lg \frac{1}{1 + \left(\dfrac{j\Omega_p}{j\Omega_c}\right)^{2N}}$$

整理得

$$10^{0.1\delta} = 1 + \left(\frac{\Omega_p}{\Omega_c}\right)^{2N} \tag{4.2.16}$$

同样将式 (4.2.10) 代入式 (4.2.4)，得

$$10^{0.1At} = 1 + \left(\frac{\Omega_r}{\Omega_c}\right)^{2N} \tag{4.2.17}$$

将式 (4.2.16) 和式 (4.2.17) 联立求解，则有

$$\frac{10^{0.1\delta} - 1}{10^{0.1At} - 1} = \left(\frac{\Omega_p}{\Omega_r}\right)^{2N} \tag{4.2.18}$$

令 $\dfrac{10^{0.1\delta} - 1}{10^{0.1At} - 1} = k_{sp}^2$，则 $k_{sp} = \sqrt{\dfrac{10^{0.1\delta} - 1}{10^{0.1At} - 1}}$；再令 $\lambda_{sp} = \dfrac{\Omega_p}{\Omega_r} = \dfrac{f_p}{f_r}$，代入式 (4.2.18)，可得

$$N = \frac{\lg k_{sp}}{\lg \lambda_{sp}} \tag{4.2.19}$$

计算出 N 后，由式 (4.2.17) 可以求得 Ω_c 的计算公式：

$$\Omega_c = \Omega_p (10^{0.1\delta} - 1)^{-\frac{1}{2N}} \tag{4.2.20}$$

在这种情况下，设计结果通带指标满足要求，阻带有富余。

当然，也可以由式 (4.2.18) 求得 Ω_c 的计算公式：

$$\Omega_c = \Omega_r (10^{0.1At} - 1)^{-\frac{1}{2N}} \tag{4.2.21}$$

在这种情况下，设计结果阻带指标满足要求，通带有富余。在利用巴特沃斯模型设计模拟低通滤波器时，是选择式 (4.2.20) 还是选择式 (4.2.21)，应根据实际情况而定。

【例 4.2.1】 已知模拟低通滤波器通带截止频率 $f_p = 0.5$ Hz，通带最大衰减 $\delta = 2$ dB，阻带截止频率 $f_r = 1.2$ Hz，阻带最小衰减 $At = 30$ dB。试采用巴特沃斯模型设计该模拟低通滤波器。

解 利用上述的方法设计，设计步骤为：

(1) 确定模拟低通滤波器的阶数 N。

$$k_{sp} = \sqrt{\frac{10^{0.1\delta} - 1}{10^{0.1At} - 1}} = 0.0242$$

$$\lambda_{sp} = \frac{\Omega_p}{\Omega_r} = \frac{f_p}{f_r} = 0.4167$$

$$N = \frac{\lg k_{sp}}{\lg \lambda_{sp}} = 4.25$$

因此，取 $N=5$。

（2）由 $N=5$，查表 4.2.2 得到 5 阶归一化低通原型滤波器：

$$b_0 = 1.0000, \ b_1 = 3.2361, \ b_2 = 5.2361, \ b_3 = 5.2361, \ b_4 = 3.2361$$

$$H_a(p) = \frac{1}{1 + 3.2361p + 5.2361p^2 + 5.2361p^3 + 3.2361p^4 + p^5}$$

（3）求 3 dB 截止频率 Ω_c。按照（4.2.20）式，得

$$\Omega_c = \Omega_p(10^{0.1\delta} - 1)^{-\frac{1}{2N}} = 2\pi \times 0.527\ 55 \ \text{ard/s}$$

通带刚好满足要求，而阻带有富余。按照（4.2.21）式，得

$$\Omega_c = \Omega_r(10^{0.1At} - 1)^{-\frac{1}{2N}} = 2\pi \times 0.6015 \ \text{ard/s}$$

阻带刚好满足要求，而通带有富余。

（4）去归一化，得到所设计的低通滤波器：

$$H_a(s) = \frac{\Omega_c^5}{\Omega_c^5 + 3.2361s\Omega_c^4 + 5.2361s^2\Omega_c^3 + 5.2361s^3\Omega_c^2 + 3.2361s^4\Omega_c + s^5}$$

上述设计直接计算相当复杂，可以采用 MATLAB 设计。MATLAB 提供了三个函数用于 ButterWorth 模拟滤波器的设计。

（1）阶数及截止频率的求取函数 buttord。

buttord 函数的语句格式为：

[n, Wn] = buttord(Wp, Wr, Rp, Rr, 's')

其中：Wp 为通带截止频率，Wr 为阻带截止频率，单位是 rad/s；Rp 为通带最大衰减；Rr 为阻带最小衰减，单位是 dB。选项"s"表示设计模拟滤波器，省略此参数为设计数字滤波器。

当所设计的滤波器为带通、带阻滤波器时，Wp、Wr 为 2 元数组。

函数的返回值 Wn 为截止频率，n 为满足技术指标的滤波器的最小阶数。

（2）设计函数 butter。

butter 函数的语句格式有两种：

· 当设计低通或者带通（带通的 Wn 为 2 元数组）滤波器时，采用以下格式：

[b, a] = butter(n, Wn, 's')

· 当设计的是其他类型的滤波器时，可采用 ftype 说明滤波器的类型，语句格式为：

[b, a] = butter(n, Wn, 'ftype', 's')

式中：ftype 可以为"high"、"low"、"stop"，分别表示设计的滤波器为高通、低通、带阻滤波器。

函数的返回参数[b, a]为模拟滤波器的传递函数模型，可以根据下式写出传递函数：

$$H_a(s) = \frac{b(0)s^n + b(1)s^{n-1} + \cdots + b(n)}{a(0)s^n + a(1)s^{n-1} + \cdots + a(n)}$$

式中：$a(0) = 1$。

（3）归一化模拟低通原型设计函数。

语句格式为：

[z, p, k] = buttap(n)

n 为阶数，z 为零点，p 为极点，k 为放大系数。

【例 4.2.2】 对于例 4.2.1，这里给出采用 MATLAB 设计的程序代码。

先设计模拟低通原型，然后通过频带转换设计模拟低通滤波器。程序设计如下：

```
fp=0.5 * 2 * pi; ap=2; fr=1.2 * 2 * pi; as=30;
[n, Wn] = buttord(fp, fr, ap, as, 's')
[z, p, k] = buttap(n); %低通原型设计
b0=k * real(poly(z)); %poly 函数用于把多项式根转换为多项式系数，real 用于复数取实部运算
a0=real(poly(p));
[b, a]=lp2lp(b0, a0, Wn) %模拟低通原型转换为模拟低通滤波器
[h, f]=freqs(b, a); %求模拟滤波器传输函数的频率响应
mag = abs(h);
mag = 20 * log10(mag);
phase = angle(h);
subplot(2, 1, 1);
plot(f/(2 * pi), mag);
title('N=5 Butterworth Lowpass Filter');
axis([0 1.5 -35 0]);
xlabel('f(Hz)');
ylabel('幅度(dB)');
grid;
subplot(2, 1, 2);
plot(f/(2 * pi), phase);
axis([0 1.5 -4 4]);
xlabel('f(Hz)');
ylabel('相位(ard)');
```

也可跳过原型设计，直接设计模拟滤波器，程序设计如下：

```
fp=0.5 * 2 * pi; ap=2; fr=1.2 * 2 * pi; as=30;
[n, Wn] = buttord(fp, fr, ap, as, 's')
[b, a] = butter(n, Wn, 's')
[h, f]=freqs(b, a);
```

其他幅频特性、相频特性的绘图程序与前面相同，省略。

程序运行结果：

（1）滤波器的阶数 N = 5，与上述计算结果相同。

（2）截止频率 Wn = 3.7792rad/sec= 0.6015 Hz，与按照式（4.2.21）计算的结果相同。

（3）滤波器的传递函数，由程序运行结果可得：

$$b = [770.9440]$$

$$a = [1.0000 \quad 12.2299 \quad 74.7850 \quad 282.6305 \quad 660.1398 \quad 770.9440]$$

则所设计的滤波器的传递函数为

$$H_a(s) = \frac{770.9440}{s^5 + 12.2299s^4 + 74.7850s^3 + 282.6305s^2 + 660.1398s + 770.9440}$$

（4）滤波器的特性分析结果如图 4.2.5 所示。图中上半部分的图形为幅频特性曲线，可以看出在通带截止频率 0.5 Hz 处的衰减小于 2 dB，阻带截止频率 1.2 Hz 处阻带最小衰减大于 30 dB，满足指标要求。图中下半部分的图形为相位特性曲线，可以看出在通带内相位特性接近线性。

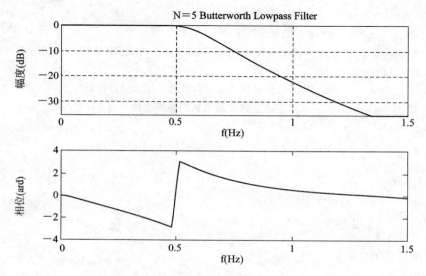

图 4.2.5　巴特沃斯模型模拟低通滤波器特性

4.2.3　切比雪夫滤波器

切比雪夫（chebyshev）滤波器具有波动性。它有两种类型：切比雪夫Ⅰ型，在通带中具有等波动响应；切比雪夫Ⅱ型，在阻带中具有等波动响应。

切比雪夫Ⅰ型滤波器的振幅平方函数为

$$A(\Omega^2) = |H_a(j\Omega)|^2 = \frac{1}{1 + \varepsilon^2 V_N^2\left(\frac{\Omega}{\Omega_c}\right)} \qquad (4.2.22)$$

式中：ε 表示 $|H_a(j\Omega)|$ 波动范围的参数，$V_N(x)$ 是一个 N 阶切比雪夫多项式，定义为

$$V_N(x) = \begin{cases} \cos(N \cos^{-1}x) & |x| \leqslant 1 \\ \cosh(N \cosh^{-1}x) & |x| > 1 \end{cases} \qquad (4.2.23)$$

由式（4.2.23）可以看出，当 $|x| \leqslant 1$ 时，$|V_N(x)| \leqslant 1$，并按照余弦函数波动；当 $|x| > 1$ 时，随着 $|x|$ 增大，$V_N(x)$ 将按双曲余弦函数快速增大。

切比雪夫滤波器的振幅平方特性如图 4.2.6 所示。在通带内，由于 $\Omega \leqslant \Omega_c$，满足 $|x| \leqslant 1$，因此，切比雪夫滤波器的振幅平方函数 $|H_a(j\Omega)|^2$ 在 $1 \sim \dfrac{1}{1+\varepsilon^2}$ 范围内变化。当 $\Omega > \Omega_c$ 时，

随着 Ω/Ω_c 增大，$|x|>1$，因此 $|H_\mathrm{a}(\mathrm{j}\Omega)|^2$ 迅速趋于零。当 $\Omega=0$ 时，由式（4.2.22）和式（4.2.23）可得

$$|H_\mathrm{a}(\mathrm{j}\Omega)|^2\big|_{\Omega=0}=\frac{1}{1+\varepsilon^2\cos^2[N\arccos(0)]}=\frac{1}{1+\varepsilon^2\cos^2\left(N\cdot\dfrac{\pi}{2}\right)}$$

当 N 为奇数时，由于 $\cos^2\left(N\cdot\dfrac{\pi}{2}\right)=0$，可得 $|H_\mathrm{a}(\mathrm{j}\Omega)|^2\big|_{\Omega=0}=1$，如图 4.2.6(a)所示。

当 N 为偶数时，由于 $\cos^2\left(N\cdot\dfrac{\pi}{2}\right)=1$，可得 $|H_\mathrm{a}(\mathrm{j}\Omega)|^2\big|_{\Omega=0}=\dfrac{1}{1+\varepsilon^2}$，如图 4.2.6(b)所示。

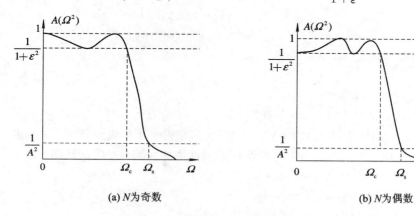

(a) N 为奇数   (b) N 为偶数

图 4.2.6　切比雪夫滤波器的振幅平方特性

切比雪夫Ⅰ型滤波器在通带范围内是等幅起伏的，所以同样的通带衰减，其阶数比巴特沃斯滤波器要小。可根据需要对通带内允许的衰减量（波动范围）提出的要求进行设计，然而由于切比雪夫多项式计算比较复杂，设计计算量比较大，因此，通常采用工具软件来设计。

切比雪夫Ⅱ型的平方幅度响应为

$$J(\Omega)=|H_\mathrm{a}(\mathrm{j}\Omega)|^2=\frac{1}{1+\left[\varepsilon^2 T_N^2\left(\dfrac{\Omega_\mathrm{c}}{\Omega}\right)\right]^{-1}}$$

切比雪夫Ⅱ型滤波器通带幅频特性是单调的，而阻带是等波动的。这种滤波器在 S 平面上既有极点，又有零点。它的计算比Ⅰ型更加复杂，因此，掌握 MATLAB 计算即可。

MATLAB 提供多个函数用于切比雪夫模拟滤波器的设计。下面以Ⅰ型为例进行应用介绍（只要把函数中的"1"改为"2"，即为切比雪夫Ⅱ型滤波器设计函数）。

（1）阶数求取函数 cheb1ord。

cheb1ord 函数的语句格式为：

　　　　[n, Wn] = cheb1ord(Wp, Wr, Rp, Rr, 's')

其中：Wp、Wr 为角频率，单位是 rad/s。

当所设计的滤波器为带通、带阻滤波器时，Wp、Wr 为 2 元数组。

函数的返回值 Wn 为截止频率，n 为满足技术指标的滤波器的最小阶数。

（2）设计函数 cheby1。

cheby1 函数的语句格式有两种：

- 当设计低通或者带通（带通的 Wn 为 2 元数组）滤波器时，采用以下格式：

  [b，a] = cheby1(n，Rp，Wn，′s′)
- 当设计的是其他类型的滤波器时，可采用 ftype 说明滤波器的类型，语句格式为：

  [b，a] = cheby1(n，Rp，Wn，′ftype′，′s′)

式中：ftype 可以为'high'、'low'、'stop'，分别表示设计的滤波器为高通、低通、带阻滤波器。

函数的返回参数[b，a]为模拟滤波器的传递函数模型，可以根据下式写出传递函数：

$$H_a(s) = \frac{b(0)s^n + b(1)s^{n-1} + \cdots + b(n)}{a(0)s^n + a(1)s^{n-1} + \cdots + a(n)}$$

式中：a(0)＝1。

（3）归一化模拟低通原型设计函数。

语句格式如下：

  [z，p，k]＝cheb1ap(n，Rp)

n 为阶数，Rp 为通带最大衰减，z 为零点，p 为极点，k 为放大系数。

【例 4.2.3】 下面给出例 4.2.1 的 MATLAB 切比雪夫Ⅰ型设计程序，供读者参考。

先设计低通原型，然后通过频带转换设计模拟低通滤波器。程序设计如下：

```
fp＝2 * pi * 0.5；Ap＝2；fr＝2 * pi * 1.2；Ar＝30；
[N，Wn] = cheb1ord(fp，fr，Ap，Ar，′s′)
[z，p，k] = cheb1ap(N，Ap)；%低通原型
[A，B，C，D] = zp2ss(z，p，k)；%零极表达式转换为状态空间表达式
[At，Bt，Ct，Dt]＝lp2lp(A，B，C，D，Wn)；%低通原型转换为低通滤波器
[b，a]＝ss2tf(At，Bt，Ct，Dt)；%状态空间表达式转换为传输函数表达式
[h，f]＝freqs(b，a)；
mag ＝ abs(h)；
mag ＝ 20 * log10(mag)；
phase ＝ angle(h)；
subplot(2，1，1)；
plot(f/(2 * pi)，mag)；
title(′Cheby1 Lowpass Filter′)；
axis([0 1.5 －35 0])；
xlabel(′f(Hz)′)；
ylabel(′幅度(dB)′)；
grid；
subplot(2，1，2)；
plot(f/(2 * pi)，phase)；
axis([0 1.5 －4 4])；
xlabel(′f(Hz)′)；
ylabel(′相位(ard)′)；
```

上述程序运行输出的幅频和相频特性曲线如图 4.2.7 所示。根据程序运行结果可得：

（1）滤波器的阶数 N＝3，小于巴特沃斯滤波器的阶数。

（2）截止频率 fn＝3.1416 ard/s＝0.5 Hz。

（3）滤波器的传递函数可由：

$$b = \begin{bmatrix} 0 & 0 & 0 & 10.1356 \end{bmatrix}$$
$$a = \begin{bmatrix} 1 & 2.3179 & 10.0886 & 10.1356 \end{bmatrix}$$

得到所设计的滤波器的传递函数为

$$H_a(s) = \frac{10.1356}{s^3 + 2.3179s^2 + 10.0886s + 10.1356}$$

（4）由图 4.2.7 上半部分的幅频特性曲线可以看出在通带内等波纹波动并且在截止频率 0.5 Hz 处的衰减小于 2 dB，阻带截止频率 1.2 Hz 处阻带最小衰减大于 30 dB，满足指标要求；由图 4.2.7 中下半部分的相位特性曲线可以看出在通带内相位特性接近线性。

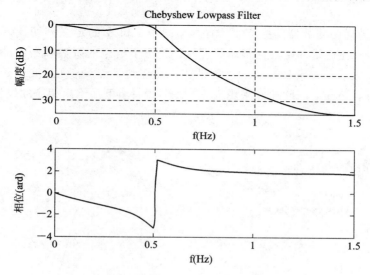

图 4.2.7　切比雪夫模型模拟低通滤波器特性

实际上，也可直接采用 MATLAB 函数设计模拟低通滤波器，将上述代码中的设计部分改为：

```
fp=0.5 * pi；ap=2；fr=1.2 * 2 * pi；as=30
[n, Wn]=cheblord(fp, fr, ap, as, 's')
[b, a]=cheby1(n, fp, Wn, 's')
[h, f]=freqs(b, a)
```

请读者修改上述程序，加入绘制幅频特性、相频特性曲线的程序，调试、运行程序，并与前面结果比较，看是否相同。

4.2.4　椭圆滤波器（考尔滤波器）

椭圆滤波器（Elliptic Filter）的振幅平方函数为

$$A(\Omega^2) = |H_a(j\Omega)|^2 = \frac{1}{1 + \varepsilon^2 R_N^2(\Omega, L)} \tag{4.2.24}$$

式中：$R_N(\Omega, L)$ 为 N 阶雅可比椭圆函数，L 是一个表示波纹性质的参量。

图 4.2.8 为 $N=5$ 时，$R_5^2(\Omega, L)$ 的特性曲线，由图可见，在归一化通带内（$-1 \leqslant \Omega \leqslant 1$），$R_5^2(\Omega, L)$ 在 $(0, 1)$ 间振荡；而在 Ω 超过 Ω_L 后，就在 $L^2 \sim \infty$ 间振荡。这一特点使滤

波器同时在通带和阻带内可以具有任意衰减量，并且在通带和阻带内都具有等波纹波动的特性。

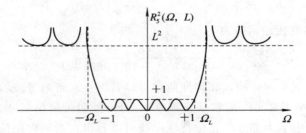

图 4.2.8　$R_5^2(\Omega, L)$ 的特性曲线

图 4.2.29 为椭圆滤波器的振幅平方函数，图中 ε 和 A 的定义同切比雪夫滤波器。其特点是：幅值响应在通带和阻带内都是等波纹的，对于给定的阶数和给定的波纹要求，椭圆滤波器能获得较其他滤波器更窄的过渡带宽，就这点而言，椭圆滤波器是最优的。但是其设计计算同样很复杂，因此通常采用 MATLAB 设计。下面给出相应的设计函数：

$$[N, Wn] = \text{ellipord}(Wp, Ws, Rp, Rs, 's')$$
$$[b, a] = \text{ellip}(N, Rp, Rs, Wn, 's')$$
$$[z, p, k] = \text{ellipap}(n, Rp, Rs)$$

详细的设计程序请读者自己编写。

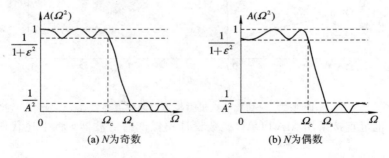

(a) N 为奇数　　　　(b) N 为偶数

图 4.2.9　椭圆滤波器的振幅平方函数

以上讨论了三种最常用的模拟低通滤波器的特性和设计方法，设计时可以根据所要设计的滤波器的指标要求，酌情选用。一般在相同指标下，就阶数而言，椭圆滤波器模型阶次最低，切比雪夫滤波器模型次之，巴特沃兹滤波器模型最高，参数的灵敏度则恰恰相反。

4.2.5　模拟高通、带通、带阻滤波器设计

模拟高通、带通、带阻滤波器是在模拟低通滤波器的基础上通过频率变换来实现的。为了叙述方便，假设模拟低通滤波器的传输函数用 $G(s)$ 表示，$s = j\Omega$，归一化频率用 λ 表示，令 $p = j\lambda$，称为归一化拉斯复变量，$G(p)$ 为归一化低通滤波器。所要设计类型滤波器的传输函数用 $H(s)$ 表示，归一化频率用 η 表示，令 $q = j\eta$，称为归一化拉斯复变量，$H(q)$ 称为归一化传输函数。

1. 低通到高通的频率变换

假设归一化的模拟低通滤波器 $G(j\lambda)$ 和高通滤波器 $H(j\eta)$ 的幅度特性如图 4.2.10 所

示。图中：λ_p、λ_r 分别为低通滤波器的归一化通带截止频率和归一化阻带截止频率，η_p、η_r 分别为高通滤波器的归一化通带截止频率和归一化阻带截止频率。由于 $|G(j\lambda)|$ 和 $|H(j\eta)|$ 都是频率的偶函数，可以把 $|G(j\lambda)|$ 左边的曲线和 $|H(j\eta)|$ 曲线对应起来，则低通滤波器的特性中 λ 从 $-\infty$ 经过 $-\lambda_r$、$-\lambda_p$ 到 0 时，对应于高通滤波器的特性中 η 从 0 经过 η_r、η_p 到 ∞。因此 λ 和 η 之间的关系为

$$\lambda = \frac{1}{\eta} \tag{4.2.25}$$

上式就是低通到高通的频率变换公式。如果已知低通滤波器 $G(j\lambda)$，则高通滤波器 $H(j\eta)$ 可用下式转换求解：

$$H(j\eta) = G(j\lambda)\,|_{\lambda=\frac{1}{\eta}} \tag{4.2.26}$$

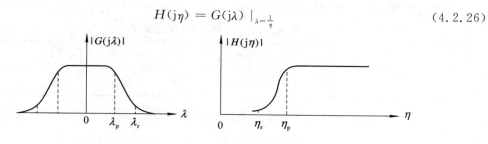

图 4.2.10 低通与高通滤波器的幅度特性

模拟高通滤波器的设计步骤归纳如下：

(1) 确定高通滤波器的技术指标：通带截止频率 Ω'_p，阻带截止频率 Ω'_r，通带内最大衰减 δ，阻带最小衰减 At。

(2) 确定相应低通滤波器的设计指标。按照 (4.2.25) 式，将高通滤波器的边界频率转换成低通滤波器的边界频率，各项设计指标为：低通滤波器通带截止频率 $\Omega_p = 1/\Omega'_p$；低通滤波器阻带截止频率 $\Omega_r = 1/\Omega'_r$；通带最大衰减仍为 δ，阻带最小衰减仍为 At。

(3) 设计归一化低通滤波器 $G(p)$。

(4) 求模拟高通的 $H(s)$。将式 (4.2.25) 代入 $G(p)$，得到归一化高通滤波器 $H(q)$；为了去归一化，将 $q = s/\Omega_c$ 代入 $H(q)$ 中，合并上述两步得由归一化低通原型到高通滤波器的变换关系：

$$H(s) = G(p)\,|_{p=\frac{\Omega_c}{s}} \tag{4.2.27}$$

2. 低通到带通的频率变换

假设归一化的模拟低通滤波器 $(G(j\lambda))$ 和带通滤波器 $(H(j\eta))$ 的幅度特性如图 4.2.11 所示。图中：λ_p、λ_r 分别为低通滤波器的归一化通带截止频率和归一化阻带截止频率；Ω_l、Ω_u 分别为带通滤波器的下通带截止频率和上通带截止频率；Ω_{r1}、Ω_{r2} 分别为带通滤波器的下阻带截止频率和上阻带截止频率；Ω_0 为带通滤波器的中心频率。定义 $\Omega_0^2 = \Omega_l\Omega_u$，称 Ω_0 为通带中心频率；定义 $B = \Omega_u - \Omega_l$，称 B 为通带带宽，一般 B 作为归一化参考频率。η_l、η_u 分别为带通滤波器的归一化下通带截止频率和归一化上通带截止频率，η_{r1}、η_{r2} 分别为带通滤波器的归一化下阻带截止频率和归一化上阻带截止频率，η_0 为带通滤波器的归一化中心频率。

带通滤波器归一化边界频率用以下式子计算：

$$\eta_{r1} = \frac{\Omega_{r1}}{B}, \; \eta_{r2} = \frac{\Omega_{r2}}{B}, \; \eta_l = \frac{\Omega_l}{B},$$

$$\eta_u = \frac{\Omega_u}{B}, \quad \eta_0^2 = \eta_l \eta_u = \frac{\Omega_0^2}{B^2} \tag{4.2.28}$$

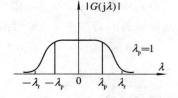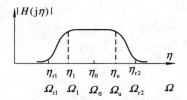

图 4.2.11 带通与低通滤波器的幅度特性

将带通和低通滤波器的特性对应起来,得到 η 与 λ 的对应关系如表 4.2.3 所示。

表 4.2.3 λ 与 η 的对应关系

λ	$-\infty$	$-\lambda_r$	$-\lambda_p$	0	λ_p	λ_r	∞
η	0	η_{r1}	η_l	η_0	η_u	η_{r2}	∞

由图 4.2.11 或表 4.2.3,可得带通滤波器频率转换为归一化低通滤波器频率的关系式:

$$\lambda = \frac{\eta^2 - \eta_0^2}{\eta} \quad \text{或} \quad \lambda = \frac{\Omega^2 - \Omega_0^2}{B\Omega} \tag{4.2.29}$$

验证式(4.2.29):例如,由表 4.2.3 知 λ_p 对应 η_u,代入式(4.2.29)中,得

$$\lambda_p = \frac{\eta_u^2 - \eta_0^2}{\eta_u} = \eta_u - \eta_l = \frac{\Omega_u}{B} - \frac{\Omega_l}{B} = \frac{\Omega_u - \Omega_l}{B} = 1$$

式(4.2.29)称为带通到低通的频率变换公式。利用该式可将带通的边界频率转换成低通的边界频率。

下面推导由归一化低通传输函数到带通传输函数的转换公式。

p 表示归一化低通的拉普拉斯变量,q 表示归一化带通的拉普拉斯变量,s 表示带通的拉普拉斯变量,因此 $p=j\lambda$,$q=j\eta$,$s=j\Omega$,代入式(4.2.29),得

$$p = j \frac{\eta^2 - \eta_0^2}{\eta}$$

将 $q=j\eta$ 代入,得到归一化低通到归一化带通的变换公式:

$$p = \frac{q^2 + \eta_0^2}{q}$$

将带通去归一化,即将 $q=s/B$ 代入,得

$$p = \frac{s^2 + \Omega_u \Omega_l}{s(\Omega_u - \Omega_l)} = \frac{s^2 + \Omega_0^2}{sB} \tag{4.2.30}$$

因此

$$H(s) = G(p) \Big|_{p = \frac{s^2 + \Omega_u \Omega_l}{s(\Omega_u - \Omega_l)}} \tag{4.2.31}$$

式(4.2.31)就是由归一化低通滤波器直接转换成带通滤波器的变换公式。

这样,模拟带通滤波器的设计步骤可以总结如下:

(1)确定模拟带通滤波器的技术指标:带通上限频率 Ω_u,带通下限频率 Ω_l;下阻带上限频率 Ω_{r1},上阻带下限频率 Ω_{r2};通带中心频率 $\Omega_0^2 = \Omega_l \Omega_u$,通带宽度 $B = \Omega_u - \Omega_l$。

（2）确定归一化低通技术要求：

$$\lambda_p = 1, \quad \lambda_r = \frac{\Omega_{r2}^2 - \Omega_0^2}{B\Omega_{r2}}, \quad -\lambda_r = \frac{\Omega_{r1}^2 - \Omega_0^2}{B\Omega_{r1}}$$

计算结果中 λ_r 与 $-\lambda_r$ 的绝对值可能不相等，一般取绝对值小的作为低通滤波器设计的 λ_r，这样保证在较大的 λ_r 处更能满足要求。通带最大衰减仍为 δ，阻带最小衰减仍为 At。

（3）设计归一化模拟低通滤波器 $G(p)$。

（4）用（4.2.31）式直接将 $G(p)$ 转换成模拟带通滤波器 $H(s)$。

3. 低通到带阻的频率变换

低通与带阻滤波器的幅频特性如图 4.2.12 所示。图中，Ω_u、Ω_l 分别为带阻滤波器通带上截止频率和通带下截止频率；令 $B = \Omega_u - \Omega_l$，称 B 为阻带宽度，一般 B 作为归一化参考频率。Ω_{r1}、Ω_{r2} 分别为带阻滤波器的下阻带截止频率和上阻带截止频率。另外定义 Ω_0 为阻带中心频率，$\Omega_0^2 = \Omega_l\Omega_u$。相应的归一化边界频率为

$$\eta_l = \frac{\Omega_l}{B}, \quad \eta_u = \frac{\Omega_u}{B}, \quad \eta_{r1} = \frac{\Omega_{r1}}{B}$$

$$\eta_{r2} = \frac{\Omega_{r2}}{B}, \quad \eta_0^2 = \eta_l\eta_u = \frac{\Omega_0^2}{B^2}$$

与式（4.2.28）完全相同。

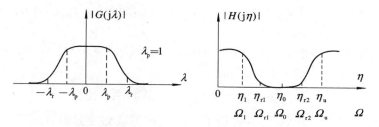

图 4.2.12 低通与带阻滤波器的幅频特性

将带阻滤波器和低通滤波器的幅度特性对应起来，便得到 η 与 λ 的对应关系如表 4.2.4 所示。根据 η 与 λ 的对应关系，可得

$$\lambda = \frac{\eta}{\eta^2 - \eta_0^2} \quad \text{或} \quad \lambda = \frac{B\Omega}{\Omega^2 - \Omega_0^2} \tag{4.2.32}$$

且 $\eta_u - \eta_l = 1$。$\lambda_p = 1$。式（4.2.32）称为低通到带阻的频率变换公式。将（4.2.32）式代入 $p = j\lambda$，并去归一化，可得

$$p = \frac{s(\Omega_u - \Omega_l)}{s^2 + \Omega_u\Omega_l} = \frac{sB}{s^2 + \Omega_0^2} \tag{4.2.33}$$

则将归一化的模拟低通滤波器变换为模拟带阻滤波器的变换公式为

$$H(s) = G(p) \Big|_{p = \frac{s(\Omega_u - \Omega_l)}{s^2 + \Omega_u\Omega_l}} \tag{4.2.34}$$

表 4.2.4　η 与 λ 的对应关系

λ	$-\infty$	$-\lambda_r$	$-\lambda_p$	-0	0	λ_p	λ_r	∞
η	η_0	η_{r2}	η_u	$+\infty$	0	η_l	η_{r1}	η_0

下面总结设计模拟带阻滤波器的步骤：

（1）确定模拟带阻滤波器的技术要求：下通带截止频率 Ω_l，上通带截止频率 Ω_u，阻带下截止频率 Ω_{r1}，阻带上截止频率 Ω_{r2}，Ω_0 为阻带中心频率，$\Omega_0^2 = \Omega_l \Omega_u$，阻带宽度 $B = \Omega_u - \Omega_l$。

（2）确定归一化模拟低通技术指标：

$$\lambda_p = 1, \quad \lambda_r = \frac{B\Omega_{r1}}{\Omega_{r1}^2 - \Omega_0^2}, \quad -\lambda_r = \frac{B\Omega_{r2}}{\Omega_{r2}^2 - \Omega_0^2}$$

计算结果中 λ_r 与 $-\lambda_r$ 的绝对值可能不相等，取绝对值小的作为低通滤波器设计的 λ_r，这样可以保证在较大的 λ_r 处更能满足要求。通带最大衰减仍为 δ，阻带最小衰减仍为 At。

（3）设计归一化模拟低通滤波器 $G(p)$。

（4）由（4.2.34）式直接将 $G(p)$ 转换成带通 $H(s)$。

4. 由模拟低通原型设计模拟高通、带通、带阻滤波器的 MATLAB 函数

设计模拟低通、高通、带通、带阻滤波器时，可先设计模拟低通滤波器原型，然后通过频率变换实现模拟低通、高通、带通、带阻滤波器。MATLAB 提供的函数如下：

（1）低通原型转换为低通：［NUMT，DENT］= lp2lp(NUM，DEN，Wo)，Wo 为截止频率（rad/s）。

（2）低通原型转换为高通：［NUMT，DENT］= lp2hp(NUM，DEN，Wo)，Wo 为截止频率（rad/s）。

（3）低通原型转换为带通：［NUMT，DENT］= lp2bp(NUM，DEN，Wo，Bw)，Wo 为中心频率（rad/s），Bw 为通带带宽（rad/s）。

（4）低通原型转换为带阻：［NUMT，DENT］= lp2bs(NUM，DEN，Wo，Bw)，Wo 为中心频率（rad/s），Bw 为阻带带宽（rad/s）。

5. 模拟高通、带通、带阻滤波器直接设计的 MATLAB 函数

为了简化设计过程，MATLAB 提供了直接设计模拟滤波器函数。同一类型的模拟低通、高通、带通、带阻滤波器的 MATLAB 设计是同一函数，只是参数不同而已。设计时，只要选择不同参数，就可以设计出不同类型的模拟滤波器。以巴特沃兹滤波器为例，其设计函数为

［b，a］= butter(N，Wn，'ftype'，'s')

当 ftype 选项选择 'high' 时，设计的是高通滤波器；选择 'low' 时，设计的是低通滤波器；选择 'stop' 时，设计的是带阻滤波器；缺省时，设计的是带通滤波器。必须注意的是：设计带通、带阻滤波器时，Wn 为 2 元数组，设计结果为 $2*N$ 阶。

切比雪夫 Ⅰ 型滤波器：［b，a］= cheby1(N，Rp，Wn，'ftype'，'s')，Rp 为通带最大波动（dB）。

切比雪夫 Ⅱ 型滤波器：［b，a］= cheby2(N，Rr，Wn，'ftype'，'s')，Rr 为阻带最小波动（dB）。

椭圆滤波器：［b，a］= ellip(N，Rp，Rr，Wn，'ftype'，'s')，Rp 为通带最大波动（dB），Rr 为阻带最小波动（dB）。

【例 4.2.4】 3 阶巴特沃斯型的归一化低通滤波器的传递函数为

$$H(s) = \frac{1}{s^3 + 2s^2 + 2s^1 + 1}$$

试设计下列模拟滤波器：

(1) 通带为 10 Hz 的低通滤波器；

(2) 通带下边频为 10 Hz 的高通滤波器；

(3) 中心频率为 10 Hz，带宽为 2 Hz 的带通滤波器；

(4) 中心频率为 10 Hz，带宽为 2 Hz 的带阻滤波器；

又设采样周期为 0.01 秒，求相应的数字滤波器。

解 MATLAB 程序如下：

```
b=1; a=[1 2 2 1];
Wn=10*2*pi; B=2*2*pi;
[b1, a1]=lp2lp(b, a, Wn)
[b2, a2]=lp2hp(b, a, Wn)
[b3, a3]=lp2bp(b, a, Wn, B)
[b4, a4]=lp2bs(b, a, Wn, B)
```

运行结果：

```
b1 = 2.4805e+005
a1 = [ 1      125.66      7895.7      2.4805e+005]
b2 = [ 1      1.2095e-014      -4.2767e-013      -2.7202e-020]
a2 = [ 1      125.66      7895.7      2.4805e+005]
b3 = [ 1984.4      -5.8081e-012      -7.7026e-009      -2.9869e-013]
a3 = [ 1      25.133      12159      2.0042e+005      4.8003e+007      3.9171e+008      6.1529e+010]
b4 = [ 1      3.5545e-013      11844      2.8096e-009      4.6756e+007      5.5449e-006      6.1529e+010]
a4 = [ 1      25.133      12159      2.0042e+005      4.8003e+007      3.9171e+008      6.1529e+010]
```

所以，4 个模拟滤波器的传输函数依次为：

$$H_1(s) = \frac{2.4805 \times 10^5}{s^3 + 125.66s^2 + 7895.7s + 2.4805 \times 10^5}$$

$$H_2(s) = \frac{s^3}{s^3 + 125.66s^2 + 7895.7s + 2.4805 \times 10^5}$$

$$H_3(s) = \frac{1984.4s^3}{s^6 + 25.133s^5 + 12159s^4 + 2.0042 \times 10^5 s^3 + 4.8003 \times 10^7 s^2 + 3.9171 \times 10^8 s + 6.1529 \times 10^{10}}$$

$$H_4(s) = \frac{s^6 + 11844s^4 + 4.676 \times 10^7 s^2 + 6.1529 \times 10^{10}}{s^6 + 25.133s^5 + 12159s^4 + 2.0042 \times 10^5 s^3 + 4.8003 \times 10^7 s^2 + 3.9171 \times 10^8 s + 6.1529 \times 10^{10}}$$

4.3 利用模拟滤波器设计 IIR 数字滤波器

利用模拟滤波器设计数字滤波器，实质是实现以下映射：将 $H_a(s)$ 变换为 $H(z)$，也即从 S 平面映射到 Z 平面。这种映射变换必须遵循两个基本原则：

(1) $H(z)$ 的频响要能模仿 $H_a(s)$ 的频响，即 S 平面的虚轴应映射到 Z 平面的单位圆上。

(2) $H_a(s)$ 的因果稳定性映射成 $H(z)$ 后保持不变，即 S 平面的左半平面 $\text{Re}\{s\} < 0$ 应映射到 Z 平面的单位圆以内，即 $|z| < 1$。

下面讨论两种常用的映射变换方法：脉冲响应不变法和双线性变换法。

4.3.1 脉冲响应不变法

1. 变换关系

脉冲响应不变法是从滤波器的脉冲响应出发，使数字滤波器的单位脉冲响应序列$h(n)$正好等于模拟滤波器的冲激响应$h_a(t)$的采样值，即

$$h(n) = h_a(nT)$$

式中：T为采样周期。假设：$H_a(s)$及$H(z)$分别表示$h_a(t)$的拉氏变换及$h(n)$的Z变换，即$H_a(s) = L[h_a(t)]$，$H(z) = Z[h(n)]$。为了计算$H(z)$，进一步假设模拟滤波器的传递函数只有单阶极点，且分母的阶数高于分子阶数，$N > M$，$H_a(s)$则可表达为部分分式形式：

$$H_a(s) = \sum_{i=1}^{N} \frac{A_i}{s - s_i} \tag{4.3.1}$$

其拉氏反变换为

$$h_a(t) = \sum_{i=1}^{N} A_i e^{s_i t} u(t) \tag{4.3.2}$$

式中：$u(t)$为单位阶跃信号。对$h_a(t)$采样得到数字滤波器的单位脉冲响应序列为

$$h(n) = h_a(nT) = \sum_{i=1}^{N} A_i e^{s_i nT} u(n) = \sum_{i=1}^{N} A_i (e^{s_i T})^n u(n) \tag{4.3.3}$$

对$h(n)$取Z变换，得到数字滤波器的传递函数为

$$H(z) = \sum_{n=0}^{\infty} \sum_{i=1}^{N} A_i e^{s_i nT} z^{-n} = \sum_{i=1}^{N} A_i \sum_{n=0}^{\infty} (e^{s_i T} z^{-1})^n \tag{4.3.4}$$

由$\frac{1 - (e^{s_i T} z^{-1})^k}{1 - e^{s_i T} z^{-1}} \big|_{k \to \infty}$可知，当$(e^{s_i T} z^{-1})^k \big|_{k = \infty} = 0$时，得

$$H(z) = \sum_{i=1}^{N} \frac{A_i}{1 - e^{s_i T} z^{-1}} \tag{4.3.5}$$

(4.3.5)式就是脉冲响应不变法的变换结果。将它与(4.3.1)式比较可以看出：

(1) S平面上的单阶极点$s = s_i$变换到Z平面上是极点：

$$z = e^{s_i T} \tag{4.3.6}$$

(2) $H_a(s)$与$H(z)$中部分分式所对应的系数不变。

(3) 这种$H_a(s)$到$H(z)$的对应变换关系，只有将$H_a(s)$表达为部分分式形式才成立。

2. 稳定性分析

如果模拟滤波器是稳定的，则所有极点s_i都在S左半平面，即$\mathrm{Re}[s_i] < 0$，那么变换后为

$$|z_i| = |e^{s_i T}| = e^{\mathrm{Re}(s_i) T} < 1$$

因此，$H(z)$的极点也都在单位圆以内，即数字滤波器保持稳定。

3. 频率映射关系

$h_a(t)$经理想采样后的拉氏变换为

$$\hat{H}_a(s) = \int_{-\infty}^{\infty} \left[h_a(t) \sum_{n=-\infty}^{\infty} \delta(t-nT) \right] e^{-st} \, dt$$

$$= \sum_{n=-\infty}^{\infty} \int_{-\infty}^{\infty} h_a(t) \delta(t-nT) e^{-st} \, dt$$

$$= \sum_{n=-\infty}^{\infty} h_a(nT) e^{-nsT} = \sum_{n=-\infty}^{\infty} h(n) e^{-nsT} \tag{4.3.7}$$

可见 S 平面与 Z 平面的映射关系为：$z = e^{sT}$。这表明，采用脉冲响应不变法将模拟滤波器变换为数字滤波器时，它所完成的 S 平面到 Z 平面的变换，正是以前所讨论的拉氏变换到 Z 变换的标准变换关系，即：

（1）首先对 $H_a(s)$ 作周期延拓，得到 $\hat{H}_a(s)$；

（2）然后经映射关系 $z = e^{sT}$ 映射到 Z 平面上。

令 $z = re^{j(\omega-2\pi M)}$，其中 M 为任意的整数，$s = \sigma + j\Omega$，因此有

$$z = e^{sT} = e^{(\sigma+j\Omega)T}$$

则

$$r = e^{\sigma T}, \quad \omega - 2\pi M = \Omega T$$

讨论：

（1）当 $\sigma = 0$ 时，$r = 1$，表明 S 平面上的虚轴映射为 Z 平面的单位圆；

（2）当 $\sigma < 0$ 时，$r < 1$，而当 $\sigma > 0$ 时，$r > 1$，表明 S 平面上的左半平面映射为 Z 平面的单位圆内部，S 平面上的右半平面映射为 Z 平面的单位圆外部。

（3）由于 $\omega = 2\pi M + \Omega T$，当 ω 在 $0 \sim \pm\pi$ 内变化时，Ω 的对应值为 $0 \sim \pm\pi/T$，表明 S 平面上每一条横带 $2\pi/T$，都将重叠地映射到 Z 平面的整个平面上。每一横带的左半部分映射到 Z 平面单位圆以内，每一横带的右半部分映射到 Z 平面单位圆以外，$j\Omega$ 轴上每一段 $2\pi/T$，都对应于绕单位圆一周，如图 4.3.1 所示。

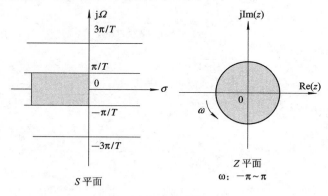

图 4.3.1　脉冲响应不变法的映射关系

4. 频率响应分析

变换后，数字滤波器的频响并不是简单地重现模拟滤波器的频响，而是模拟滤波器频响的周期延拓：

$$H(z)\big|_{z=e^{sT}} = \hat{H}_a(s) = \frac{1}{T} \sum_{m=-\infty}^{\infty} H_a\left(s + j\frac{2\pi m}{T}\right) \tag{4.3.8}$$

$$H(e^{j\omega}) = \frac{1}{T} \sum_{m=-\infty}^{\infty} H_a\left(j\frac{\omega + 2\pi m}{T}\right) \tag{4.3.9}$$

令 $\Omega_s = \dfrac{2\pi}{T}$，如果模拟滤波器的频响带限于折叠频率 $\dfrac{\Omega_s}{2}$ 以内，即，当 $|\Omega| \geqslant \dfrac{\Omega_s}{2}$ 时，$H_a(j\Omega) = 0$。这时数字滤波器一个周期的频响为

$$H(e^{j\omega}) = \frac{1}{T} H_a\left(j\frac{\omega}{T}\right) \quad |\omega| < \pi \tag{4.3.10}$$

由式(4.3.10)可见：如果变换乘以增益 T，则数字滤波器一个周期的频响不失真地重现模拟滤波器的频响。

当然任何一个实际的模拟滤波器，其频响都不可能是真正带限的，因此不可避免地存在频谱的交叠，即混淆，如图 4.3.2 所示。

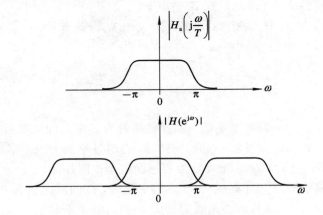

图 4.3.2　脉冲响应不变法的频响混淆

【例 4.3.1】　将一个具有如下传递函数的模拟滤波器变换为数字滤波器：

$$H(s) = \frac{2}{(s+1)(s+3)}$$

解　由 $H(s) = \dfrac{2}{(s+1)(s+3)} = \dfrac{1}{s+1} - \dfrac{1}{s+3}$，可得

$$H(z) = \frac{1}{1 - z^{-1}e^{-T}} - \frac{1}{1 - z^{-1}e^{-3T}} = \frac{z^{-1}(e^{-T} - e^{-3T})}{1 - z^{-1}(e^{-T} + e^{-3T}) + e^{-4T}z^{-2}}$$

当 $T = 1$ 时，有

$$H(z) = \frac{z^{-1}(e^{-1} - e^{-3})}{1 - z^{-1}(e^{-1} + e^{-3}) + e^{-4}z^{-2}}$$

$$= \frac{0.318z^{-1}}{1 - 0.4177z^{-1} + 0.0183z^{-2}}$$

模拟滤波器的频率响应为

$$H_a(j\Omega) = H(s)\Big|_{s=j\Omega} = \frac{2}{(j\Omega + 1)(j\Omega + 3)} = \frac{2}{(3 - \Omega^2) + j4\Omega}$$

数字滤波器的频率响应为

$$H(e^{j\omega}) = H(z)\Big|_{z=e^{j\omega}} = \frac{(e^{-T} - e^{-3T})e^{-j\omega}}{1 - (e^{-T} + e^{-3T})e^{-j\omega} + e^{-4T}e^{-j2\omega}}$$

图 4.3.3 中的上图为模拟滤波器的幅度频率特性曲线；图 4.3.3 中的下图分别给出采样频率为 3 Hz、6 Hz、12 Hz 时，采用脉冲响应不变法变换的数字滤波器的幅频特性曲线。由图可见，采样频率越高，混叠越小。

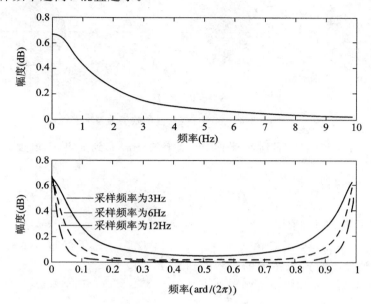

图 4.3.3 脉冲响应不变法的幅频特性

5. 脉冲响应不变法的特点

脉冲响应不变法的一个重要优点是频率变换是线性的，即 $\omega = \Omega T$，ω 与 Ω 是线性关系。因此，如果模拟滤波器的频响带限于折叠频率以内的话，则通过变换后数字滤波器的频响可不失真地反映原响应与频率的关系。另一个优点是，如果 $H_a(s)$ 是稳定的，即其极点在 S 左半平面，则映射后得到的 $H(z)$ 也是稳定的。

脉冲响应不变法的最大缺点是：有频谱周期延拓效应，会产生频率混叠，因此只能用于带限的频响特性，如衰减特性很好的低通或带通滤波器。至于高通和带阻滤波器，由于它们在高频部分不衰减，因此将产生严重混叠。虽然可增加一个保护滤波器，再用脉冲响应不变法转换为数字滤波器，但是这会增加设计的复杂性和滤波器阶数。因此，脉冲响应不变法只有在一定要满足频率线性关系或严格要求保持瞬态响应时才采用。

4.3.2 双线性变换法

1. 变换关系

脉冲响应不变法的主要缺点是频谱交叠产生的混叠，这是从 S 平面到 Z 平面的标准变换 $z = e^{sT}$ 的多值对应关系导致的。为了克服这一缺点，设想将变换分为两步：

第一步：将整个 S 平面压缩到 S_1 平面的一条横带里；

第二步：通过标准变换关系将此横带变换到整个 Z 平面上去。

这种映射关系如图 4.3.4 所示，由此建立 S 平面与 Z 平面一一对应的单值关系，消除多值性，也就消除了混叠现象。下面讨论这种变换关系。

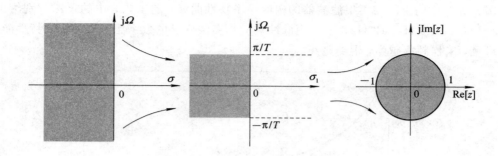

图 4.3.4　双线性变换法的映射关系

为了将 S 平面的 $j\Omega$ 轴压缩到 S_1 平面 $j\Omega_1$ 轴上的 $-\pi/T$ 到 π/T 一段上，可通过以下的正切变换实现：

$$\Omega = C \cdot \tan\left(\frac{\Omega_1 T}{2}\right) \tag{4.3.11}$$

式中：C 为任意常数，通常取 $C = 2/T$。

经过这样的频率变换，当 Ω 由 $-\infty \to 0 \to \infty$ 时，Ω_1 由 $-\pi/T$ 经过 0 变化到 π/T，即 S 平面的整个 $j\Omega$ 轴被压缩到 S_1 平面的 $-\pi/T$ 到 π/T 一段上。

将这一关系解析，并利用标准映射关系映射至整个 S 平面，则得到 S_1 平面到 S 平面的映射关系：

$$s = C \cdot \tanh\left(\frac{s_1 T}{2}\right) = c \cdot \frac{1 - e^{-s_1 T}}{1 + e^{-s_1 T}}$$

令 $z = e^{s_1 T}$，得

$$s = \frac{2}{T} \cdot \frac{1 - z^{-1}}{1 + z^{-1}} \tag{4.3.12}$$

对 z 求解，得

$$z = \frac{1 + (T/2)s}{1 - (T/2)s} \tag{4.3.13}$$

式(4.3.12)和式(4.3.13)表明，从 S 平面到 Z 平面之间的映射关系都为一一对应的线性变换关系，因此该变换称为双线性变换。同时，由式(4.3.13)可以看出，当 S 的实部为负时，变换后的 Z 小于 1，即 S 左半平面映射在单位圆内；相反，当 S 的实部为正时，变换后的 Z 大于 1，S 右半平面映射在单位圆外。因此，稳定的模拟滤波器通过双线性变换后，所得到的数字滤波器也是稳定的。

以下讨论模拟频率与数字频率的关系，把 $z = e^{+j\omega}$ 代入式(4.3.12)得

$$s = \frac{2}{T} \frac{1 - e^{-j\omega}}{1 + e^{-j\omega}} = \frac{2}{T} \frac{j \sin(\omega/2)}{\cos(\omega/2)} = \frac{2}{T} j \tan\left(\frac{\omega}{2}\right) = j\Omega$$

$$\Omega = \frac{2}{T} \tan(\omega/2) \tag{4.3.14}$$

这种变换关系如图 4.3.5 所示，由图可见，S 平面的虚轴(整个 $j\Omega$)对应于 Z 平面单位圆的一周，S 平面的 $\Omega = 0$ 处对应于 Z 平面的 $\omega = 0$ 处，对应的数字滤波器的频率响应终止于折叠频率处，所以双线性变换不存在混叠效应。

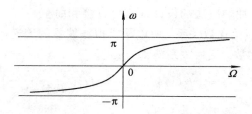

图 4.3.5　双线性变换的模拟频率与数字频率关系曲线

2. 特点

双线性变换有以下特点:

(1) S 平面与 Z 平面是单值的一一对应关系,即整个 $\mathrm{j}\Omega$ 轴单值对应于单位圆一周,不存在频率混叠。

(2) 模拟域频率(Ω)与数字域频率(ω)之间的变换呈非线性关系,如图 4.3.6 所示。这将导致如下问题:

① 数字滤波器的幅频响应相对于模拟滤波器的幅频响应有畸变。例如,一个模拟微分器 $H(\mathrm{j}\Omega)=k\Omega+b$,它的幅度与频率是直线关系。通过双线性变换后,得到的是:

$$H(\mathrm{e}^{\mathrm{j}\omega}) = H(\mathrm{j}\Omega)\big|_{\Omega=\tan\frac{\omega}{2}} = k\tan\frac{\omega}{2}+b$$

可以看出,变换后得到的就不是数字微分器了。

② 线性相位模拟滤波器经双线性变换后,得到的数字滤波器为非线性相位的。

③ 要求滤波器的幅频响应必须是分段恒定的,故双线性变换只能用于设计低通、高通、带通、带阻等选频滤波器。

④ 设计时需要预畸变。例如:图 4.3.7 中数字带通滤波器的边界频率点,需要按照式(4.3.15)预畸变成模拟带通滤波器的边界频率点。这样,利用这组指标设计模拟带通滤波器做双线性变换,就可得到所要设计的数字带通滤波器,即

$$\Omega_i = \frac{2}{T}\tan\left(\frac{\omega_i}{2}\right) \tag{4.3.15}$$

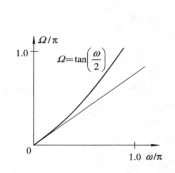

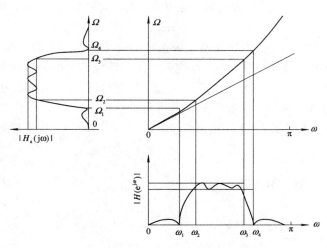

图 4.3.6　双线性变换的频率非线性关系　　　图 4.3.7　双线性变换时频率的预畸变

（3）双线性变换比脉冲响应法的设计计算更直接和简单。

由于 S 与 Z 之间的简单代数关系，所以从模拟滤波器的传递函数可直接通过代数置换得到数字滤波器的系统函数。变换关系式如下：

$$H(z) = H_a(s)\Big|_{s=\frac{2}{T}\frac{1-z^{-1}}{1+z^{-1}}} = H_a\left(\frac{2}{T}\frac{1-z^{-1}}{1+z^{-1}}\right) \tag{4.3.16}$$

$$H(e^{j\omega}) = H_a(j\Omega)\Big|_{\Omega=\frac{2}{T}\tan\frac{\omega}{2}} = H_a\left(j\frac{2}{T}\tan\frac{\omega}{2}\right) \tag{4.3.17}$$

【例 4.3.2】 设有一模拟滤波器：

$$H_a(s) = \frac{1}{s^2 + s + 1}$$

试用双线性变换法将它转变为数字系统函数 $H(z)$，设采样周期 $T = 2$。

解 由变换公式 $s = c \cdot \dfrac{1-z^{-1}}{1+z^{-1}}$ 及 $c = \dfrac{2}{T}$ 可知，当 $T = 2$ 时，

$$s = \frac{1-z^{-1}}{1+z^{-1}}$$

故

$$H(z) = H_a(s)\Big|_{s=\frac{1-z^{-1}}{1+z^{-1}}} = \frac{1}{\left(\dfrac{1-z^{-1}}{1+z^{-1}}\right)^2 + \left(\dfrac{1-z^{-1}}{1+z^{-1}}\right) + 1}$$

$$= \frac{(1+z^{-1})^2}{3+z^{-2}} = \frac{1+2z^{-1}+z^{-2}}{3+z^{-2}}$$

$$= \frac{0.3333 + 0.6667z^{-1} + 0.3333z^{-2}}{1 + 0.3333z^{-2}}$$

4.3.3 用 MATLAB 实现模拟滤波器变换到 IIR 数字滤波器

impinvar 为脉冲响应不变法的 MATLAB 变换函数，其语句格式为

    [BZ, AZ] = impinvar(B, A, Fs)

bilinear 为双线性变换法的 MATLAB 变换函数，其语句格式为

    [BZ, AZ] = bilinear(B, A, Fs)

其中：B 为模拟滤波器系统函数的分子多项式系数矢量，A 为模拟滤波器系统函数的分母多项式系数矢量，BZ 为数字滤波器系统函数的分子多项式系数矢量，AZ 为数字滤波器系统函数的分母多项式系数矢量，Fs 为采样频率（单位为 Hz）。注意：多项式系数矢量是阶数高的在前、阶数低的在后进行排列的。

【例 4.3.3】 用 MATLAB 实现例 4.3.1，设采样频率为 1 Hz。

$$H(s) = \frac{2}{(s+1)(s+3)}$$

解 MATLAB 代码为

    b=2; a=[1 4 3]; Fs=1;

    [bz, az]=impinvar(b, a, Fs);

程序运行结果：

    bz =[0   0.3181]

$$az = \begin{bmatrix} 1.0000 & -0.4177 & 0.0183 \end{bmatrix}$$

程序运行结果与例 4.3.1 的计算结果一致。

【例 4.3.4】 用 MATLAB 实现例 4.3.2。

解 MATLAB 代码为

b=1; a=[1 1 1]; Fs=0.5;

[bz, az]=bilinear(b, a, Fs);

程序运行结果:

$$bz = \begin{bmatrix} 0.3333 & 0.6667 & 0.3333 \end{bmatrix}$$

$$az = \begin{bmatrix} 1.0000 & 0.0000 & 0.3333 \end{bmatrix}$$

可见,程序运行结果与例 4.3.2 的计算结果一致。

4.4 从模拟低通原型到各种数字滤波器的频率变换

从模拟滤波器的设计我们知道,各种类型的模拟滤波器都可由低通变换而来,则设计各种类型的数字滤波器也可以从模拟滤波器低通原型变换得到。如图 4.4.1 所示,由模拟归一化低通原型滤波器经过模拟频带变换成所需类型的模拟滤波器,再经过脉冲响应不变法或双线性变换法变换为所需类型的数字滤波器,中间经过两步变换,还可进一步优化成一步变换,直接从模拟低通归一化原型通过一定的频率变换关系,完成各类数字滤波器的设计。

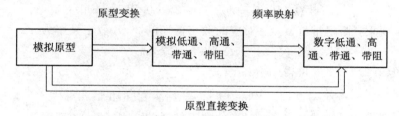

图 4.4.1 IIR 数字滤波器的频率变换

下面举例讨论应用模拟滤波器低通原型设计各种数字滤波器的基本方法,着重讨论双线性变换法。

4.4.1 数字低通滤波器设计

通过模拟低通原型设计数字低通滤波器的步骤如下:

(1) 确定数字滤波器的技术指标,即确定各临界(边界)频率$\{\omega_k\}$、通带和阻带衰减。

(2) 由变换关系将$\{\omega_k\}$映射到模拟域,得出模拟低通滤波器的临界频率值$\{\Omega_k\}$。

(3) 根据$\{\Omega_k\}$设计模拟滤波器的 $H_a(s)$。

(4) 把 $H_a(s)$ 变换成 $H(z)$(数字滤波器系统函数)。变换方法有两种:脉冲响应不变法和双线性变换法,下面举例说明。

【例 4.4.1】 设采样周期 $T=250 \mu s(f_s=4 \text{ kHz})$,已知数字低通滤波器通带截止频率 $f_p=0.5 \text{ kHz}$,通带最大衰减 $\delta=2 \text{ dB}$,阻带截止频率 $f_r=1.2 \text{ kHz}$,阻带最小衰减 $At=20 \text{ dB}$,试采用巴特沃斯模型设计该数字低通滤波器。

解法一：脉冲响应不变法

（1）确定数字滤波器的技术指标。

$\omega_p = 2\pi f_p T = 0.25\pi$，通带最大衰减 $\delta = 2$ dB；

$\omega_r = 2\pi f_r T = 0.6\pi$，阻带最小衰减 $At = 20$ dB。

（2）由于脉冲响应不变法的频率变换关系是 $\omega = \Omega T$，有 $\Omega = \omega/T$，所以相应的模拟滤波器的指标为：

$\Omega_p = 2\pi f_p T/T = 1$ kπ，通带最大衰减 $\delta = 2$ dB；

$\Omega_r = 2\pi f_r = 2.4$ kπ，阻带最小衰减 $At = 20$ dB。

（3）设计巴特沃兹低通滤波器。

$$k_{sp} = \sqrt{\frac{10^{0.1\delta} - 1}{10^{0.1At} - 1}} = 0.0769$$

$$\lambda_{sp} = \frac{\Omega_p}{\Omega_r} = \frac{f_p}{f_r} = 0.4167$$

$N = \dfrac{\lg k_{sp}}{\lg \lambda_{sp}} = 2.93$。因此，取 $N = 3$。查表 4.2.2 可得模拟低通原型滤波器的传输函数：

$$H_a(s) = \frac{1}{1 + 2s + 2s^2 + s^3}$$

求 3 dB 截止频率 Ω_c。如果按照（4.2.20）式，可得

$$\Omega_c = \Omega_p(10^{0.1\delta} - 1)^{-\frac{1}{2N}} = 2\pi \cdot 0.5468 \text{ krad/s}$$

通带刚好满足要求，而阻带有富余。对应的数字低通的 3 dB 截止频率为

$$\omega_c = \Omega_c T = 0.2734\pi$$

如果按照（4.2.21）式，可得

$$\Omega_c = \Omega_r(10^{0.1At} - 1)^{-\frac{1}{2N}} = 2\pi \cdot 0.5579 \text{ krad/s}$$

阻带刚好满足要求，而通带有富余。对应的数字低通的 3 dB 截止频率为
$\omega_c = \Omega_c T = 0.279\pi$。以下计算取：$\omega_c = 0.279\pi = 0.8765$。

以截止频率 Ω_c 进行去归一化，得模拟低通滤波器的传递函数为

$$H_a(s) = \frac{1}{1 + 2\left(\dfrac{s}{\Omega_c}\right) + 2\left(\dfrac{s}{\Omega_c}\right)^2 + \left(\dfrac{s}{\Omega_c}\right)^3}$$

（4）为进行脉冲响应不变法变换，将上式进行部分分式展开：

$$H_a(s) = \frac{\Omega_c}{s + \Omega_c} + \frac{-\dfrac{\Omega_c}{\sqrt{3}e^{j\pi/6}}}{s + \dfrac{\Omega_c(1 - j\sqrt{3})}{2}} + \frac{-\dfrac{\Omega_c}{\sqrt{3}e^{-j\pi/6}}}{s + \dfrac{\Omega_c(1 + j\sqrt{3})}{2}}$$

$$A_1 = \Omega_c, \ s_1 = -\Omega_c; \ A_2 = -\frac{\Omega_c}{\sqrt{3}e^{j\pi/6}}, \ s_2 = -\frac{\Omega_c(1 - j\sqrt{3})}{2}$$

$$A_3 = -\frac{\Omega_c}{\sqrt{3}e^{-j\pi/6}}, \ s_3 = -\frac{\Omega_c(1 + j\sqrt{3})}{2}$$

则

$$H(z) = \sum_{i=1}^{N} \frac{A_i}{1 - e^{s_i T} z^{-1}}$$

并将 $\Omega_c = \omega_c / T$ 代入，得

$$H(z) = \frac{\omega_c / T}{1 - e^{-\omega_c} z^{-1}} + \frac{-(\omega_c / \sqrt{3} T) e^{j\pi/6}}{1 - e^{-\omega_c(1 - j\sqrt{3})/2} z^{-1}} + \frac{-(\omega_c / \sqrt{3} T) e^{-j\pi/6}}{1 - e^{-\omega_c(1 + j\sqrt{3})/2} z^{-1}}$$

$$= \frac{1}{T} \left[\frac{\omega_c}{1 - e^{-\omega_c} z^{-1}} + \frac{-(\omega_c / \sqrt{3}) e^{j\pi/6}}{1 - e^{-\omega_c(1 - j\sqrt{3})/2} z^{-1}} + \frac{-(\omega_c / \sqrt{3}) e^{-j\pi/6}}{1 - e^{-\omega_c(1 + j\sqrt{3})/2} z^{-1}} \right]$$

$$= \frac{1}{T} \left[\frac{\omega_c}{1 - e^{-\omega_c} z^{-1}} + \frac{-2\left(\frac{\omega_c}{\sqrt{3}}\right) \cos(\pi/6) + 2\left(\frac{\omega_c}{\sqrt{3}}\right) e^{-\omega_c/2} \cos(\pi/6 - \omega_c \sqrt{3}/2) z^{-1}}{1 - 2e^{-\omega_c/2} \cos(\omega_c \sqrt{3}/2) z^{-1} + e^{-\omega_c} z^{-2}} \right]$$

$$H(z) = \frac{1}{T} \left(\frac{0.8765}{1 - 0.4162 z^{-1}} + \frac{-0.8765 + 0.6349 z^{-1}}{1 - 0.9361 z^{-1} + 0.4162 z^{-2}} \right)$$

可见，$H(z)$ 与采样周期 T 有关，T 越小，$H(z)$ 的相对增益越大，这是不希望的。为此，实际应用脉冲响应不变法时稍作一点修改，即求出 $H(z)$ 后，再乘以因子 T，使 $H(z)$ 只与 f_c / f_s 有关，即只与 f_c 和 f_s 的相对值 ω_c 有关，而与采样频率 f_s 无直接关系。例如：$f_s = 4 \text{ kHz}$，$f_c = 1 \text{ kHz}$ 和 $f_s = 40 \text{ kHz}$，$f_c = 10 \text{ kHz}$ 具有相同的传递函数：

$$H(z) = \frac{0.8765}{1 - 0.4162 z^{-1}} + \frac{-0.8765 + 0.6349 z^{-1}}{1 - 0.9361 z^{-1} + 0.4162 z^{-2}}$$

这一结论适合于所有的数字滤波器设计。

解法二：双线性变换法

(1) 首先确定滤波器数字域指标，结果与脉冲响应不变法的步骤(1)相同。

(2) 确定模拟低通滤波器的技术指标。根据频率的非线性关系，进行频率预畸变。

$$\Omega_p = \frac{2}{T} \tan\left(\frac{\omega_p}{2}\right) = \frac{2}{T} \times 0.4142, \quad \text{通带最大衰减} \delta = 2 \text{ dB};$$

$$\Omega_r = \frac{2}{T} \tan\left(\frac{\omega_r}{2}\right) = \frac{2}{T} \times 1.3764, \quad \text{阻带最小衰减} At = 20 \text{ dB}.$$

(3) 设计模拟低通滤波器。

$$k_{sp} = \sqrt{\frac{10^{0.1\delta} - 1}{10^{0.1At} - 1}} = 0.0769$$

$$\lambda_{sp} = \frac{\Omega_p}{\Omega_r} = 0.3009$$

$N = \frac{\lg k_{sp}}{\lg \lambda_{sp}} = 2.1360$，因此，取 $N = 3$。

按照 (4.2.21) 式计算 3 dB 截止频率，得

$$\Omega_c = \Omega_r (10^{0.1At} - 1)^{-\frac{1}{2N}} = \frac{2}{T} \times 0.6399 \text{ krad/s}$$

查表得巴特沃兹低通原型的传递函数，并去归一化，得

$$H_a(s) = \frac{1}{1 + 2(s/\Omega_c) + 2(s/\Omega_c)^2 + (s/\Omega_c)^3}$$

(4) 进行双线性变换。由 $s = \frac{2}{T} \frac{1 - z^{-1}}{1 + z^{-1}}$，得

$$s/\Omega_c = \frac{2}{T}\left.\frac{1-z^{-1}}{1+z^{-1}}\right/\Omega_c = \frac{1-z^{-1}}{1+z^{-1}} \times 1.5627$$

代入得

$$H(z) = \cfrac{1}{1 + 2\left(\cfrac{1-z^{-1}}{1+z^{-1}} \times 1.5627\right) + 2\left(\cfrac{1-z^{-1}}{1+z^{-1}} \times 1.5627\right)^2 + \left(\cfrac{1-z^{-1}}{1+z^{-1}} \times 1.5627\right)^3}$$

$$= \cfrac{(1+z^{-1})^3}{(1+z^{-1})^3 + 2(1-z^{-1})(1+z^{-1})^2 \times 1.5627 + 2(1-z^{-1})^2(1+z^{-1}) \times 1.5627^2 + (1-z^{-1})^3 \times 1.5627^3}$$

$$= \cfrac{(1+z^{-1})^3}{12.8257 - 10.2073z^{-1} + 6.4391z^{-2} - 1.0575z^{-3}}$$

解法三：用 MATLAB 完成设计

(1) 从模拟低通原型到数字低通滤波器的设计程序如下：

```
fs=4000; Ts=1/fs;
fp=500; ap=2;
fr=1200; ar=20;
%以下用脉冲响应不变法设计
wp=2 * pi * fp/fs; wr=2 * pi * fr/fs;            % wp、wr 为数字频率
Wp=wp/Ts; Wr=wr/Ts;                              % Wp、Wr 为模拟频率
[N1, Wn] = buttord(Wp, Wr, ap, ar, 's')
[z, p, k]=buttap(N1);                            %模拟低通原型设计
b0=k * real(poly(z));
a0=real(poly(p));
[B, A]=lp2lp(b0, a0, Wn);                         %模拟低通原型变换到模拟低通滤波器
[num1, den1]=impinvar(B, A, fs);      %模拟滤波器经脉冲响应不变法变换到数字滤波器
[h1, w]=freqz(num1, den1);
%以下用双线性变换法设计
Wp=2/Ts * tan(wp/2); Wr=2/Ts * tan(wr/2);        %频率预畸变
[N2, Wn] = buttord(Wp, Wr, ap, ar, 's')
[z, p, k]=buttap(N2);
b0=k * real(poly(z));
a0=real(poly(p));
[B, A]=lp2lp(b0, a0, Wn)
[num2, den2]=bilinear(B, A, fs);      %模拟滤波器经双线性变换法变换到数字滤波器
    [h2, w]=freqz(num2, den2);
    f=w/pi * fs/2;
    figure;
    plot(f, abs(h1), '-.', f, abs(h2), '-');
    text(600, 0.66, '\leftarrow 脉冲响应不变法');
    text(880, 0.46, '\leftarrow 双线性变换法');
    grid;
    xlabel('频率/Hz')
    ylabel('幅度')
```

（2）从模拟滤波器到数字滤波器的设计程序如下：

```
fs＝4000；Ts＝1/fs；
fp＝500；ap＝2；
fr＝1200；ar＝20；
％以下用脉冲响应不变法设计
wp＝2 * pi * fp/fs；wr＝2 * pi * fr/fs；％wp、wr 为数字频率
Wp＝wp/Ts；Wr＝wr/Ts；％Wp、Wr 为模拟频率
[N1, fn] = buttord(Wp, Wr, ap, ar, 's')
[B, A]＝butter(N1, fn, 's')
[num1, den1]＝impinvar(B, A, fs);
[h1, w]＝freqz(num1, den1);
％以下用双线性变换法设计
Wp＝2/Ts * tan(wp/2)；Wr＝2/Ts * tan(wr/2);
[N2, fn] = buttord(Wp, Wr, ap, ar, 's')
[B, A]＝butter(N2, fn, 's')
[num2, den2]＝bilinear(B, A, fs);
    [h2, w]＝freqz(num2, den2);
    f＝w/pi * fs/2;
    figure;
    plot(f, abs(h1), '−.', f, abs(h2), '−');
    text(600, 0.66, '\leftarrow 脉冲响应不变法');
    text(880, 0.46, '\leftarrow 双线性变换法');
    grid;
    xlabel('频率/Hz')
    ylabel('幅度')
```

程序运行结果如图 4.4.2 所示。图中：点画线为脉冲响应不变法的设计结果，实线为双线性变换法的设计结果。由图可见，在折叠频率处，脉冲响应不变法不归零，存在频率混叠；双线性变换法归零，不存在频率混叠。阻带截止频率 $f_r＝1.2$ kHz 处衰减为 20 dB，通带指标有富余。因此，设计结果满足指标要求。

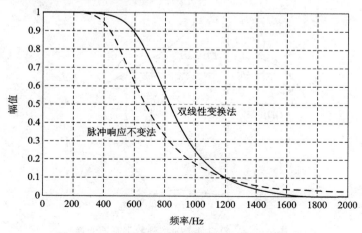

图 4.4.2　巴特沃兹低通数字滤波器的频率响应

4.4.2 数字高通滤波器设计

由于脉冲响应不变法存在频率混叠，因此设计高通数字滤波器时，只能采用双线性变换法。在模拟高通滤波器的设计中，低通至高通的变换是 s 变量的倒置，将这一关系应用于双线性变换，则从模拟低通到数字高通的变换，只要将双线性变换式中的 s 代之以 $1/s$，就可得到模拟低通到数字高通滤波器的变换关系式，即

$$s = \frac{T}{2} \frac{1+z^{-1}}{1-z^{-1}} \tag{4.4.1}$$

由于倒数关系不改变模拟滤波器的稳定性，因此也不会影响双线变换后的稳定条件，而且 $j\Omega$ 轴仍映射在单位圆上，只是方向颠倒了。令 $z = e^{j\omega}$，将它代入式（4.4.1），得

$$s = \frac{T}{2} \frac{1+e^{-j\omega}}{1-e^{-j\omega}} = -\frac{T}{2} j \cot\left(\frac{\omega}{2}\right) = j\Omega$$

由此可得

$$\Omega = -\frac{T}{2}\cot\left(\frac{\omega}{2}\right) \tag{4.4.2}$$

式（4.4.2）即为高通数字频率到低通模拟频率的频率变换关系，其曲线如图 4.4.3 所示。由图可以看出，$\omega = \pi$（即 $z = -1$）变换为 $\Omega = 0$，而 $\omega = 0（z = 1）$变换为 $\Omega = \infty$。这一曲线的形状与双线性变换时的频率非线性关系曲线相对应，只是将坐标倒置，因而通过这一变换可直接将模拟低通变为数字高通，如图 4.4.4 所示。

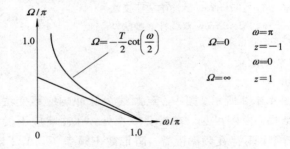

图 4.4.3　高通变换频率关系

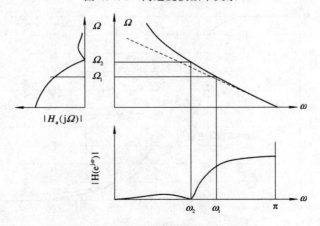

图 4.4.4　模拟低通原型到数字高通变换

必须注意：所谓高通数字滤波器，并不是 ω 高到 ∞。由于数字频域存在折叠频率，对于实数响应的数字滤波器，ω 由 $\pi\sim0$ 和 ω 由 $\pi\sim2\pi$ 是镜像部分，因此，有效的数字域仅是 $\omega=0\sim\pi$，高通也仅指这一段的高端。

高通变换的设计步骤和低通变换一样，但在确定模拟低通原型预畸变的临界频率时，应采用式(4.4.3)，双线性变换时采用式(4.4.1)，

$$\Omega_k=\frac{T}{2}\cot\left(\frac{\omega_k}{2}\right) \tag{4.4.3}$$

【例 4.4.2】 设计一数字高通滤波器，它的通带为 $0.6\sim1$ kHz($f_s=2$ kHz)，通带允许波动 0.5 dB，阻带衰减在 400 Hz 的频带内至少为 20 dB。

解法一：利用切比雪夫滤波器模型的双线性变换设计

(1) 确定数字高通滤波器的技术指标。

$\omega_p=2\pi f_p T=\dfrac{2\pi\times600}{2000}=0.6\pi$，通带允许波动 $\delta=0.5$ dB；

$\omega_r=2\pi f_r T=\dfrac{2\pi\times400}{2000}=0.4\pi$，阻带最小衰减 $At=20$ dB。

(2) 通过预畸变模拟边界频率，确定模拟低通原型指标。

$\Omega_p=\dfrac{T}{2}\cot\left(\dfrac{0.6\pi}{2}\right)=\dfrac{T}{2}\times0.7265$，通带允许波动 $\delta=0.5$ dB；

$\Omega_r=\dfrac{T}{2}\cot\left(\dfrac{0.4\pi}{2}\right)=\dfrac{T}{2}\times1.3764$，阻带最小衰减 $At=20$ dB。

(3) 设计切比雪夫模拟低通滤波器。由 $\delta=0.5$ dB，可得

$$\varepsilon^2=10^{0.1\delta}-1=0.122\,018\,4,\ \varepsilon=0.3493$$

又 $10\lg\dfrac{1}{A^2}=-At(\mathrm{dB})$，得

$$A^2=10^{2.0}=100$$

因此有

$$N\geqslant\frac{\cosh^{-1}\left(\sqrt{A^2-1}/\varepsilon\right)}{\cosh^{-1}\left(\Omega_r/\Omega_p\right)}=3.2239$$

则最小的滤波器阶数 $N=4$。可以通过查表得模拟低通原型，再去归一化可得模拟低通滤波器。但是计算相当麻烦，可直接用 MATLAB 编程设计，程序代码如下：

```
fs=2000; Ts=1/fs;
fp=600; ap=0.5;
fr=400; ar=20;
wp=2*pi*fp*Ts; wr=2*pi*fr*Ts;        %wp、wr 为高通的数字频率
Wp=Ts/2*cot(wp/2)                    %Wp、Wr 为预畸变后的模拟低通频率
Wr=Ts/2*cot(wr/2)
[N,Wn]=cheb1ord(Wp,Wr,ap,ar,'s');    %计算低通的阶数、截止频率
[z,p,k]=cheb1ap(N,ap);               %模拟低通原型设计
b0=k*real(poly(z));
a0=real(poly(p));
[B,A]=lp2lp(b0,a0,Wn);               %低通原型转换为模拟低通
```

上面最后 4 条命令可用下面 1 条直接模拟滤波器设计命令代替：

$$[B, A] = \text{cheby1}(N, ap, Wn, 'low', 's')$$

程序运行结果为

$$B = \{0, 0, 0, 0, 2.55259186940693 \times 10^{13}\}$$

$$A = \{1, 3.4798 \times 10^3, 1.45003510 \times 10^7, 2.51698032358 \times 10^{10}, 2.70384244652655 \times 10^{13}\}$$

模拟低通滤波器为

$$H_a(s) = \frac{2.5526 \times 10^{13}}{s^4 + 3.4798 \times 10^3 s^3 + 1.45 \times 10^7 s^2 + 2.517 \times 10^{10} s + 2.7038 \times 10^{13}}$$

（4）利用式（4.4.1）将它变换为数字滤波器。

$$H(z) = \frac{2.5526 \times 10^{13}}{\left(\frac{T}{2}\frac{1+z^{-1}}{1-z^{-1}}\right)^4 + 3.4798 \times 10^3 \left(\frac{T}{2}\frac{1+z^{-1}}{1-z^{-1}}\right)^3 + 1.45 \times 10^7 \left(\frac{T}{2}\frac{1+z^{-1}}{1-z^{-1}}\right)^2 + 2.517 \times 10^{10}\left(\frac{T}{2}\frac{1+z^{-1}}{1-z^{-1}}\right) + 2.7038 \times 10^{13}}$$

计算还是相当复杂。

解法二：直接使用 MATLAB 设计

设计思路：先设计模拟高通，再变换为数字高通滤波器。程序代码如下：

```
%数字高通滤波器
fs=2000；Ts=1/fs；
fp=600；ap=0.5；
fr=400；ar=20；
wp=2*pi*fp*Ts；wr=2*pi*fr*Ts；
Wp=2/Ts*tan(wp/2)；Wr=2/Ts*tan(wr/2)；   %根据双线性变换预畸变模拟频率
[N，wn]=cheb1ord(Wp，Wr，ap，ar，'s')；
[B，A]=cheby1(N，ap，wn，'high'，'s')；       %直接设计模拟高通滤波器
[num，den]=bilinear(B，A，fs)；              %模拟高通滤波器经双线性变换到数字高通
[h，w]=freqz(num，den)；                     %求数字滤波器的频率响应
f=w/(2*pi)*fs；
plot(f，20*log10(abs(h)))；
axis([0，fs/2，-80，10])；
grid；
xlabel('频率/Hz')；
ylabel('幅度/dB')；
```

程序运行结果为

Num=[0.03044487003703，-0.12177948014812，0.18266922022218，-0.12177948014812，0.03044487003703]

den=[1，1.38342127667873，1.47205853973165，0.80124615697508，0.22859036591035]

则系统函数为

$$H(z) = \frac{0.0304 - 0.1218z^{-1} + 0.1827z^{-2} - 0.1218z^{-3} + 0.0304z^{-4}}{1 + 1.3834z^{-1} + 1.4721z^{-2} + 0.8012z^{-3} + 0.2286z^{-4}}$$

对系统进行频率特性分析，结果如图 4.4.5 所示，由图可见，通带截止频率 $f_r =$ 600 Hz 处衰减小于 0.5 dB，阻带截止频率 $f_r = 400$ Hz 处衰减大于 20 dB，指标有富余。因此，设计结果满足指标要求。

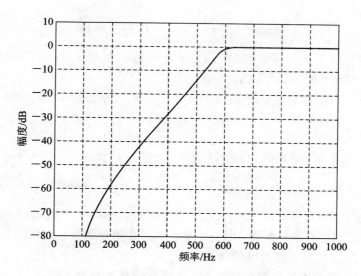

图 4.4.5　切比雪夫数字高通滤波器

4.4.3　数字带通滤波器设计

如图 4.4.6 所示，如果数字带通滤波器的中心频率为 ω_0，则带通变换要实现的是：将模拟低通滤波器的 $\Omega=0$ 映射到数字带通滤波器的 $\pm\omega_0$，Ω 从 $-\infty\sim\infty$ 映射到数字带通滤波器的 ω 从 $0\sim\omega_0\sim\pi$，Ω 从 $-\infty\sim\infty$ 同时也映射到数字带通滤波器的 ω 从 $-\pi\sim-\omega_0\sim0$。这种映射关系的实质是：将 S 平面的原点映射到 $z=e^{\pm j\omega_0}$，$s=\pm j\infty$ 映射到 $z=\pm1$，满足这一要求的变换为

$$s=\frac{(z-e^{j\omega_0})(z-e^{-j\omega_0})}{(z-1)(z+1)}=\frac{z^2-2z\cos\omega_0+1}{z^2-1} \tag{4.4.4}$$

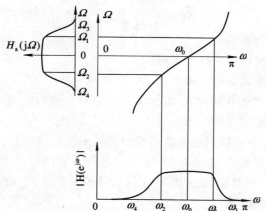

图 4.4.6　带通原型变换

下面推导数字频率与模拟频率的关系。令 $z=e^{j\omega}$，得

$$s=\frac{e^{j2\omega}-2e^{j\omega}\cos\omega_0+1}{e^{j2\omega}-1}=\frac{(e^{j\omega}+e^{-j\omega})-2\cos\omega_0}{e^{j\omega}-e^{-j\omega}}=j\frac{\cos\omega_0-\cos\omega}{\sin\omega}$$

所以

$$\Omega = \frac{\cos\omega_0 - \cos\omega}{\sin\omega} \qquad (4.4.5)$$

其曲线正好如图 4.4.6 所示。图中，$\Omega = 0$ 点正好映射在 $\omega = \omega_0$ 上，而 $\Omega = \pm\infty$ 映射在 $\omega = 0$、π 两端。因此，满足带通变换的要求。

下面讨论该变换的稳定性。设 $z = r \geq 0$，r 为实数，代入式(4.4.4)，得

$$s = \frac{r^2 - 2r\cos\omega_0 + 1}{r^2 - 1}$$

由于上式完全是实数，即映射在 S 平面的 σ 轴上，因此

$$\sigma = \frac{r^2 + 1 - 2r\cos\omega_0}{r^2 - 1} = \frac{(r-1)^2 + 2r(1-\cos\omega_0)}{r^2 - 1}$$

由于 $(r-1)^2 + 2r(1-\cos\omega_0) \geq 0$，所以，当 $r < 1$ 时，$\sigma < 0$；而当 $r \geq 1$ 时，$\sigma > 0$。由此证明了，S 左半平面映射在单位圆内，而右半平面映射在单位圆外。因此，这种变换关系是稳定的变换关系，可用它来完成带通的变换。

由于带通滤波器的边界频率包括：上、下通带的截止频率 ω_1、ω_2，上、下阻带的截止频率 ω_3、ω_4，根据图 4.4.6 所示的带通变换的映射关系和式(4.4.5)，可以得到以下关系：

$$\Omega_1 = \frac{\cos\omega_0 - \cos\omega_1}{\sin\omega_1} \qquad (4.4.6)$$

$$\Omega_2 = \frac{\cos\omega_0 - \cos\omega_2}{\sin\omega_2} \qquad (4.4.7)$$

再由 $\Omega_1 = -\Omega_2$ 可以导出：

$$\cos\omega_0 = \frac{\sin(\omega_1 + \omega_2)}{\sin\omega_1 + \sin\omega_2} = \frac{\cos\left(\dfrac{\omega_1 + \omega_2}{2}\right)}{\cos\left(\dfrac{\omega_1 - \omega_2}{2}\right)} \qquad (4.4.8)$$

$$\Omega_3 = \frac{\cos\omega_0 - \cos\omega_3}{\sin\omega_3} \qquad (4.4.9)$$

由此可知带通数字滤波器的设计步骤为：

(1) 确定带通数字滤波器的技术指标。

(2) 确定模拟低通滤波器的技术指标。根据式(4.4.8)、式(4.4.6)、式(4.4.9)计算得到模拟低通滤波器的通带截止频率为 $\Omega_p = \Omega_1$ 和阻带截止频率为 $\Omega_r = \Omega_3$。

(3) 设计相应的模拟低通滤波器。

(4) 利用式(4.4.4)将模拟低通滤波器变换为数字带通滤波器。

【例 4.4.3】 设采样频率 $f_s = 400$ kHz，试设计一个巴特沃兹带通数字滤波器，其技术指标满足：3 dB 上、下通带截止频率分别为 110 kHz、90 kHz，上阻带截止频率为 120 kHz，阻带最小衰减 10 dB。

解法一：

(1) 确定带通数字滤波器的技术指标。根据题目假设所要设计的数字带通滤波器的特性如图 4.4.7 所示，图中 $f_1 = 90$ kHz，$f_2 = 110$ kHz，$f_3 = 120$ kHz，则其数字频域的上、下通带的截止频率为：

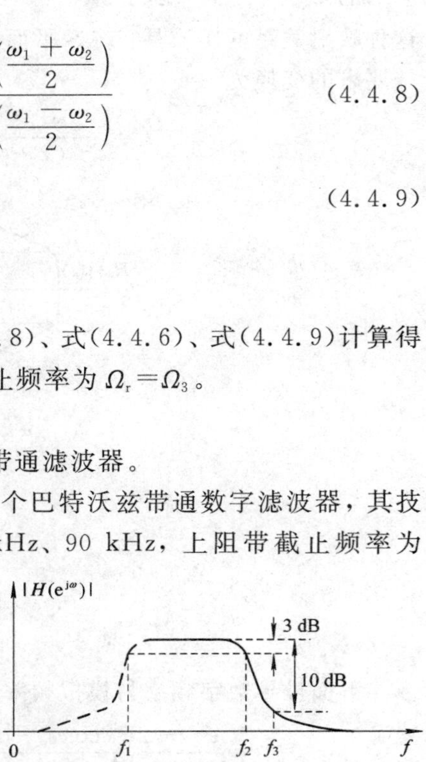

图 4.4.7 带通滤波器指标要求

$$\omega_1 = \frac{2\pi f_2}{f_s} = 0.45\,\pi, \quad \omega_2 = \frac{2\pi f_1}{f_s} = 0.55\,\pi, \quad \omega_3 = \frac{2\pi f_3}{f_s} = 0.6\,\pi$$

（2）计算模拟低通滤波器的边界频率。由式(4.4.8)得：

$$\cos\omega_0 = \frac{\sin(0.45\pi + 0.55\pi)}{\sin 0.45\pi + \sin 0.55\pi} = 0$$

因此

$$\omega_0 = 0.5\pi$$

模拟低通的通带截止频率与阻带边界频率为

$$\Omega_c = \frac{\cos 0.5\pi - \cos 0.55\pi}{\sin 0.55\pi} = 0.158\,38$$

$$\Omega_r = \frac{\cos 0.5\pi - \cos 0.6\pi}{\sin 0.6\pi} = 0.324\,92$$

（3）设计模拟低通滤波器。

因为从 Ω_c 到 Ω_r 频率增加了约 1.05 倍，衰减增加了(10－3)＝7 dB，故选用二阶巴特沃兹滤波器就可满足指标要求。查表得低通原型为

$$H_a(p) = \frac{1}{p^2 + \sqrt{2}\,p + 1}$$

去归一化得

$$H_a(s) = \frac{1}{(s/\Omega_c)^2 + \sqrt{2}\,(s/\Omega_c) + 1} = \frac{1}{39.863\,439 s^2 + 8.928\,99 s + 1}$$

（4）利用式(4.4.4)将低通变换为数字带通滤波器。

$$s = \frac{z^2 - 2z\cos\omega_0 + 1}{z^2 - 1} = \frac{z^2 + 1}{z^2 - 1}$$

$$H(z) = H_a(s)\Big|_{s = \frac{z^2+1}{z^2-1}} = \frac{1}{39.863\,439\left(\dfrac{z^2+1}{z^2-1}\right)^2 + 8.928\,99\,\dfrac{z^2+1}{z^2-1} + 1}$$

$$= \frac{1 - 2z^{-2} + z^{-4}}{49.792\,429 + 77.726\,878 z^{-2} + 31.934\,449 z^{-4}}$$

用 MATLAB 进行频率特性分析可得如图 4.4.8 所示结果。由图可见，通带、阻带特性均符合设计指标要求。

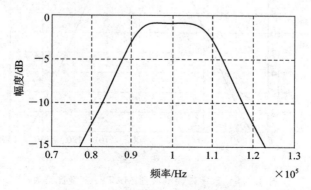

图 4.4.8　带通滤波器频率特性分析

解法二：MATLAB 设计

设计思路：先设计模拟带通滤波器，再采用双线性变换法变换为数字带通滤波器。程序代码如下：

```
fs=400；f1=90；f2=110；fr=120；
W1=2*fs*tan(2*pi*f1/(2*fs));      ％预畸变后模拟通带截止频率
W2=2*fs*tan(2*pi*f2/(2*fs));      ％预畸变后模拟通带截止频率
Wr=2*fs*tan(2*pi*fr/(2*fs));      ％预畸变后模拟阻带截止频率
[N,Wn]=buttord([W1 W2],[eps Wr],3,10,'s');   ％ eps 表示极小值 0
[B,A]=butter(N,Wn,'s');
[num,den]=bilinear(B,A,fs);
[h,w]=freqz(num,den);
f=w/pi*fs/2;
plot(f,20*log10(abs(h)));
axis([60,160,-20,0]);
grid;
xlabel('频率/kHz');
ylabel('幅度/dB');
```

程序运行结果为：N = 2，表明带通滤波器的阶数为 4 阶：

num = 0.0271   0.0000   -0.0541   -0.0000   0.0271
den = 1.0000   0.0000   1.4838   -0.0000   0.5920

则滤波器的系统函数为

$$H(z) = \frac{0.0271 - 0.0541z^{-2} + 0.0271z^{-4}}{1 + 1.4838z^{-2} + 0.5920z^{-4}}$$

滤波器的频率特性分析结果如图 4.4.9 所示。由图可见，在频率 90 kHz 和 110 kHz 衰减只有 2 dB 优于指标要求；在 120 kHz 处的最小衰减刚好为 10 dB，符合滤波器的技术指标设计要求。

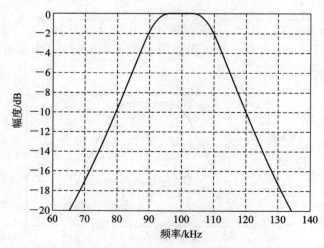

图 4.4.9   数字带通滤波器 MATLAB 设计结果

4.4.4 数字带阻滤波器设计

由于带阻滤波器的特性与带通滤波器的特性刚好成倒数关系，因此把带通的频率变换关系倒置就得到带阻变换，即

$$s = \frac{z^2 - 1}{z^2 - 2z\cos\omega_0 + 1}$$

$$\Omega = \frac{\sin\omega}{\cos\omega - \cos\omega_0}$$

式中：$\cos\omega_0 = \dfrac{\sin(\omega_1 + \omega_2)}{\sin\omega_1 + \sin\omega_2}$；$\omega_1$、$\omega_2$ 为带阻滤波器的两个通带边界频率。

$$\Omega_p = \frac{\sin\omega_1}{\cos\omega_1 - \cos\omega_0}$$

$$\Omega_r = \frac{\sin\omega_3}{\cos\omega_3 - \cos\omega_0}$$

【例 4.4.4】 设计一个 ButterWorth 数字带阻滤波器，采样频率 $f_s = 1$ kHz，要求能滤除 100 Hz 的干扰信号，其 3 dB 的边界频率为 95 Hz 和 105 Hz，在 98 Hz 和 102 Hz 要求大于 10 dB。

解法一：

$$\omega_1 = \frac{2\pi f_1}{f_s} = 2\pi \times \frac{105}{1000} = 0.21\pi$$

$$\omega_2 = \frac{2\pi f_2}{f_s} = 2\pi \times \frac{95}{1000} = 0.19\pi$$

$$\omega_3 = \frac{2\pi f_3}{f_s} = 2\pi \times \frac{98}{1000} = 0.196\pi$$

$$\cos\omega_0 = \frac{\sin(0.21\pi + 0.19\pi)}{\sin0.21\pi + \sin0.19\pi} = 0.809\,416\,4$$

$$\Omega_c = \frac{\sin\omega_2}{\cos\omega_2 - \cos\omega_0} = 31.82$$

$$\Omega_r = \frac{\sin\omega_3}{\cos\omega_3 - \cos\omega_0} = \frac{\sin(0.196\pi)}{\cos(0.196\pi) - 0.8095} = 83.4298$$

由此可见，从 Ω_c 到 Ω_r 频率增加了约 1.67 倍，衰减增加了 $-10 - (-3) = -7$ dB，故选择 1 阶滤波器就可满足要求，查表得 $H_a(p) = \dfrac{1}{p+1}$，去归一化得

$$H_a(s) = \frac{1}{s/\Omega_c + 1}$$

则带阻数字滤波器为

$$H(z) = H_a(s)\Big|_{s = \frac{z^2 - 1}{z^2 - 2z\cos\omega_0 + 1}} = \frac{z^2 - 1.618\,832\,8z + 1}{32.82z^2 - 51.511\,26z + 30.82}$$

解法二：MATLAB 设计

设计思路也是先设计模拟带阻滤波器，再采用双线性变换法变换为数字带阻滤波器。程序代码如下：

```
w1=95/500;    %归一化数字频率
w2=105/500;
w3=98/500;
w4=102/500;
ap=3;
ar=10;
[N, wn]=buttord([w1, w2], [w3, w4], ap, ar)
[B, A]=butter(N, wn, 'stop')
[h, w]=freqz(B, A);
f=w/pi * 500;
plot(f, 20 * log10(abs(h)));
axis([50, 150, -15, 3]);
grid;
xlabel('频率/Hz')
ylabel('幅度/dB')
```

程序运行结果:

N = 2, wn = 0.1931   0.20701

B = 0.96958   -3.138   4.4781   -3.138   0.96958

A = 1   -3.1865   4.4772   -3.0895   0.94009

则带阻滤波器的系统函数为

$$H(z) = \frac{0.9694 - 3.1375z^{-1} + 4.4774z^{-2} - 3.1375z^{-3} + 0.9694z^{-4}}{1 - 3.1863z^{-1} + 4.4765z^{-2} - 3.0887z^{-3} + 0.9397z^{-4}}$$

滤波器的频率特性分析结果如图 4.4.10 所示。由图可见,在频率 95 Hz 和 105 Hz 衰减小于 2 dB,优于指标要求;在 98 Hz 和 102 Hz 处的最小衰减刚好为 10 dB,符合滤波器的技术指标设计要求。

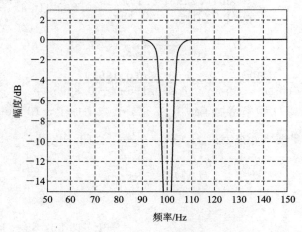

图 4.4.10   数字带阻滤波器特性

4.4.5   MATLAB 中直接设计 IIR 数字滤波器的函数介绍

为了设计方便,MATLAB 提供了直接设计 IIR 数字滤波器的函数。

1) 巴特沃斯滤波器设计函数

MATLAB 提供了 2 个函数用于 ButterWorth 数字滤波器的设计。

(1) 阶数及截止频率的求取函数 buttord。

buttord 函数的语句格式为：

$$[n, wn] = buttord(wp, wr, Rp, Rr)$$

其中：wp 为通带截止归一化数字频率，其取值范围为[0,1]，采用对采样频率的归一化计算，即 fp/(fs/2)；wr 为阻带截止归一化数字频率，其取值范围为[0,1]，采用对采样频率的归一化计算，即 fr/(fs/2)。Rp 为通带最大衰减(单位：dB)，Rr 为阻带最小衰减(单位：dB)。

当所设计的滤波器为带通、带阻滤波器时，wp、wr 为 2 元数组，设计结果为 2 * n 阶。函数的返回值 wn 为归一化的截止频率，n 为满足技术指标的滤波器的最小阶数。

(2) 设计函数 butter。

butter 函数的语句格式有两种：

· 当设计低通或者带通(带通的 Wn 为 2 元数组)滤波器时，采用以下格式：

$$[b, a] = butter(n, wn)$$

· 当设计的是其他类型的滤波器时，可采用 ftype 说明滤波器的类型，语句格式为：

$$[b, a] = butter(n, wn, 'ftype')$$

式中：ftype 可以为'high'，'low'，'stop'，分别表示设计的滤波器为高通、低通、带阻滤波器。

函数的返回参数[b, a]为数字滤波器的传递函数模型，可以根据下式写出传递函数：

$$H(z) = \frac{b(0) + b(1)z^{-1} + \cdots + b(n)z^{-n}}{a(0) + a(1)z^{-1} + \cdots + a(n)z^{-n}}$$

式中：$a(0)=1$。

2) 切比雪夫 I 型滤波器设计函数

切比雪夫 I 型数字滤波器的设计函数与巴特沃斯滤波器基本相似。

(1) 阶数求取函数 cheb1ord。

cheb1ord 函数的语句格式为：

$$[n, wn] = cheb1ord(wp, wr, Rp, Rr)$$

各参数含义与巴特沃斯相同。

(2) 设计函数 cheby1。

cheby1 函数的语句格式有两种：

· 当设计低通或者带通(带通的 Wn 为 2 元数组)滤波器时，采用以下格式：

$$[b, a] = cheby1(n, Rp, wn)$$

· 当设计的是其他类型的滤波器时，可采用 ftype 说明滤波器的类型，语句格式为：

$$[b, a] = cheby1(n, Rp, wn, 'ftype')$$

各参数含义与巴特沃斯相同，使用方法与巴特沃斯相似。

3) 切比雪夫 II 型滤波器设计函数

切比雪夫 II 型数字滤波器的设计函数与巴特沃斯滤波器基本相似。

(1) 阶数求取函数 cheb2ord。

cheb2ord 函数的语句格式为：

    [n, wn] = cheb2ord(wp, wr, Rp, Rr)

各参数含义与巴特沃斯相同。

（2）设计函数 cheby2。

cheby2 函数的语句格式有两种：

- 当设计低通或者带通（带通的 wn 为 2 元数组）滤波器时，采用以下格式：

    [b, a] = cheby2(n, Rr, wn)

- 当设计的是其他类型的滤波器时，可采用 ftype 说明滤波器的类型，语句格式为：

    [b, a] = cheby1(n, Rr, wn, 'ftype')

各参数含义与巴特沃斯相同，使用方法与巴特沃斯相似。

4）椭圆滤波器设计函数

该函数的语句格式如下：

    [n, wn] = ellipord(wp, ws, Rp, Rr)

    [b, a] = ellip(n, Rp, Rr, wn)

各参数含义与巴特沃斯相同，使用方法与巴特沃斯相似。

【例 4.4.5】 用 MATLAB 数字滤波器直接设计实现例 4.4.1，即：设采样周期 $T = 250\ \mu s$ （$f_s = 4\ kHz$），已知数字低通滤波器通带截止频率 $f_p = 0.5\ kHz$，通带最大衰减 $\delta = 2\ dB$，阻带截止频率 $f_r = 1.2\ kHz$，阻带最小衰减 $At = 20\ dB$，试采用巴特沃斯模型设计该数字低通滤波器。

    解：

```
fs=4000；Ts=1/fs；
fp=500；ap=2；
fr=1200；ar=20；
wp=2 * pi * fp/fs；wr=2 * pi * fr/fs；    %wp、wr 为数字频率
[N, wn] = buttord(wp/pi, wr/pi, ap, ar)
[B, A]=butter(N, wn)
```

运行结果与例 4.4.1 的双线性变换法设计结果相同。可见，IIR 数字滤波器直接设计函数采用的是双线性变换法进行设计。

【例 4.4.6】 用 MATLAB 数字滤波器直接设计实现例 4.4.2，即：设计一数字高通滤波器，它的通带为 $0.6 \sim 1\ kHz$（$f_s = 2\ kHz$），通带允许波动 $0.5\ dB$，阻带衰减在 400 Hz 的频带内至少为 20 dB。采样切比雪夫模型进行设计。

    解

```
fs=2000；Ts=1/fs；
fp=600；ap=0.5；
fr=400；ar=20；
wp=2 * pi * fp * Ts；wr=2 * pi * fr * Ts；
[N, wn]=cheb1ord(wp/pi, wr/pi, ap, ar)；%除以 pi 是归一化数字频率
[num, den]=cheby1(N, ap, wn, 'high')；%直接设计数字高通滤波器
```

设计结果与例 4.4.2 从模拟到数字的设计结果一致。

【例 4.4.7】 用 MATLAB 数字滤波器直接设计实现例 4.4.3，即：设采样频率 $f_s =$

400 kHz，试设计一个巴特沃兹带通数字滤波器，其技术指标满足：3 dB 上、下通带截止频率分别为 110 kHz、90 kHz，上阻带截止频率为 120 kHz，阻带最小衰减 10 dB。

解

```
fs＝400；f1＝90；f2＝110；fr＝120；Ts＝1/fs；
w1＝2 * pi * f1 * Ts/pi；          %通带归一化数字截止频率
w2＝2 * pi * f2 * Ts/pi；
wr2＝2 * pi * fr * Ts/pi；         %阻带归一化数字截止频率
wr1＝w1－(wr2－w2)；
[N，wn]＝buttord([w1 w2]，[wr1 wr2]，3，10)；
[B，A]＝butter(N，wn)
[h，w]＝freqz(B，A)；
f＝w/pi * fs/2；
plot(f，20 * log10(abs(h)))；
axis([60，160，－20，0])；
grid；
xlabel('频率/kHz')
ylabel('幅度/dB')
```

运行结果与例 4.4.3 相同。

【**例 4.4.8**】 用 MATLAB 数字滤波器直接设计实现例 4.4.4，即：设计一个 Butter-Worth 数字滤波器，采样频率 $f_s＝1$ kHz，要求能滤除 100 Hz 的干扰信号，其 3 dB 的边界频率为 95 Hz 和 105 Hz，在 98 Hz 和 102 Hz 要求大于 10 dB。

解

```
w1＝95/500；    %归一化数字频率
w2＝105/500；
w3＝98/500；
w4＝102/500；
ap＝3；
ar＝10；
[N，wn]＝buttord([w1，w2]，[w3，w4]，ap，ar)；    %求数字滤波器阶数
[B，A]＝butter(N，wn，'stop')；                 %直接设计带阻数字滤波器
[h，w]＝freqz(B，A)；
f＝w/pi * 500；
plot(f，20 * log10(abs(h)))；
axis([50，150，－15，3])；
grid；
xlabel('频率/Hz')
ylabel('幅度/dB')
```

程序运行结果：

```
N = 2，wn = 0.1931   0.20701
B = 0.96958   －3.138   4.4781   －3.138   0.96958
A = 1         －3.1865  4.4772   －3.0895  0.94009
```

可见，运行结果与例 4.4.4 相同。

习 题 四

4.1 已知采样周期为 T，试用脉冲响应不变法将下列模拟滤波器的系统函数变换为数字滤波器：

(1) $H_a(s) = \dfrac{1}{s^2 + 3s + 2}$

(2) $H_a(s) = \dfrac{s+a}{(s+a)^2 + b}$

4.2 如题 4.1 的模拟滤波器，采样周期 $T = 2$ s，采用双线性变换法将它们变换为数字滤波器。

4.3 题图 4.1 表示一个数字滤波器的频率响应。

(1) 假设该数字滤波器采用脉冲响应不变法设计，试求相应的原型模拟滤波器的频率响应。

(2) 假设该数字滤波器采用双线性变换法设计，试求相应的原型模拟滤波器的频率响应。

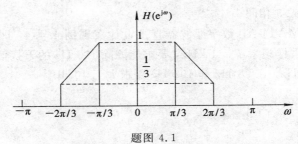

题图 4.1

4.4 某一个 IIR 数字低通滤波器的指标要求如下：频率在 0.5π 处的衰减为 3 dB；在 0.75π 处的衰减为 20 dB。采用巴特沃斯响应的双线性设计，试确定系统函数 $H(z)$。

4.5 某一 IIR 数字低通滤波器的指标要求如下：通带截止频率 $f_p = 3.2$ kHz，衰减为 3 dB；阻带截止频率 $f_r = 4$ kHz，衰减为 20 dB；取样频率为 10 kHz。采用巴特沃斯响应的双线性设计，试确定系统函数 $H(z)$（写出表达式即可）。

4.6 某 IIR 数字低通滤波器的指标要求如下：频率在 0.25π 处的衰减为 2 dB；在 0.5π 处的衰减为 40 dB。采用巴特沃斯响应的双线性设计：

(1) 试确定滤波器的阶数 N；

(2) 用 MATLAB 进行计算机辅助设计，写出包含设计、幅频分析、相频分析的程序代码。

4.7 某一个 IIR 数字高通滤波器的指标要求如下：频率在 0.5π 处的衰减为 30 dB；在 0.75π 处的衰减为 2 dB。采用巴特沃斯响应的双线性设计，试确定系统函数 $H(z)$。

4.8 某一 IIR 数字高通滤波器的指标要求如下：通带截止频率 $f_p = 3.5$ kHz，衰减为 3 dB；阻带截止频率 $f_r = 2.5$ kHz，衰减为 30 dB；取样频率为 10 kHz。采用巴特沃斯响应的双线性设计，试确定系统函数 $H(z)$（写出表达式即可）。

4.9 某 IIR 数字高通滤波器的指标要求如下：频率在 0.25π 处的衰减为 50 dB；在

0.4π 处的衰减为 2 dB。采用切比雪夫响应的双线性设计：

（1）试确定滤波器的阶数 N；

（2）用 MATLAB 进行计算机辅助设计，写出包含设计、幅频分析、相频分析的程序代码。

4.10 某一个 IIR 数字带通滤波器的指标要求如下：频率在 0.3π 和 0.6π 处的衰减为 3 dB；在 0.15π 和 0.75π 处的衰减为 20 dB。采用巴特沃斯响应的双线性设计，试确定系统函数 $H(z)$。

4.11 某一 IIR 数字带通滤波器的指标要求如下：通带截止频率 $f_{p1} = 2$ kHz、$f_{p2} = 3.2$ kHz，衰减为 2 dB；阻带截止频率 $f_{r1} = 1.5$ kHz、$f_{r2} = 4.5$ kHz，衰减为 35 dB；取样频率为 10 kHz。采用巴特沃斯响应的双线性设计，试确定系统函数 $H(z)$（写出表达式）。

4.12 某 IIR 数字带通滤波器的指标要求如下：频率在 0.25π 和 0.45π 处的衰减为 2 dB；在 0.15π 和 0.55π 处的衰减为 50 dB。采用巴特沃斯响应的双线性设计：

（1）试确定滤波器的阶数 N；

（2）用 MATLAB 进行计算机辅助设计，写出包含设计、幅频分析、相频分析的程序代码。

4.13 某一个 IIR 数字带阻滤波器的指标要求如下：频率在 0.3π 和 0.5π 处的衰减为 30 dB；在 0.15π 和 0.65π 处的衰减为 2 dB。采用巴特沃斯响应的双线性设计，试确定系统函数 $H(z)$。

4.14 某一 IIR 数字带阻滤波器的指标要求如下：通带截止频率 $f_{p1} = 2$ kHz、$f_{p2} = 4$ kHz，衰减为 2 dB；阻带截止频率 $f_{r1} = 2.5$ kHz、$f_{r2} = 3.5$ kHz，衰减为 25 dB；取样频率为 10 kHz。采用巴特沃斯响应的双线性设计，试确定系统函数 $H(z)$（写出表达式）。

4.15 某 IIR 数字带阻滤波器的指标要求如下：频率在 0.25π 和 0.45π 处的衰减为 35 dB；在 0.15π 和 0.55π 处的衰减为 1.5 dB。分别采用切比雪夫和椭圆滤波器响应模型的 MATLAB 计算机辅助设计，请编写程序代码实现该数字滤波器的设计，并分析它的幅频特性、相频特性。

第5章　有限长单位脉冲响应数字滤波器的设计

第 4 章 IIR 数字滤波器的设计中，我们只考虑了滤波器的幅度特性，没有考虑相位特性，所设计的滤波器通常都是非线性相位的。为了得到线性相位特性，IIR 滤波器必须另外增加相位校正网络，这使滤波器设计和实现变得复杂，成本也高；而 FIR(Finite Inpulse Response)数字滤波器的设计，在保证幅度特性的情况下，很容易实现线性相位。设 FIR 数字滤波器的单位脉冲响应 $h(n)$ 的长度为 N，对应的系统函数为 $H(z) = \sum_{n=0}^{N-1} h(n)z^{-n}$。可见，$H(z)$ 在 Z 平面上有 $N-1$ 个零点，原点 $z=0$ 是 $N-1$ 阶重极点，因此 FIR 滤波器永远稳定。稳定和线性相位特性是 FIR 滤波器最突出的优点。

FIR 数字滤波器的设计任务是构造一个有限长度的 $h(n)$，使其系统函数满足技术指标要求。由于要满足线性相位要求，FIR 数字滤波器的设计方法和 IIR 数字滤波器的设计方法有很大的不同。本章先讨论线性相位 FIR 数字滤波器的特性，再介绍 FIR 滤波器的设计方法，主要介绍三种设计方法：窗函数设计法、频率采样法和优化设计法。

5.1　线性相位 FIR 数字滤波器的特性

5.1.1　线性相位的条件

线性相位意味着一个系统的相频特性是频率的线性函数，即

$$\varphi(\omega) = -\alpha\omega \tag{5.1.1}$$

式中：α 为常数，此时通过这一系统的各频率分量的时延为一相同的常数，系统的群时延为

$$\tau_{\mathrm{d}} = -\frac{\mathrm{d}\varphi(\omega)}{\mathrm{d}\omega} = \alpha \tag{5.1.2}$$

对于单位脉冲响应 $h(n)$ 为实数且长度为 N 的 FIR 滤波器，假设它具有线性相位，即 $\varphi(\omega) = -\alpha\omega$，则其 DTFT 可以写为

$$H(\mathrm{e}^{\mathrm{j}\omega}) = \sum_{n=0}^{N-1} h(n)\mathrm{e}^{-\mathrm{j}\omega n} = H(\omega)\mathrm{e}^{\mathrm{j}\varphi(\omega)} = H(\omega)\mathrm{e}^{-\mathrm{j}\omega\alpha} \tag{5.1.3}$$

式中：$H(\omega)$ 是正或负的纯实函数，称为幅度函数；$\varphi(\omega) = -\alpha\omega$ 是相位函数。由于复数等式相等，等式的第 2 部分和等式右边的实部与虚部应当各自相等，因此实部与虚部的比值应当相等，即

$$\sum_{n=0}^{N-1} h(n)\cos(\omega n) = H(\omega)\cos(\alpha\omega)$$

$$\sum_{n=0}^{N-1} h(n)\sin(\omega n) = H(\omega)\sin(\alpha\omega)$$

可以导出

$$\frac{\displaystyle\sum_{n=0}^{N-1} h(n)\sin(\omega n)}{\displaystyle\sum_{n=0}^{N-1} h(n)\cos(\omega n)} = \frac{\sin(\alpha\omega)}{\cos(\alpha\omega)} \tag{5.1.4}$$

将式(5.1.4)两边交叉相乘,再将等式右边各项移到左边,应用三角函数的恒等关系可得:

$$\sum_{n=0}^{N-1} h(n)\sin\big[(\alpha-n)\omega\big] = 0$$

满足上式的条件是 $h(n)$ 为实数,且满足:

$$\begin{cases} \alpha = \dfrac{N-1}{2} \\ h(n) = h(N-1-n), \qquad 0 \leqslant n \leqslant N-1 \end{cases} \tag{5.1.5}$$

即: $h(n)$ 为实数且偶对称,称为第一类线性相位条件。

另外一种情况是,除了上述的线性相位外,还有一附加的相位,即

$$\varphi(\omega) = \beta - \alpha\omega \tag{5.1.6}$$

利用类似的推导方法,可以导出新的线性相位条件为

$$\begin{cases} \alpha = \dfrac{N-1}{2} \\ \beta = \pm \dfrac{\pi}{2} \\ h(n) = -h(N-1-n) \end{cases} \tag{5.1.7}$$

即: $h(n)$ 为实数且奇对称,称为第二类线性相位条件。两类的线性相位差别只在于第二类线性相位具有一个附加相移,如图 5.1.1 所示。

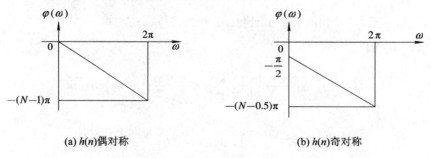

(a) $h(n)$偶对称   (b) $h(n)$奇对称

图 5.1.1 线性相位特性

5.1.2 线性相位 FIR 滤波器的幅度特性

当 FIR 滤波器满足线性相位时,由于 $h(n)$ 为实数且具有偶对称或者奇对称,而 $h(n)$ 的点数又可以分为奇数和偶数两种情况,组合起来有 4 种情况,分别称为线性相位 1~4

型。下面分别讨论这 4 种情况下的幅度函数特性。

1. $h(n)$偶对称，N 为奇数——1 型

线性相位 1 型滤波器的 $h(n)$示意图如图 5.1.2 所示，条件是：$h(n)=h(N-1-n)$，代入式(5.1.3)，得

$$H(\mathrm{e}^{\mathrm{j}\omega})=H(\omega)\mathrm{e}^{\mathrm{j}\varphi(\omega)}=\sum_{n=0}^{N-1}h(n)\mathrm{e}^{-\mathrm{j}\omega n}$$

$$=\sum_{n=0}^{\frac{N-3}{2}}h(n)\mathrm{e}^{-\mathrm{j}\omega n}+h\left(\frac{N-1}{2}\right)\mathrm{e}^{-\mathrm{j}\omega\left(\frac{N-1}{2}\right)}+\sum_{n=\frac{N+1}{2}}^{N-1}h(n)\mathrm{e}^{-\mathrm{j}\omega n}$$

$$=\sum_{n=0}^{\frac{N-3}{2}}h(n)\left[\mathrm{e}^{-\mathrm{j}\omega n}+\mathrm{e}^{-\mathrm{j}\omega(N-1-n)}\right]+h\left(\frac{N-1}{2}\right)\mathrm{e}^{-\mathrm{j}\omega\left(\frac{N-1}{2}\right)}$$

$$H(\mathrm{e}^{\mathrm{j}\omega})=\mathrm{e}^{-\mathrm{j}\omega\left(\frac{N-1}{2}\right)}\left\{\sum_{n=0}^{\frac{N-3}{2}}h(n)\left(\mathrm{e}^{-\mathrm{j}\omega\left(n-\frac{N-1}{2}\right)}+\mathrm{e}^{\mathrm{j}\omega\left(n-\frac{N-1}{2}\right)}\right)+h\left(\frac{N-1}{2}\right)\right\}$$

$$=\mathrm{e}^{-\mathrm{j}\omega\left(\frac{N-1}{2}\right)}\left\{\sum_{n=0}^{\frac{N-3}{2}}2h(n)\cos\left[\omega\left(n-\frac{N-1}{2}\right)\right]+h\left(\frac{N-1}{2}\right)\right\}$$

$$H(\omega)=h\left(\frac{N-1}{2}\right)+\sum_{n=0}^{(N-3)/2}2h(n)\cos\left[\omega\left(n-\frac{N-1}{2}\right)\right] \tag{5.1.8}$$

$$\varphi(\omega)=-\frac{N-1}{2}\omega \tag{5.1.9}$$

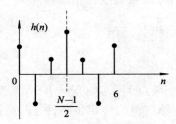

$h(n)$为偶对称，N为奇数

图 5.1.2 线性相位 1 型滤波器 $h(n)$示意图

令 $m=n-\dfrac{N-1}{2}$，则

$$H(\omega)=h\left(\frac{N-1}{2}\right)+\sum_{m=1}^{(N-1)/2}2h\left(\frac{N-1}{2}+m\right)\cos\omega m$$

令

$$a(0)=h\left(\frac{N-1}{2}\right),\ a(n)=2h\left(\frac{N-1}{2}+m\right) \tag{5.1.10}$$

则

$$H(\omega)=\sum_{n=0}^{(N-1)/2}a(n)\cos n\omega \tag{5.1.11}$$

由于 $\cos n\omega$ 对于频率$\omega=0$、π、2π 呈偶对称，因此 $H(\omega)$对于频率$\omega=0$、π、2π 也呈偶对称。

【例 5.1.1】 $N=5$，$h(0)=h(1)=h(3)=h(4)=-\dfrac{1}{2}$，$h(2)=2$，求幅度函数 $H(\omega)$。

解 N 为奇数且 $h(n)$ 满足偶对称关系，则有

$$a(0)=h\left(\frac{N-1}{2}\right),\ a(n)=2h\left(\frac{N-1}{2}+n\right),\ n=1,2,\cdots,\frac{N-1}{2}$$

$$a(0)=h(2)=2;\ a(1)=2h(3)=-1;\ a(2)=2h(4)=-1$$

$$H(\omega)=2-\cos\omega-\cos2\omega=2-(\cos\omega+\cos2\omega)$$

其幅度函数曲线如图 5.1.3 所示，由图可见该曲线对于 $\omega=\pi$ 呈偶对称。

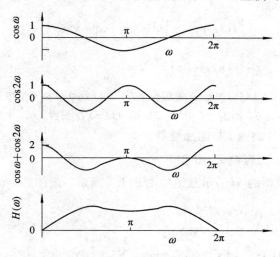

图 5.1.3　幅度函数曲线

2. $h(n)$ 偶对称，N 为偶数——2 型

线性相位 2 型滤波器的 $h(n)$ 示意图如图 5.1.4 所示，条件是：$h(n)=h(N-1-n)$，代入式(5.1.3)，得

$$H(e^{j\omega})=\sum_{n=0}^{\frac{N}{2}-1}h(n)e^{-j\omega n}+\sum_{n=0}^{\frac{N}{2}-1}h(N-1-n)e^{-j\omega(N-1-n)}$$

$$=\sum_{n=0}^{\frac{N}{2}-1}h(n)\left[e^{-j\omega n}+e^{-j\omega(N-1-n)}\right]$$

$$=e^{-j\omega\left(\frac{N-1}{2}\right)}\sum_{n=0}^{\frac{N}{2}-1}2h(n)\cos\left[\omega\left(n-\frac{N-1}{2}\right)\right]$$

$h(n)$为偶对称，N为偶数

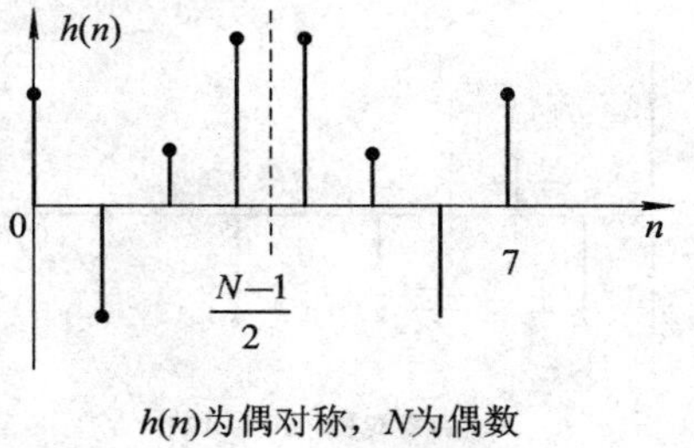

图 5.1.4　线性相位 2 型滤波器 $h(n)$ 示意图

$$H(\omega) = \sum_{n=0}^{\frac{N}{2}-1} 2h(n)\cos\left[\omega\left(n - \frac{N-1}{2}\right)\right] \tag{5.1.12}$$

令 $m = \dfrac{N}{2} - n$，代入(5.1.12)式，得

$$H(\omega) = \sum_{m=1}^{\frac{N}{2}} 2h\left(\frac{N}{2} - m\right)\cos\left[\omega\left(m - \frac{1}{2}\right)\right]$$

改写为

$$\begin{cases} H(\omega) = \displaystyle\sum_{n=1}^{\frac{N}{2}} b(n)\cos\left[\omega\left(n - \frac{1}{2}\right)\right] \\[3mm] b(n) = 2h\left(\dfrac{N}{2} - n\right) \end{cases} \tag{5.1.13}$$

由于 $\cos(\omega(n-1/2))$ 对 $\omega = \pi$ 呈奇对称，所以 $H(\omega)$ 对 $\omega = \pi$ 也呈奇对称；而且当 $\omega = \pi$ 时，$\cos(\pi(n-1/2)) = 0$，因此 $H(\pi) = 0$，即 $H(z)$ 在 $z = -1$ 处必有一个零点。因此，2 型滤波器不能用来设计高通、带阻滤波器。

3. $h(n)$ 奇对称，N 为奇数——3 型

线性相位 3 型滤波器的 $h(n)$ 示意图如图 5.1.5 所示，条件是：$h(n) = -h(N-1-n)$、$h\left(\dfrac{N-1}{2}\right) = 0$，代入式(5.1.3)，得

$$\begin{aligned} H(e^{j\omega}) &= \sum_{n=0}^{\frac{N-3}{2}} h(n)e^{-j\omega n} + \sum_{n=\frac{N+1}{2}}^{N-1} h(n)e^{-j\omega n} \\ &= \sum_{n=0}^{\frac{N-3}{2}} h(n)\left[e^{-j\omega n} - e^{-j\omega(N-1-n)}\right] \\ &= e^{j\left[\frac{\pi}{2} - \omega\left(\frac{N-1}{2}\right)\right]} \sum_{n=0}^{\frac{N-3}{2}} 2h(n)\sin\left[-\omega\left(n - \frac{N-1}{2}\right)\right] \end{aligned}$$

则有

$$\varphi(\omega) = \frac{\pi}{2} - \frac{N-1}{2}\omega \tag{5.1.14}$$

$$H(\omega) = \sum_{n=0}^{\frac{N-3}{2}} 2h(n)\sin\left[-\omega\left(n - \frac{N-1}{2}\right)\right] \tag{5.1.15}$$

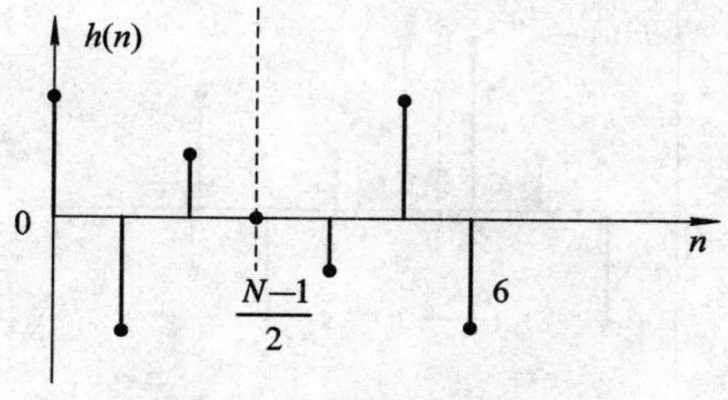

$h(n)$为奇对称，N为奇数

图 5.1.5 线性相位 3 型滤波器 $h(n)$ 示意图

令 $m=\dfrac{N-1}{2}-n$，得

$$H(\omega) = \sum_{m=1}^{\frac{N-1}{2}} 2h\left(\frac{N-1}{2}-m\right)\sin(m\omega)$$

改写为

$$\begin{cases} H(\omega) = \displaystyle\sum_{n=1}^{\frac{N-1}{2}} c(n)\sin(n\omega) \\ c(n) = 2h\left(\dfrac{N-1}{2}-n\right) \end{cases} \tag{5.1.16}$$

由于 $\sin(n\omega)$ 在 $\omega=0$、π、2π 处都为 0，并对这些点呈奇对称，则 $H(\omega)$ 在 $\omega=0$、π、2π 处都为 0，并对这些点呈奇对称，$H(z)$ 在 $z=\pm1$ 处必有零点。因此，其不能用作低通、高通和带阻滤波器的设计。

4. $h(n)$ 奇对称，N 为偶数——4 型

线性相位 4 型滤波器的 $h(n)$ 示意图如图 5.1.6 所示，条件是：$h(n)=-h(N-1-n)$，代入式(5.1.3)，得

$$\begin{aligned} H(\mathrm{e}^{\mathrm{j}\omega}) &= \sum_{n=0}^{\frac{N}{2}-1} h(n)\mathrm{e}^{-\mathrm{j}\omega n} + \sum_{n=\frac{N}{2}}^{N-1} h(n)\mathrm{e}^{-\mathrm{j}\omega n} \\ &= \sum_{n=0}^{\frac{N}{2}-1} h(n)\left[\mathrm{e}^{-\mathrm{j}\omega n} - \mathrm{e}^{-\mathrm{j}\omega(N-1-n)}\right] \\ &= \mathrm{e}^{\mathrm{j}\left[\frac{\pi}{2}-\omega\left(\frac{N-1}{2}\right)\right]} \sum_{n=0}^{\frac{N}{2}-1} 2h(n)\sin\left[\omega\left(\frac{N-1}{2}-n\right)\right] \end{aligned}$$

则有

$$\varphi(\omega) = \frac{\pi}{2} - \frac{N-1}{2}\omega$$

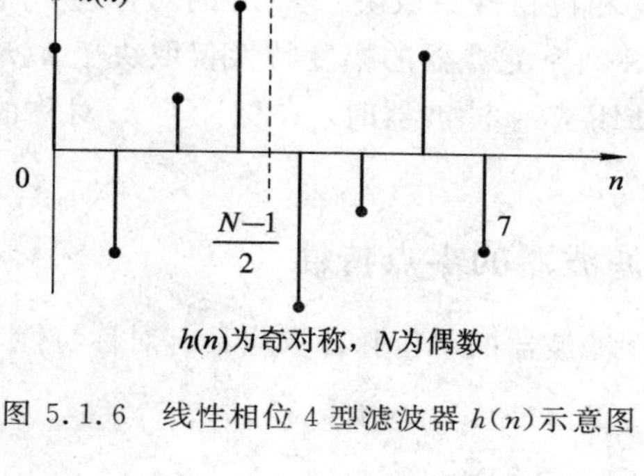

$h(n)$为奇对称，N为偶数

图 5.1.6 线性相位 4 型滤波器 $h(n)$ 示意图

令 $m=\dfrac{N}{2}-n$，则有

$$H(\omega) = \sum_{m=1}^{\frac{N}{2}} 2h\left(\frac{N}{2}-m\right)\sin\left[\omega\left(m-\frac{1}{2}\right)\right]$$

$$\begin{cases} H(\omega) = \sum_{n=1}^{N/2} d(n)\sin\left[\omega\left(n-\frac{1}{2}\right)\right] \\ d(n) = 2h\left(\frac{N}{2}-n\right) \qquad n = 1, 2, \cdots, \frac{N}{2} \end{cases} \qquad (5.1.17)$$

由于 $\sin\left[\omega\left(n-\frac{1}{2}\right)\right]$ 在 $\omega=0$、2π 处为零，所以 $H(\omega)$ 在 $\omega=0$、2π 处为零，即 $H(z)$ 在 $z=1$ 上有零点，并对 $\omega=0$、2π 呈奇对称。因此，其不能用作低通、带阻滤波器的设计。

对这四种线性相位滤波器的幅度特性和相位特性归纳见表 5.1.1。

表 5.1.1　线性相位 FIR 滤波器的幅度特性和相位特性

类型	$h(n)$ 对称性	N 值	幅度函数及对称性	相位函数	设计约束
1	偶对称	奇数	$H(\omega) = \sum_{n=0}^{N-1/2} a(n)\cos(n\omega)$ 关于 π 偶对称；关于 0、2π 偶对称	$\varphi(\omega) = -\dfrac{N-1}{2}\omega$	四种类型滤波器都可设计
2		偶数	$H(\omega) = \sum_{n=1}^{N/2} b(n)\cos\left[\omega\left(n-\frac{1}{2}\right)\right]$ 关于 π 奇对称；关于 0、2π 偶对称	$\varphi(\omega) = -\dfrac{N-1}{2}\omega$	可设计低通、带通滤波器，不能设计高通和带阻
3	奇对称	奇数	$H(\omega) = \sum_{n=1}^{\frac{N-1}{2}} c(n)\sin(n\omega)$ 关于 π 奇对称；关于 0、2π 奇对称	$\varphi(\omega) = \pm\dfrac{\pi}{2} - \dfrac{N-1}{2}\omega$	只能设计带通滤波器，其他滤波器都不能设计
4		偶数	$H(\omega) = \sum_{n=1}^{N/2} d(n)\sin\left[\omega\left(n-\frac{1}{2}\right)\right]$ 关于 π 偶对称；关于 0、2π 奇对称	$\varphi(\omega) = \pm\dfrac{\pi}{2} - \dfrac{N-1}{2}\omega$	可设计高通、带通滤波器，不能设计低通和带阻

综上所述，可以得到以下结论：

(1) FIR 数字滤波器的相位特性只取决于 $h(n)$ 的对称性，而与 $h(n)$ 的值无关。

(2) 具有相位特性 FIR 数字滤波器的幅度特性仅取决于 $h(n)$ 的值和长度。

因此，设计线性相位 FIR 数字滤波器时，在保证 $h(n)$ 对称的条件下，只要完成幅度特性的逼近即可。

5.1.3　线性相位 FIR 滤波器的零点特性

由于线性相位 FIR 数字滤波器的单位脉冲响应具有对称特性，即 $h(n)=\pm h(N-1-n)$，则

$$H(z) = \sum_{n=0}^{N-1} h(n)z^{-n} = \pm\sum_{n=0}^{N-1} h(N-1-n)z^{-n}$$

令 $N-1-n=m$，代入上式，得

$$H(z) = \pm\sum_{m=0}^{N-1} h(m)z^{-(N-1-m)} = \pm z^{-(N-1)}\sum_{m=0}^{N-1} h(m)z^{+m}$$

所以有

$$H(z)=\pm z^{-(N-1)}H(z^{-1}) \tag{5.1.18}$$

若 $z=z_i$ 是 $H(z)$ 的零点，则 $z=z_i^{-1}$ 也一定是 $H(z)$ 的零点。由于 $h(n)$ 是实数，$H(z)$ 的零点还必须共轭成对出现，所以 $z=z_i^*$ 及 $z=1/z^*$ 也必是零点。

所以线性相位滤波器的零点必须是互为倒数的共轭对，这种共轭对共有四种可能的情况：

（1）零点既不在单位圆上，也不在实轴上，则有四个互为倒数共轭对：z_i、z_i^*、$1/z_i$、$1/z_i^*$，如图 5.1.7(a)所示。

（2）零点在单位圆上，但不在实轴上，因倒数就是自己的共轭，所以有一对共轭零点：z_i、z_i^*，如图 5.1.7(b)所示。

（3）零点不在单位圆上，但在实轴上，是实数，共轭就是自己，所以有一对互为倒数的零点：z_i、$1/z_i$，如图 5.1.7(c)所示。

（4）零点既在单位圆上，又在实轴上，共轭和倒数都合为一点，所以成单出现，只有两种可能：$z_i=1$ 或 $z_i=-1$，如图 5.1.7(d)所示。

在设计滤波器时，应根据实际需要选择合适类型，并在设计时遵循其约束条件。

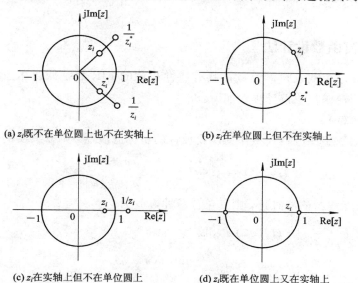

(a) z_i既不在单位圆上也不在实轴上　　(b) z_i在单位圆上但不在实轴上

(c) z_i在实轴上但不在单位圆上　　(d) z_i既在单位圆上又在实轴上

图 5.1.7　线性相位 FIR 滤波器的零点特性

5.2　窗函数设计法

FIR 数字滤波器的设计同样也采用逼近法。假设希望设计得到的滤波器（称为目标滤波器）的频率响应为 $H_d(e^{j\omega})$，那么 FIR 滤波器的设计就是寻找一个传递函数去逼近它，对于长度为 N 的 FIR 数字滤波器，其单位脉冲响应为 $h(n)$，则其传递函数为

$$H(e^{j\omega})=\sum_{n=0}^{N-1}h(n)e^{-jn\omega} \tag{5.2.1}$$

常用的逼近方法有三种：窗函数设计法（时域逼近）、频率采样法（频域逼近）、最优化设计（等波纹逼近）。本节介绍窗函数设计法。

窗函数设计法是从单位脉冲响应序列着手，使设计的滤波器 $h(n)$ 逼近目标滤波器的单位脉冲响应 $h_d(n)$。目标滤波器通常都采用理想滤波器模型，可以根据所要设计的滤波器的类型和边界频率来确定，因此 $h_d(n)$ 可以通过傅氏反变换获得，即

$$h_d(n) = \frac{1}{2\pi} \int_{-\pi}^{\pi} H_d(e^{j\omega}) e^{j\omega n} d\omega \tag{5.2.2}$$

一般来说，理想频响是分段恒定，在边界频率点处有突变点，所以，这样得到的理想单位脉冲响应 $h_d(n)$ 往往都是无限长序列，而且是非因果的。因此，滤波器的设计问题变为怎样用一个有限长的序列去近似无限长的 $h_d(n)$。

最简单的办法是直接截取一段 $h_d(n)$ 代替 $h(n)$，即

$$h(n) = w(n) h_d(n) \tag{5.2.3}$$

式中：$w(n)$ 称为窗函数，它是一个长度为 N 的序列，因此，这种方法称为窗函数设计法。为了使 FIR 滤波器具有线性相位，截取后的 $h(n)$ 必须具有对称性，而且有多种可用的窗函数，其中最简单的窗函数是矩形序列 $R_N(n)$。下面以矩形窗函数设计为例介绍窗函数设计方法。

5.2.1　矩形窗函数设计法

假设要设计一个截止频率为 ω_c 的具有线性相位的 FIR 数字低通滤波器，则该 FIR 数字滤波器的矩形窗函数法设计步骤如下：

（1）计算 $h_d(n)$。

以理想低通数字滤波器模型作为所要设计的目标滤波器，则滤波器的传递函数为

$$H_d(e^{j\omega}) = \begin{cases} 1 \cdot e^{-j\omega\alpha} & |\omega| \leqslant \omega_c \\ 0 & \omega_c < |\omega| \leqslant \pi \end{cases} \tag{5.2.4}$$

式中：α 为低通滤波器的群时延，则其单位脉冲响应为

$$h_d(n) = \frac{1}{2\pi} \int_{-\pi}^{\pi} H_d(e^{j\omega}) e^{j\omega n} d\omega$$

$$= \frac{1}{2\pi} \int_{-\omega_c}^{\omega_c} e^{-j\omega\alpha} e^{j\omega n} d\omega = \frac{\sin(\omega_c(n-\alpha))}{\pi(n-\alpha)} \quad (-\infty < n < \infty) \tag{5.2.5}$$

理想低通的单位脉冲响应和幅度函数特性如图 5.2.1 所示，图（a）为理想低通的单位脉冲响应，图（b）为它的幅度函数。由图（a）可以看出理想低通的单位脉冲响应以 $n=\alpha$ 呈偶对称。

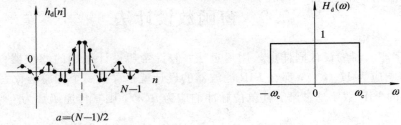

图 5.2.1　理想低通的单位脉冲响应和幅度函数特性

（2）计算 $h(n)$。

由式（5.2.5）可见，它是一个中心点在 α 的偶对称的无限长非因果序列。如果截取一段 $n=0 \sim N-1$ 的 $h_{\mathrm{d}}(n)$ 作为 $h(n)$，则为保证所得到的是线性相位 FIR 滤波器，应必须满足：

$$\alpha = \frac{N-1}{2} \tag{5.2.6}$$

因此，可得

$$h(n) = h_{\mathrm{d}}(n) w_R(n) = \begin{cases} h_{\mathrm{d}}(n) & 0 \leqslant n \leqslant N-1 \\ 0 & n \text{ 为其他值} \end{cases}$$

式中：$w_R(n) = R_N(n)$。

（3）计算分析 $H(\mathrm{e}^{\mathrm{j}\omega})$。

对 $h(n)$ 作傅立叶变换可得

$$H(\mathrm{e}^{\mathrm{j}\omega}) = H_{\mathrm{d}}(\mathrm{e}^{\mathrm{j}\omega}) * W_R(\mathrm{e}^{\mathrm{j}\omega}) \tag{5.2.7}$$

式中：$W_R(\mathrm{e}^{\mathrm{j}\omega})$ 为矩形窗口函数的频谱，因此有

$$W_R(\mathrm{e}^{\mathrm{j}\omega}) = \sum_{n=-\infty}^{\infty} w_R(n) \mathrm{e}^{-\mathrm{j}\omega n} = \sum_{n=0}^{N-1} \mathrm{e}^{-\mathrm{j}\omega n} = \frac{1-\mathrm{e}^{-\mathrm{j}N\omega}}{1-\mathrm{e}^{-\mathrm{j}\omega}}$$

$$= \mathrm{e}^{-\mathrm{j}\omega\left(\frac{N-1}{2}\right)} \frac{\sin(\omega N/2)}{\sin(\omega/2)}$$

用幅度函数和相位函数来表示，则有

$$W_R(\mathrm{e}^{\mathrm{j}\omega}) = W_R(\omega) \mathrm{e}^{-\mathrm{j}\omega\alpha}$$

线性相位部分为 $\mathrm{e}^{-\mathrm{j}\omega\alpha}$，$\alpha = (N-1)/2$ 表示延时一半长度。幅度函数为

$$W_R(\omega) = \frac{\sin(\omega N/2)}{\sin(\omega/2)} \tag{5.2.8}$$

矩形窗函数的时域波形及其幅度函数波形如图 5.2.2 所示：图（a）为矩形窗函数的时域波形；图（b）为其幅度函数波形。由矩形窗函数的时域波形可以看出，长度为 N 的矩形窗是以 $n=(N-1)/2$ 呈偶对称的。

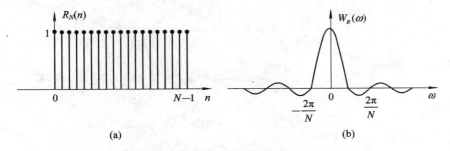

图 5.2.2　矩形窗函数及其幅度函数

理想低通的频率响应也可以写成幅度函数和相位函数的表示形式，即

$$H_{\mathrm{d}}(\mathrm{e}^{\mathrm{j}\omega}) = H_{\mathrm{d}}(\omega) \mathrm{e}^{\mathrm{j}\omega\alpha} \tag{5.2.9}$$

式（5.2.9）中幅度函数为

$$H_{\mathrm{d}}(\omega) = \begin{cases} 1 & |\omega| \leqslant \omega_{\mathrm{c}} \\ 0 & \omega_{\mathrm{c}} \leqslant |\omega| \leqslant \pi \end{cases}$$

则

$$H(\mathrm{e}^{j\omega}) = H_\mathrm{d}(\mathrm{e}^{j\omega}) * W_R(\mathrm{e}^{j\omega}) = \frac{1}{2\pi}\int_{-\pi}^{\pi} H_\mathrm{d}(\mathrm{e}^{j\theta})W_R[\mathrm{e}^{j(\omega-\theta)}]\mathrm{d}\theta$$

$$= \frac{1}{2\pi}\int_{-\pi}^{\pi} H_\mathrm{d}(\theta)\mathrm{e}^{-j\theta\alpha}W_R(\omega-\theta)\mathrm{e}^{-j(\omega-\theta)\alpha}\mathrm{d}\theta$$

$$= \mathrm{e}^{-j\omega\alpha}\left[\frac{1}{2\pi}\int_{-\pi}^{\pi} H_\mathrm{d}(\theta)W_R(\omega-\theta)\mathrm{d}\theta\right]$$

所以幅度函数为

$$H(\omega) = \frac{1}{2\pi}\int_{-\pi}^{\pi} H_\mathrm{d}(\theta)W_R(\omega-\theta)\mathrm{d}\theta \tag{5.2.10}$$

正好是理想滤波器幅度函数与窗函数幅度函数的卷积。其卷积过程如图 5.2.3 所示。

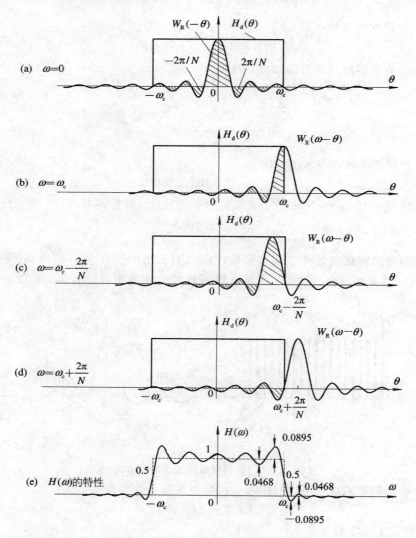

图 5.2.3 矩形窗的卷积过程

下面讨论 4 个特殊频率点的卷积结果：

（1）当 $\omega=0$ 时，幅度响应 $H(0)$ 等于 $H_\mathrm{d}(\theta)$ 和 $W_R(-\theta)$ 两个函数相乘的积分，即图

5.2.3(a)中阴影部分的面积。

(2) 当 $\omega = \omega_c$ 时，$H_d(\theta)$ 正好与 $W_R(\omega - \theta)$ 的一半重叠，如图 5.2.3(b)所示，因此 $H(\omega_c)/H(0) = 0.5$。

(3) 当 $\omega = \omega_c - 2\pi/N$ 时，$W_R(\omega - \theta)$ 的主瓣全部在 $H_d(\theta)$ 的通带内，而右边具有负面积的第一旁瓣全部移出通带，如图 5.2.3(c)所示，因此卷积结果出现最大值，频响出现正肩峰。

(4) 当 $\omega = \omega_c + 2\pi/N$ 时，$W_R(\omega - \theta)$ 的主瓣全部在 $H_d(\theta)$ 的通带之外，$H_d(\theta)$ 的通带内第一旁瓣(负数)起着主导作用，如图 5.2.3(d)所示，卷积值为最负的值，出现负的肩峰。

整个卷积的结果如图 5.2.3(e)所示。由图可以看出加窗后，窗函数对理想低通滤波器的特性具有以下影响：

(1) 改变了理想频响的边沿特性，形成过渡带宽近似等于 $W_R(\omega)$ 的主瓣宽度 $4\pi/N$。

(2) 过渡带两旁产生肩峰和余振(带内、带外起伏)，取决于 $W_R(\omega)$ 的旁瓣，旁瓣多，余振多；旁瓣相对值大，肩峰强，与 N 无关(决定于窗口形状)。

(3) N 增加，过渡带宽减小，肩峰值不变。因为

$$W_R(\omega) = \frac{\sin(\omega N/2)}{\sin(\omega/2)} \approx N\frac{\sin(N\omega/2)}{N\omega/2} = N\frac{\sin x}{x} \tag{5.2.11}$$

式中：$x = N\omega/2$，所以 N 的改变不能改变主瓣与旁瓣的比例关系，只能改变 $W_R(\omega)$ 的绝对值大小和起伏的密度。当 N 增加时，幅值变大，频率轴变密，而最大肩峰永远为 8.95%，这种现象称为吉布斯(Gibbs)效应。

根据上述分析可知：

(1) 由于滤波器的过渡带主要由窗函数的主瓣宽度决定，如果主瓣宽度可以变窄，则可以获得较陡的过渡带。

(2) 相对于主瓣幅度，窗函数的旁瓣要尽可能小，使能量尽量集中在主瓣中，这样可以减小肩峰和余振，以提高阻带衰减和通带平稳性。

满足上述要求的方法是选择其他的窗函数，但实际上这两点是不能兼得的，一般总是通过增加主瓣宽度来换取对旁瓣的抑制。下面介绍几种常用的窗函数。

5.2.2 几种常用的窗函数

1. 矩形窗

上面已讲过，不再赘述。

在 MATLAB 中，函数 Boxcar(N)用于生成长度为 N 的矩形窗。

2. 汉宁窗

汉宁窗也叫升余弦窗，其函数表达式为

$$w(n) = \frac{1}{2}\left[1 - \cos\left(\frac{2\pi n}{N-1}\right)\right]R_N(n)$$

$$= 0.5R_N(n) - 0.25(e^{j\frac{2\pi n}{N-1}} + e^{-j\frac{2\pi n}{N-1}})R_N(n) \tag{5.2.12}$$

利用傅氏变换的移位特性，汉宁窗频谱的幅度函数 $W(\omega)$ 可用矩形窗的幅度函数表示为

$$W(e^{j\omega}) = 0.5W_R(\omega)e^{-j\left(\frac{N-1}{2}\right)\omega} - 0.25\left[W_R\left(\omega - \frac{2\pi}{N-1}\right)e^{-j\left(\frac{N-1}{2}\right)\left(\omega - \frac{2\pi}{N-1}\right)}\right.$$

$$\left. + W_R\left(\omega + \frac{\pi}{N-1}\right)e^{-j\left(\frac{N-1}{2}\right)\left(\omega + \frac{2\pi}{N-1}\right)}\right]$$

$$= \left\{0.5W_R(\omega) + 0.25\left[W_R\left(\omega - \frac{2\pi}{N-1}\right) + W_R\left(\omega + \frac{2\pi}{N-1}\right)\right]\right\}e^{-j\left(\frac{N-1}{2}\right)\omega}$$

幅度谱为

$$W(\omega) = 0.5W_R(\omega) + 0.25\left[W_R\left(\omega - \frac{2\pi}{N-1}\right) + W_R\left(\omega + \frac{2\pi}{N-1}\right)\right]$$

其实质是三部分矩形窗频谱相加，使旁瓣互相抵消，能量集中在主瓣，旁瓣大大减小，但是其主瓣宽度增加了 1 倍，为 $\frac{8\pi}{N}$。汉宁窗函数频谱如图 5.2.4 所示。

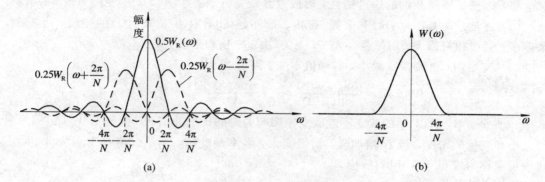

图 5.2.4　汉宁窗函数频谱

在 MATLAB 中，函数 Hanning(N) 用于生成长度为 N 的汉宁窗，例如：Window = hanning(5)，运行得到：

$$\text{Window} = \begin{bmatrix} 0.2500 & 0.7500 & 1.0000 & 0.7500 & 0.2500 \end{bmatrix}$$

3. 汉明窗（改进的升余弦窗）

汉明窗函数的表达式为

$$w(n) = \left[0.54 - 0.46\cos\left(\frac{2\pi n}{N-1}\right)\right]R_N(n) \tag{5.2.13}$$

它是对汉宁窗的改进，在主瓣宽度（对应第一零点的宽度）相同的情况下，旁瓣进一步减小，可使 99.96% 的能量集中在窗谱的主瓣内。

在 MATLAB 中，函数 Hamming(N) 用于生成长度为 N 的汉明窗，例如：Window = hamming(5)，运行得到：

$$\text{Window} = \begin{bmatrix} 0.0800 & 0.5400 & 1.0000 & 0.5400 & 0.0800 \end{bmatrix}$$

4. 布莱克曼窗（二阶升余弦窗）

布莱克曼窗函数的表达式为

$$w(n) = \left[0.42 - 0.5\cos\left(\frac{2\pi n}{N-1}\right) + 0.08\cos\left(\frac{4\pi n}{N-1}\right)\right]R_N(n) \tag{5.2.14}$$

由式可见，它增加了一个二次谐波余弦分量，降低了旁瓣，但主瓣宽度进一步增加，为 $\frac{12\pi}{N}$。频谱的幅度函数为

$$W(\omega) = 0.42W_R(\omega) + 0.25\Big[W_R\Big(\omega - \frac{2\pi}{N-1}\Big) + W_R\Big(\omega + \frac{2\pi}{N-1}\Big)\Big]$$
$$+ 0.04\Big[W_R\Big(\omega - \frac{4\pi}{N-1}\Big) + W_R\Big(\omega + \frac{4\pi}{N-1}\Big)\Big]$$

在 MATLAB 中，函数 Blackman(N)用于生成长度为 N 的布莱克曼窗，例如：Window＝Blackman(5)，运行得到：

$$\text{Window} = [\ 0.0000 \quad 0.3400 \quad 1.0000 \quad 0.3400\ 0.0000\ ]$$

四种窗函数的时域波形如图 5.2.5 所示，频谱如图 5.2.6 所示。

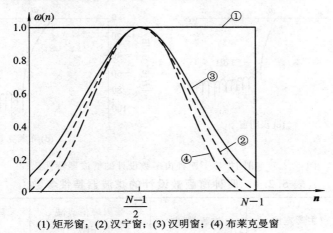

(1) 矩形窗；(2) 汉宁窗；(3) 汉明窗；(4) 布莱克曼窗

图 5.2.5　四种常用窗函数的时域波形

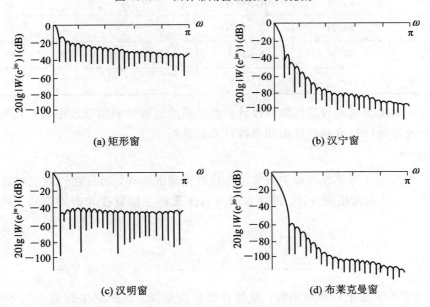

图 5.2.6　四种常用窗函数的频谱

在相同的技术指标要求下，采用不同窗函数设计，当 $N=51$、$\omega_c=0.5\pi$ 时数字低通滤波器的频谱如图 5.2.7 所示，它们的特性参数如表 5.2.1 所示。

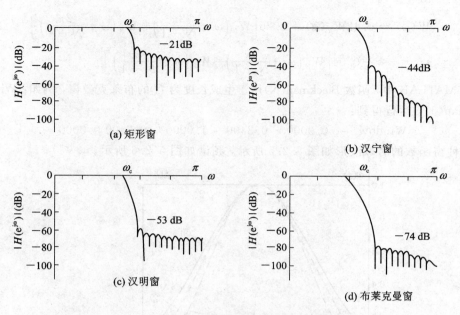

图 5.2.7　相同指标下四种窗函数设计的滤波器特性比较

表 5.2.1　四种窗函数设计的滤波器特性参数

窗函数	主瓣宽度	过渡带宽	旁瓣峰值衰减 （dB）	阻带最小衰减 （dB）
矩形	$4\pi/N$	$1.8\pi/N$	-13	-21
汉宁	$8\pi/N$	$6.2\pi/N$	-31	-44
汉明	$8\pi/N$	$6.6\pi/N$	-41	-53
布莱克曼	$12\pi/N$	$11\pi/N$	-57	-74

表 5.2.1 给出了这四种窗函数所设计的滤波器的过渡带和阻带最小衰减指标，这些指标将作为滤波器设计时窗函数选型和参数计算的依据。

5. 凯塞窗

以上四种窗函数都是以增加主瓣宽度为代价来降低旁瓣，而且它们的主瓣宽度和旁瓣衰减都固定，难以实现精确设计。凯塞窗则可自由选择主瓣宽度和旁瓣衰减，其函数表达式为

$$w(n) = \frac{I_0\left(\beta\sqrt{1-\left(1-\dfrac{2n}{N-1}\right)^2}\right)}{I_0(\beta)} \qquad 0 \leqslant n \leqslant N-1 \qquad (5.2.15)$$

式中：$I_0(x)$ 是零阶修正贝塞尔函数；参数 β 可自由选择，以决定主瓣宽度与旁瓣衰减。β 越大，$w(n)$ 窗越窄，其频谱的主瓣变宽，旁瓣变小。凯塞窗函数波形如图 5.2.8 所示，通常取 $4<\beta<9$，当 $\beta=5.44$ 时，接近汉明窗函数；当 $\beta=8.5$ 时，接近布莱克曼窗函数；当 $\beta=0$ 时，为矩形窗函数。表 5.2.2 给出了不同参数 β 时，用凯塞窗函数设计的滤波器的特性参数，以便设计时查用。

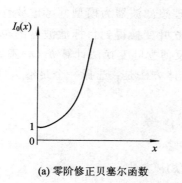

(a) 零阶修正贝塞尔函数

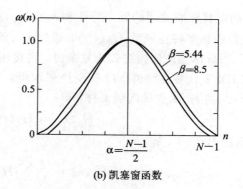

(b) 凯塞窗函数

图 5.2.8　凯塞窗函数波形

若给定滤波器的过渡带宽 $\Delta\omega$ 和阻带最小衰减 At，则参数 β、N 可由以下经验公式计算：

$$At = -20\lg\delta_2 \tag{5.2.16}$$

$$\beta = \begin{cases} 0.1102(At - 8.7) & At \geqslant 50 \text{ dB} \\ 0.5842(At - 21)^{0.4} + 0.07886(At - 21) & 21 \text{ dB} < At < 50 \text{ dB} \\ 0 & At \leqslant 21 \text{ dB} \end{cases} \tag{5.2.17}$$

$$N \approx \frac{At - 8}{2.285\Delta\omega} \tag{5.2.18}$$

表 5.2.2　凯塞窗函数特性参数

β	过渡带	通带波纹/dB	阻带最小衰减/dB
2.120	$3.00\pi/N$	±0.27	-30
3.384	$4.46\pi/N$	±0.08647	-40
4.538	$5.86\pi/N$	±0.0274	-50
5.658	$7.24\pi/N$	±0.00868	-60
6.764	$8.64\pi/N$	±0.00275	-70
7.865	$10.0\pi/N$	±0.000868	-80
8.960	$11.4\pi/N$	±0.000275	-90
10.056	$12.8\pi/N$	±0.000087	-100

在 MATLAB 中，函数 Kaiser (N, β) 用于生成长度为 N 的布莱克曼窗，例如：Window ＝Kaiser $(5, 4.538)$，运行得到：

$$\text{Window} = [0.0553 \quad 0.5886 \quad 1.0000 \quad 0.5886 \quad 0.0553]$$

5.2.3　窗函数法设计举例

根据上述讨论，如果给定 FIR 数字滤波器的技术指标，则采用窗函数法设计具有线性相位的 FIR 数字滤波器时，可按以下设计步骤来完成：

（1）确定所要设计的滤波器的类型和技术指标。

（2）确定目标滤波器的频率特性和 $h_d(n)$。以理想滤波器为模型并考虑线性相位确定目标滤波器的频率特性函数 $H_d(e^{j\omega})$，通过求反傅立叶变换得到目标滤波器的单位脉冲响应 $h_d(n)$。当目标滤波器模型较为复杂时，直接用反傅立叶变换法计算 $h_d(n)$ 不容易求得。这时可用 IDFT 代替连续傅立叶反变换来求得，具体方法是：选择一个足够大的整数 M，并对 $H_d(e^{j\omega})$ 进行 M 点等间隔采样，得

$$H_d(k) = H_d(e^{j\omega})\big|_{\omega=\frac{2\pi k}{M}} \tag{5.2.19}$$

再作 M 点的 IDTFT，得

$$h_M(n) = \frac{1}{M}\sum_{n=0}^{M-1} H_d(k)e^{j2\pi kn/M} \tag{5.2.20}$$

当 $M \gg N$ 时，有 $h_M(n) \approx h_d(n)$。

（3）确定窗函数。查表 5.2.1 和表 5.2.2，根据阻带衰减指标选择窗函数，选择原则是：在符合指标要求的情况下，选择最简单的窗函数。

（4）确定滤波器的最小阶数。查表 5.2.1 和表 5.2.2，根据技术指标要求的过渡带和所选用的窗函数的过渡带宽度，计算出窗的宽度 N，也是滤波器的最小阶数。

（5）确定滤波器阶数。根据滤波器的类型和线性相位的约束条件，选择线性相位类型，并以此确定滤波器的阶数和群延时。

（6）计算 $h(n)=h_d(n)w_R(n)$，即为所要设计滤波器的单位脉冲响应。如有要求，还可进一步求出滤波器的系统函数。

【例 5.2.1】 设计一线性相位 FIR 数字低通滤波器，通带截止频率为 0.3π，阻带边界频率为 0.5π，通带波动小于 2 dB，阻带衰减不小于 50 dB。

解法一：通过计算设计。

（1）所需设计的是低通滤波器，技术指标是：$\omega_p=0.3\pi$，$\omega_r=0.5\pi$，$\delta=2$ dB，$At=50$ dB。

（2）以理想低通滤波器为目标滤波器模型，确定 $H_d(e^{j\omega})$，经 IDTFT 得

$$h_d(n) = \frac{1}{2\pi}\int_{-\omega_c'}^{\omega_c'} e^{-j\omega\alpha}e^{j\omega n}\,d\omega = \begin{cases} \dfrac{\sin[\omega_c'(n-\alpha)]}{\pi(n-\alpha)} & n \neq \alpha \\[2mm] \omega_c'/\pi & n = \alpha \end{cases}$$

式中：$\omega_c' = \dfrac{\omega_p+\omega_r}{2} = \dfrac{0.3\pi+0.5\pi}{2} = 0.4\pi$。

（3）因 $At=50$ dB，根据表 5.2.1 选择汉明窗函数，其过渡带为 $6.6\pi/N$。因 $\Delta\omega = 0.2\pi$，故 $N=33$。

（4）由于是低通，选择情况 1 进行设计，N 要求为奇数，则滤波器的阶数确定为 32，即 $N=33$，$\alpha=\dfrac{N-1}{2}=16$。

（5）$h(n)=h_d(n)w_R(n)=\begin{cases} \dfrac{\sin[0.4\pi(n-16)]}{\pi(n-16)}\left[0.54-0.46\cos\left(\dfrac{2\pi n}{N-1}\right)\right] & n\neq 16 \\[2mm] 0.4 & n=16 \end{cases}$

解法二：用 MATLAB 辅助设计。

```
wp=0.3*pi; wr=0.5*pi;
deltaw=wr-wp;
```

```
N0＝ceil(6.6 * pi/deltaw)；%选择汉明窗，求滤波器长度 N0
N＝N0＋mod(N0＋1, 2)；%选择 1 型滤波器，确保 N 为奇数
alfa＝(N－1)/2；
wc＝(wp＋wr)/2；
windows＝hamming(N)；%汉明窗
n＝0：N－1；
hd＝sin(wc * (n－alfa＋eps))./(pi * (n－alfa＋eps))；%eps 微小值，避免 0 作除数
h＝hd. * windows′
freqz(h, 1)；
```

运行结果：

h ＝[

0.0015	－0.0000	－0.0025	－0.0023	0.0033	0.0078	－0.0000	－0.0151
－0.0126	0.0168	0.0361	－0.0000	－0.0655	－0.0575	0.0903	0.3001
0.4000	0.3001	0.0903	－0.0575	－0.0655	－0.0000	0.0361	0.0168
－0.0126	－0.0151	－0.0000	0.0078	0.0033	－0.0023	－0.0025	－0.0000	0.0015]

解法三：用 MATLAB 的 fir1 函数设计。

MATLAB 中基于窗函数的设计函数为 fir1，它用于设计标准的低通、高通、带通、带阻线性相位数字滤波器，其函数具有以下几种调用形式：

```
b ＝ fir1(n, Wn)
b ＝ fir1(n, Wn, ′ftype′)
b ＝ fir1(n, Wn, window)
b ＝ fir1(n, Wn, ′ftype′, window)
```

函数的形式参数 n 为所要设计的滤波器的阶数。

函数的形式参数 Wn 为所要设计的滤波器的归一化边界频率，对于低通和高通，归一化边界频率为一元向量，而对于带通和带阻，归一化边界频率为二元向量；如果是多元向量，则为多带滤波器。

函数的形式参数 ftype 为所要设计的滤波器的类型。当不指定 ftype 时，即采用第 1 种函数形式，归一化边界频率为一元向量时默认为低通，为二元向量时默认为带通，采用的是汉明窗函数设计。当指定 ftype 时，即采用第 2 种函数形式。当指定 ftype 为"high"时，表示设计高通滤波器；为"stop"时，表示设计带阻滤波器；为"DC－1"时，表示设计多带滤波器，并且第一个频带为通带；为"DC－0"时，表示设计多带滤波器，并且第一个频带为阻带。

函数的形式参数 window 为所设计方法中使用的窗函数的类型。N 点窗函数的调用是 boxcar(N)、hanning(N)、hamming(N)、blackman(N)、kaiser (N, β)。如果不指定 window 选项，则默认的是采用汉明窗函数设计。必须注意：窗函数中窗的长度要求为 n＋1。

另外，对于高通和带阻滤波器，fir1 函数设计的结果都是偶数阶的。

利用 fir1 函数进行本例题的设计，根据方法一中的(1)～(4)步骤计算可知滤波器的阶数为 32，归一化边界频率为 0.4，采用汉明窗函数，则程序代码如下：

```
n＝32；
Wn＝0.4；
b ＝ fir1(n, Wn, hamming(n＋1))
```

```
[b1, w1]=freqz(b, 1);
plot(w1/pi, 20 * log10(abs(b1)));
axis([0, 1, -80, 10]);
grid;
xlabel('归一化频率/\pi')
ylabel('幅度/dB')
```

设计结果：

b = [0.0015　　-0.0000　　-0.0025　　-0.0023　　0.0033　　0.0078　　-0.0000　　-0.0151

　　　-0.0126　　0.0168　　0.0361　　-0.0000　　-0.0654　　-0.0575　　0.0902　　0.2998

　　　0.3997　　0.2998　　0.0902　　-0.0575　　-0.0654　　-0.0000　　0.0361　　0.0168　　-0.0126

　　　-0.0151　　-0.0000　　0.0078　　0.0033　　-0.0023　　-0.0025　　-0.0000　　0.0015]

所得到的滤波器特性分析结果如图 5.2.9 所示，由图可见，其通带指标完全符合题目的技术指标要求，但阻带指标还不满足，需要优化。

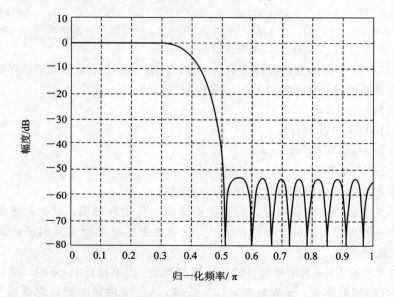

图 5.2.9　汉明窗函数设计的滤波器的幅频特性

【例 5.2.2】　用凯塞窗设计一线性相位 FIR 低通滤波器，通带边界频率为 0.3π，阻带边界频率为 0.5π，通带波动小于 2 dB，阻带衰减不小于 50 dB。

解　根据题目可知所需设计的是低通滤波器，其技术指标为：通带边界频率 $\omega_p = 0.3\pi$，阻带边界频率 $\omega_r = 0.5\pi$，$\delta = 2$ dB，$At = 50$ dB。根据指标要求，其理想低通的截止频率应为

$$\omega_c' = \frac{\omega_c + \omega_r}{2} = \frac{0.3\pi + 0.5\pi}{2} = 0.4\pi$$

则理想低通滤波器的单位脉冲响应为

$$h_d(n) = \frac{1}{2\pi}\int_{-\omega_c'}^{\omega_c'} e^{-j\omega\alpha} e^{j\omega n} \, d\omega = \begin{cases} \dfrac{\sin[\omega_c'(n-\alpha)]}{\pi(n-\alpha)} & n \neq \alpha \\ \omega_c'/\pi & n = \alpha \end{cases}$$

滤波器的过渡带为：$\Delta\omega = \omega_r - \omega_p = 0.2\pi$。

$$\beta = 0.1102(50 - 8.7) = 4.55$$

$$N = \frac{50 - 8}{2.285 \times 0.2\pi} \approx 30$$

$$\alpha = \frac{N-1}{2} = 14.5$$

则设计的滤波器的单位脉冲响应为

$$h(n) = h_d(n)w_R(n) = \frac{\sin[0.4\pi(n - 14.5)]}{\pi(n - 14.5)} \cdot \frac{I_0(\beta\sqrt{1 - [1 - 2n/(N-1)]^2})}{I_0(\beta)}$$

与汉明窗函数设计相比，滤波器的阶数变为 29，比较小；但是需要用到零阶修正贝塞尔函数，计算复杂，需要计算机辅助计算。可采用 MATLAB 计算，程序代码如下：

```
windows=kaiser(30, 4.55);
nn=[0: 1: 29];
alfa=(30-1)/2;
hd=sin(0.4 * pi * (nn-alfa)). /(pi * (nn-alfa));
h=hd. * windows ';
%上面 5 个语句可用 fir1 语句代替：h=fir1(29, 0.4, kaiser(30, 4.55));
[h1, w1]=freqz(h, 1);
plot(w1/pi, 20 * log10(abs(h1)));
axis([0, 1, -80, 10]); grid;
xlabel('归一化频率/\pi')  ylabel('幅度/dB')
```

图 5.2.10 给出了同样阶数采用矩形窗函数和凯塞窗函数设计的滤波器的特性分析结果。结果表明，矩形窗设计的阻带衰减在 28 dB 左右，不符合指标要求；而凯塞窗函数设计的阻带衰减达 50 dB，符合指标要求。可见，选择不同的窗函数设计结果将不一样。因此，采用窗函数法设计时一定要选择合适的窗函数。

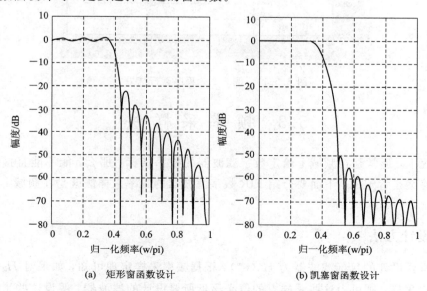

(a) 矩形窗函数设计   (b) 凯塞窗函数设计

图 5.2.10 矩形窗、凯塞窗设计的滤波器的特性

【例 5.2.3】 设计满足下面技术指标的数字带通滤波器：

低频端阻带边缘：ws1＝0.2π，Rr＝ 60 dB

低频端通带边缘：wp1＝0.35π，Rp＝ 1 dB

高频端通带边缘：wp2＝0.65π，Rp＝ 1 dB

高频端阻带边缘：ws2＝0.8π，Rr＝ 60 dB

解 根据阻带衰减 60 dB 选择 blackman 窗函数，程序如下：

wp1＝0.35；wp2＝0.65；ws1＝0.2；ws2＝0.8；

deltaw＝ min((wp1－ws1)，(ws2－wp2))；% 求过渡带的小者

wc1 ＝ (ws1＋wp1)/2；wc2 ＝ (wp2＋ws2)/2；

N0 ＝ ceil(11/deltaw) % 按 blackman 窗求滤波器长度 N0

N＝N0＋mod(N0＋1，2) % 使滤波器长度 N 为奇数

h＝fir1(N，[wc1，wc2]，blackman(N＋1))；

freqz(h，1)

程序运行结果如图 5.2.11 所示。

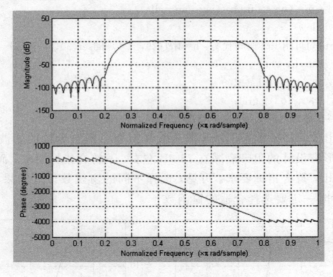

图 5.2.11　例 5.2.3 程序运行结果

5.3　频率采样法

在工程上，通常是在频域上给定数字滤波器的技术指标，那么，能不能直接在频域上设计呢？答案是肯定的。下面要介绍 FIR 数字滤波器的频率采样法就是在频域上直接设计的方法。

5.3.1　设计方法

假设所要设计的目标滤波器为 $H_d(e^{j\omega})$，根据频率采样定理可知，如果对 $H_d(e^{j\omega})$ 进行 N 点等间隔采样，则可由这些采样点的值来逼近所要设计的滤波器。假设这些采样点的值为 $H(k)$，经过 N 点 IDFT(IFFT) 作为所要设计的滤波器的单位脉冲响应 $h(n)$，即

$$h(n) = \frac{1}{N} \sum_{k=0}^{N-1} H(k) e^{j2\pi nk/N}, \quad n = 0, 1, \cdots, N-1 \tag{5.3.1}$$

如果要设计具有线性相位的 FIR 数字滤波器，就要考虑线性相位的 FIR 滤波器必须满足的条件。根据 5.1 节的分析结果，下面讨论四种类型的线性相位 FIR 滤波器的约束条件。

类型 1：$h(n)$ 偶对称，N 为奇数，其幅度函数 $H(\omega)$ 应具有偶对称性，即

$$H(\omega) = H(2\pi - \omega) \tag{5.3.2}$$

则对 $H(e^{j\omega}) = H(\omega) e^{-j\omega\left(\frac{N-1}{2}\right)}$ 的 N 点采样可以表示为 $H(k) = H_k e^{j\theta_k}$，可以导出：

$$H_k = H_{N-k}, \quad k = 0, 1, \cdots, N-1 \tag{5.3.3}$$

$$\theta_k = -\omega\left(\frac{N-1}{2}\right)\bigg|_{\omega=\frac{2\pi}{N}k} = -\frac{(N-1)k\pi}{N}, \quad k = 0, 1, \cdots, N-1 \tag{5.3.4}$$

类型 2：$h(n)$ 偶对称，N 为偶数，幅度特性具有奇对称，即 $H(\omega) = -H(2\pi - \omega)$，则可以导出：

$$H_k = -H_{N-k} \tag{5.3.5}$$

$$\theta_k = -\frac{(N-1)k\pi}{N}, \quad k = 0, 1, \cdots, N-1 \tag{5.3.6}$$

类型 3：$h(n)$ 奇对称，N 为奇数，幅度特性是奇对称，则可以导出：

$$H_k = -H_{N-k} \tag{5.3.7}$$

$$\theta_k = -\frac{(N-1)k\pi}{N} - \frac{\pi}{2}, \quad k = 0, 1, \cdots, N-1 \tag{5.3.8}$$

类型 4：$h(n)$ 奇对称，N 为偶数，幅度函数 $H(\omega)$ 偶对称，则可以导出：

$$H_k = H_{N-k} \tag{5.3.9}$$

$$\theta_k = -\frac{(N-1)k\pi}{N} - \frac{\pi}{2}, \quad k = 0, 1, \cdots, N-1 \tag{5.3.10}$$

因此，在设计过程中必须根据所要设计的滤波器类型选择不同的线性相位类型，并且必须满足上述的约束条件。

5.3.2 逼近误差

下面讨论上述设计过程的逼近误差。对式(5.3.1)求 Z 变换，得

$$
\begin{aligned}
H(z) &= \sum_{n=0}^{N-1} h(n) z^{-n} = \sum_{n=0}^{N-1} \left[\frac{1}{N} \sum_{k=0}^{N-1} H(k) e^{j2\pi nk/N} \right] z^{-n} \\
&= \frac{1}{N} \sum_{k=0}^{N-1} H(k) \left[\sum_{n=0}^{N-1} e^{j2\pi nk/N} z^{-n} \right] \\
&= \frac{1}{N} \sum_{k=0}^{N-1} H(k) \frac{1 - z^{-N}}{1 - e^{j2\pi k/N} z^{-1}}
\end{aligned}
$$

令 $W = e^{-j2\pi/N}$，则有

$$H(z) = \frac{1 - z^{-N}}{N} \sum_{k=0}^{N-1} \frac{H(k)}{1 - W^{-k} z^{-1}} \tag{5.3.11}$$

式(5.3.11)是频率采样法的理论基础。下面讨论其频率响应，在单位圆上的频响为

$$H(e^{j\omega}) = \frac{1 - e^{-j\omega N}}{N} \sum_{k=0}^{N-1} \frac{H(k)}{1 - e^{j2\pi k/N} e^{-j\omega}}$$

$$= \frac{1}{N} \sum_{k=0}^{N-1} H(k) \frac{\sin\left(\frac{\omega N}{2}\right)}{\sin\left(\frac{\omega}{2} - \frac{\pi}{N}k\right)} e^{-j\left(\frac{N-1}{2}\omega + \frac{k\pi}{N}\right)}$$

$$= \sum_{k=0}^{N-1} H(k) \varphi_k(e^{j\omega}) \tag{5.3.12}$$

这是一个内插公式, 式中:

$$\varphi_k(e^{j\omega}) = \frac{1}{N} \frac{\sin\left(\frac{\omega N}{2}\right)}{\sin\left(\frac{\omega}{2} - \frac{\pi}{N}k\right)} e^{-j\left(\frac{N-1}{2}\omega + \frac{k\pi}{N}\right)} \tag{5.3.13}$$

称为内插函数, 当 $\omega = \frac{2\pi}{N}i$, $i = 0, 1, \cdots, N-1$ 时, 有

$$\varphi_k\left(e^{j\frac{2\pi}{N}i}\right) = \begin{cases} 1 & i = k \\ 0 & i \neq k \end{cases}, \quad i = 0, 1, \cdots, N-1$$

可见, 在每个采样点上, 所设计的滤波器的频响严格地与目标滤波器的频响的采样值 $H(k)$ 相等, 即 $H(e^{j\omega_k}) = H(k)$, 逼近误差为零。在采样点之间, 频响由各采样点的内插函数延伸迭加而形成, 因而有一定的逼近误差。误差的大小与目标滤波器频率响应的曲线形状有关, 响应曲线越平滑, 误差越小; 反之, 误差越大。在目标滤波器频率响应的不连续点附近, 会产生肩峰和波纹。如图 5.3.1 所示, 梯形采样值变化比较平缓, 产生的肩峰和波纹比矩形采样小得多。另外, 当 N 增大时, 采样点变密, 逼近误差也将减小。

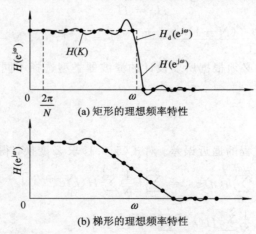

图 5.3.1　不同频率采样的频率特性

【例 5.3.1】　设计一个 FIR 数字低通滤波器, 其技术指标为: 通带截止频率为 0.5π, 阻带最小衰减为 50 dB, $N = 33$, 求线性相位。

解　以理想的低通滤波器特性为目标滤波器模型, 则

$$H_d(\omega) = \begin{cases} 1 & 0 \leqslant \omega \leqslant 0.5\pi \\ 0 & 0.5\pi \leqslant \omega \leqslant \pi \end{cases}$$

根据表 5.1.1，能设计低通线性相位数字滤波器的只有一、二两种，因 N 为奇数，所以只能选择类型 1，即 $h(n)=h(N-1-n)$，幅频特性偶对称。

根据指标要求，在 $0\sim2\pi$ 内有 33 个取样点，所以第 k 点对应频率为 $\frac{2\pi}{33}k$。令 $\frac{2\pi}{33}k_c=\omega_c=0.5\pi$，则 $k_c=8.25$；因为 k_c 必须为整数，所以取截止频率 0.5π 对应的采样点 $k_c=8$。当幅度采样点在 $k=0\sim8$ 时，采样值为 1；由偶对称性 $H_k=H_{N-k}$，可得 $k=25\sim32$ 时，取样值也为 1，其他取样值为 0，如图 5.3.2 所示。

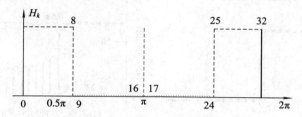

图 5.3.2 幅度采样值

由图 5.3.2 可以写出幅度采样值的表达式为

$$H_k=\begin{cases}1 & k=0\sim8;25\sim32\\0 & k=9\sim24\end{cases}$$

由式(5.3.4)可得

$$\theta_k=-\omega\left(\frac{N-1}{2}\right)\Big|_{\omega=\frac{2\pi}{N}k}=-\frac{32}{33}k\pi,\qquad 0\leqslant k\leqslant32$$

所以

$$H(k)=H_k\mathrm{e}^{\mathrm{j}\theta_k}=\begin{cases}\mathrm{e}^{-\mathrm{j}\frac{32}{33}k\pi} & k=0\sim8;25\sim32\\0 & k=9\sim24\end{cases}$$

把 $H(k)$ 带入式(5.3.11)得设计结果 $H(z)$。下面进行频谱验证：

$$H(\mathrm{e}^{\mathrm{j}\omega})=\frac{1}{N}\sum_{k=0}^{N-1}\frac{H_k\sin(\omega N/2)}{\sin[(\omega-2\pi k/N)/2]}\mathrm{e}^{-\mathrm{j}\frac{32\pi k}{33}}\mathrm{e}^{-\mathrm{j}\left(16\omega+\frac{k\pi}{33}\right)}$$

$$=\frac{1}{33}\left\{\sum_{k=0}^{32}\frac{H_k\sin\left[33\left(\frac{\omega}{2}-\frac{k\pi}{33}\right)\right]}{\sin[(\omega-2\pi k/33)/2]}\right\}\mathrm{e}^{-\mathrm{j}16\omega}\qquad(5.3.14)$$

将设计结果作频率特性分析，得如图 5.3.3(b)所示的特性曲线，由图 5.3.3(b)可以看出，其过渡带宽为一个频率采样间隔 $2\pi/N=2\pi/33$，而最小阻带衰减略小于 20 dB。对大多数应用场合，阻带衰减如此小的滤波器是不能令人满意的，因此，必须采取措施增大阻带衰减。有如下三种方法可以增大阻带衰减：

(1) 增加过渡带采样点。

通过增加一个或者多个过渡带采样点，使目标滤波器的特性变为比较平滑，减少通带和阻带的纹波，以增大阻带衰减。但是这种方法会使过渡带变宽，假设增加 m 个过渡点，则过渡带 $\Delta\omega$ 将变为

$$\Delta\omega=(m+1)\frac{2\pi}{N}\qquad(5.3.15)$$

因此，这种方法是通过加宽过渡带宽，以牺牲过渡带换取阻带衰减的增加。

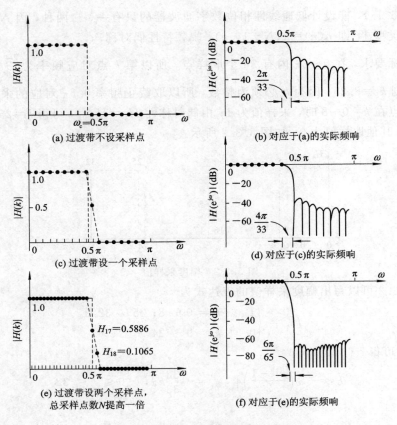

图 5.3.3 不同过渡点的设计结果比较

例如：在本例中，可在 $k=9$ 和 $k=24$ 处各增加一个过渡带采样点 $H_9=H_{24}=0.5$，使过渡带宽增加到二个频率采样间隔 $4\pi/33$，重新计算的 $H(e^{j\omega})$ 见图 5.3.3(c)，其阻带衰减增加到约 -40 dB，如图 5.3.3(d)所示。

（2）过渡点的优化。

利用线性最优化的方法确定过渡带采样点的值，得到要求的滤波器的最佳逼近（而不是盲目地设定一个过渡带值）。

例如，本例中可以用简单的梯度搜索法来选择 H_9、H_{24}，使通带或阻带内的最大绝对误差最小化。经计算得 $H_9=0.3904$ 时，对应的 $H(e^{j\omega})$ 的幅频特性阻带衰减约为 -50 dB，比 $H_9=0.5$ 时的阻带衰减明显增大。

如果还要进一步改善阻带衰减，可以增加第二个甚至第三个过渡点，当然也可用线性最优化求取这些取样值。

（3）增大 N。

如果要进一步增加阻带衰减，但又不增加过渡带宽，可通过增加采样点数 N 来实现。

例如，对于同样的截止频率 $\omega_c=0.5\pi$，以 $N=65$ 采样，并在 $k=17$ 和 $k=48$ 插入经阻带衰减最优化计算得到的过渡点采样值 $H_{17}=H_{48}=0.5886$，在 $k=18$ 和 $k=47$ 处插入经阻带衰减最优化计算得到的过渡点采样值 $H_{18}=H_{47}=0.1065$，如图 5.3.3(e)所示。这时得到的 $H(e^{j\omega})$，过渡带为 $6\pi/65$，没有增加，而阻带衰减则达到了 -60 dB 以上，如图

5.3.3(f)所示。当然，代价是滤波器阶数增加，运算量增加。

综上可以看出，频率采样设计法具有以下特点：

（1）直接从频域进行设计，物理概念清楚，直观方便。

（2）充分加大 N，可以逼近任何给定的频率特性和技术指标的滤波器，但计算量和复杂性增加。

（3）因频率取样点都局限在 $2\pi/N$ 的整数倍点上，所以在指定通带和阻带截止频率时，截止频率难以控制。

5.3.3　MATLAB 辅助设计

为了更好地理解和掌握频率采样设计法，根据 5.2.1 节的分析和讨论，归纳线性相位 FIR 数字滤波器的设计步骤如下：

（1）确定所要设计的 FIR 数字滤波器类型和技术指标。

（2）根据滤波器类型和技术指标要求确定目标滤波器的模型和参数。通常采用理想滤波器模型作为目标滤波器的模型，参数包括：插入过渡采样点的数量和滤波器阶数 N。

（3）求频谱采样值 $H(k)$。根据滤波器类型和线性相位的约束条件，计算幅度采样值和相位采样值。

（4）利用 IFFT 计算得到 $h(n)$——使用 MATLAB 的 IFFT 函数来计算。

（5）性能分析和优化（MATLAB 编程实现）。

从上述步骤可以看出，采用频率采样法进行设计时，必须使用 MATLAB（当然也可以使用其他软件）进行辅助设计。下面以一个实例来说明具体的设计方法。

【例 5.3.2】　设计一个线性相位 FIR 数字低通滤波器，其技术指标为：通带截止频率为 0.4π，阻带截止频率为 0.6π，通带衰减为 2 dB，阻带最小衰减为 50 dB。

解法一：

（1）确定技术指标。

通带截止频率为 0.4π，阻带截止频率为 0.6π，通带衰减为 2 dB，阻带最小衰减为 50 dB。

（2）根据指标要求确定插入过渡点数量和滤波器阶数 N。

选择插入 1 个过渡点，根据式(5.3.15)得过渡带 $0.2\pi=4\pi/N$，因此可求出 $N=20$。

（3）根据滤波器类型和约束条件，计算幅度采样值和相位采样值。

由于要设计的滤波器类型为低通，选择情况 1 设计，取 $N=21$，幅度函数采样 H_k 具有偶对称性，即有 $H_k=H_{N-k}$。令 $\omega_p=0.4\pi=\dfrac{2\pi}{N}k_p$，则 $k_p=4.2$，因此，截止频率点取 $k_p=4$，则幅度函数采样为

$$H_k=\begin{cases}1 & k=0,1,\cdots,4,17,18,\cdots,20\\ 0.39 & k=5,16\\ 0 & k=6,7,\cdots,15\end{cases}$$

相位采样为

$$\theta_k=-\frac{(N-1)k\pi}{N}=-\frac{20}{21}\pi k,\quad k=0,1,\cdots,N-1$$

$$H(k) = \begin{cases} e^{-j\frac{20}{21}\pi k} & k = 0, 1, \cdots, 4, 17, 18, \cdots, 20 \\ 0.39e^{-j\frac{20}{21}\pi k} & k = 5, 16 \\ 0 & k = 6, 7, \cdots, 15 \end{cases}$$

步骤(4)、(5)采用 MATLAB 编程实现,具体代码如下:

```
N=21;wp=0.4*pi;dw=2*pi/N;hg1=0;
wk=round(wp/dw);%通带截止频率的采样位置点
for i=0:wk
hg1(i+1)=1;
end
hg2=0.3904;
for i=(wk+2):(N-(wk+2))
hg3(i-wk-1)=0;
end
hg=[hg1,hg2,hg3,hg2,hg1] %频率采样的幅度值
i=0:N;
subplot(3,1,1);
stem(i,hg);
ylabel('Hk');
xlabel('k');
for t=1:N;
ct=-(N-1)/N*pi*(t-1);%频率采样的相位值
ck=exp(j*ct);
hk(t)=hg(t)*ck;%频率采样的频谱值即 H(k)
end;
hn=ifft(hk) %IFFT
[h,w]=freqz(hn,1,512);
amp=abs(h);ampdb=20*(log10(amp));
pha=angle(h);
%figure;
subplot(3,1,2);
plot(w/pi,ampdb);
line([0,1],[-2,-2]);
ylabel('幅度(dB)');xlabel('频率(w/pi)');
axis([0 1 -60 5]);line([0,1],[-50,-50]);
subplot(3,1,3);
plot(w/pi,pha);
ylabel('相位(ard)');xlabel('频率(w/pi)');
```

程序运行结果:

h(n)={0.0101, 0.0020, -0.0192, -0.0186, 0.0259, 0.0440, -0.0306, -0.0941, 0.0333, 0.3143, 0.4658, 0.3143, 0.0333, -0.0941, -0.0306, 0.0440, 0.0259, -0.0186, -0.0192, 0.0020, 0.0101}

特性分析结果如图 5.3.4 所示，由图可见阻带衰减不满足要求，因此需要优化。采用插入 2 个过渡点进行优化，则 $0.2\pi = 6\pi/N$，求得 N＝30。取 N＝31，并取两个过渡点值分别为 0.5886、0.1065。优化后特性分析结果如图 5.3.5 所示，由图可见阻带衰减超出指标要求。因此，设计结果不是最优的。

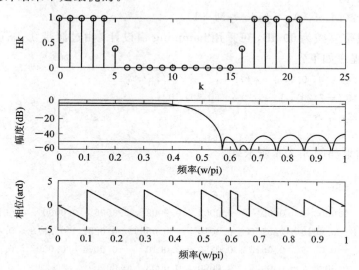

图 5.3.4　插入一个过渡点的低通滤波器特性

对于高通、带通、带阻或者是多带线性相位 FIR 数字滤波器的设计，方法、步骤完全相同。

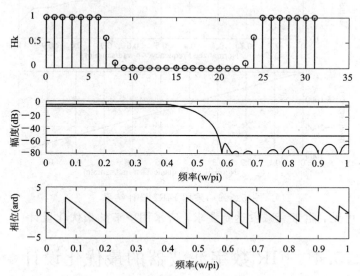

图 5.3.5　插入优化二个过渡点的低通滤波器特性

解法二：用 MATLAB 的 fir2 函数设计。

MATLAB 提供频率样本法的设计函数 fir2。它的典型调用方法为

    h ＝fir2(M, f, A)

其中，M 为 FIR 数字滤波器的阶数(滤波器的长度为 N＝M+1)，数组 f 和 A 给出它的预期频

率响应。算出的滤波器系数为 h，其长度为 N。矢量 f 包含各边缘频率，单位为 π，即 0.0≤ f≤1.0。矢量 A 为各指定频率上预期的幅度响应。fir2 函数缺省地使用 hamming 窗函数。

如果采样其他窗函数（包括 Boxcar、Hann、Bartlett、Blackman、Kaiser 和 Chebwin 等），则调用方法为

  h ＝ fir2(M，f，A，window(M＋1))

本例要求阻带衰减为 50 dB，可采用 hamming 窗设计，由过渡带 0.2π 可计算出 N＝6. 6π/(0.2π)33，程序如下：

  f＝[0，0.4，0.4，0.6，0.6，1]；

  A＝[1，10^(−2/20)，1，1，10^(−50/20)，0]；

  h＝fir2(32，f，A)

  freqz(h，1)；

程序运行结果如图 5.3.6 所示。

  h =[

0.0000 0.0003 0.0000 −0.0005 0.0002 0.0006 0.0000 0.0018 0.0007

−0.0074 0.0010 0.0259 0.0015 −0.0569 0.0231 0.2818 0.4383 0.2818

0.0231 −0.0569 0.0015 0.0259 0.0010 −0.0074 0.0007 0.0018 0.0000

0.0006 0.0002 −0.0005 0.0000 0.0003 0.0000]

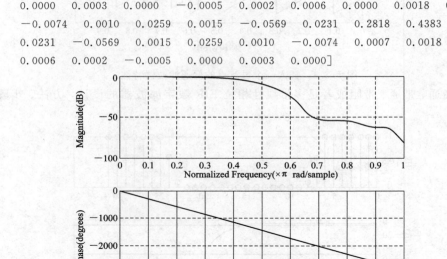

图 5.3.6 采样 FIR2 设计结果

由图 5.3.6 可见，阻带衰减没达到要求，应采用下节的最优化设计。

5.4 FIR 数字滤波器的最优化设计

窗函数设计法（时域逼近法）和频率采样法（频域逼近法），实际上是两种不同意义上对给定理想频率特性的逼近。说到逼近，就有一个逼近得好坏的问题，对"好""坏"的衡量标准不同，也会得出不同的结论。窗函数设计法和频率采样法都是先给出逼近方法，然后再讨论其逼近特性，如果反过来要求在某种准则下设计滤波器各参数，以获取最优的结果，这就引出了最优化设计的问题——最佳滤波器设计。

最佳滤波器的设计一般按以下步骤进行：

(1) 确定最优设计准则；

(2) 优化计算；

(3) 设计结果验证。

另外，最优化设计一般需大量的计算，所以要依靠计算机进行辅助设计。

5.4.1 最优设计准则

最优化设计的前提是最优设计准则的确定。在 FIR 数字滤波器的设计中常用的准则有：均方误差最小化准则、最大误差最小化准则。

(1) 均方误差最小化准则。

若以 $E(e^{j\omega})$ 表示逼近误差，则定义

$$E(e^{j\omega}) = H_d(e^{j\omega}) - H(e^{j\omega}) \tag{5.4.1}$$

式中：$H_d(e^{j\omega})$ 为所要逼近的目标滤波器的频率响应；$H(e^{j\omega})$ 为所设计的滤波器的频率响应。那么均方误差为

$$\varepsilon^2 = \frac{1}{2\pi} \int_{-\pi}^{\pi} |H_d(e^{j\omega}) - H(e^{j\omega})|^2 \, d\omega = \frac{1}{2\pi} \int_{-\pi}^{\pi} |E(e^{j\omega})|^2 \, d\omega \tag{5.4.2}$$

均方误差最小化准则就是选择一组采样值，以使均方误差最小。这一方法注重的是在整个 $-\pi \sim \pi$ 频率区间内总误差的全局最小，但不能保证局部频率点的性能，有些频率点可能会有较大的误差。例如：矩形窗函数法 FIR 滤波器设计，因采用有限项的 $h(n)$ 逼近理想的目标滤波器 $h_d(n)$，所以其逼近误差为

$$\varepsilon^2 = \sum_{n=-\infty}^{\infty} |h_d(n) - h(n)|^2$$

式中

$$h(n) = \begin{cases} h_d(n) & 0 \leqslant n \leqslant N-1 \\ 0 & \text{其他} \end{cases}$$

因此可得

$$\begin{aligned} \varepsilon^2 &= \sum_{n=-\infty}^{-1} |h_d(n) - h(n)|^2 + \sum_{n=N}^{\infty} |h_d(n) - h(n)|^2 \\ &= \sum_{n=-\infty}^{-1} |h_d(n)|^2 + \sum_{n=N}^{\infty} |h_d(n)|^2 \end{aligned} \tag{5.4.3}$$

由式(5.4.3)可知，误差只取决于给定的 $h_d(n)$，与设计值 $h(n)$ 无关，故是一个常数。可以证明，这是一个最小均方误差。所以，矩形窗函数设计法是一个最小均方误差 FIR 设计，该方法保证在整个 $-\pi \sim \pi$ 频率区间内总误差的全局最小，但不能保证局部频率点的性能，如在间断点处就会出现较大的过冲(Gibbs 现象)误差。

在 MATLAB 中，采样均方误差最小化设计的函数是 firls，使用格式：

　　　　h＝FIRLS(M，F，A)

其中：M 为 FIR 数字滤波器的阶数(滤波器的长度为 N＝M＋1)，数组 f 和 A 给出它的预期频率响应。算出的滤波器系数为 h，其长度为 N。矢量 f 包含各边缘频率，单位为 π，即 $0.0 \leqslant f \leqslant 1.0$。矢量 A 为各指定频率上预期的幅度响应。

【例 5.4.1】 采样均方误差最小化实现例 5.3.2 指标，即设计一个线性相位 FIR 数字低通滤波器，其技术指标为：通带截止频率为 0.4π，阻带截止频率为 0.6π，通带衰减为 2 dB，阻带最小衰减为 50 dB。

解 本例要求阻带衰减 50 dB，可采样 hamming 窗计算滤波器阶数 $N=33$，程序如下：

```
f=[0, 0.4, 0.6, 1];
A=[1, 1, 0, 0];
h=firls(32, f, A);
freqz(h, 1);
```

程序运行结果如图 5.4.1 所示，满足设计要求。

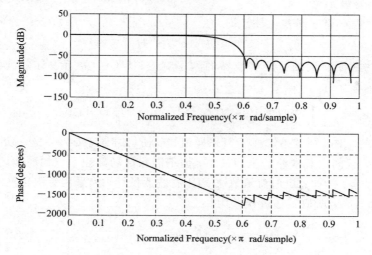

图 5.4.1 例 5.4.1 设计结果

（2）最大误差最小化准则（也叫最佳一致逼近准则）。

最大误差最小化准则的设计思想是使逼近误差的最大值最小化，即

$$\max|E(e^{j\omega})| = \min \quad \omega \in F \tag{5.4.4}$$

其中，F 是根据要求预先给定的一个频率取值范围，可以是滤波器的通带，也可以是阻带。设计时可选择 N 个频率采样值（或时域 $h(n)$ 值），在给定频带范围内使频响的最大逼近误差达到最小，通常达到最小时各个采样点的逼近误差也相等，因此也叫等波纹逼近。例如，频率采样法的优化设计，它是从已知的采样点数 N、预定的一组频率取样和已知的一组可变的频率取样（即过渡带取样）出发，利用迭代法（或解析法）得到具有最小的阻带最大逼近误差（即最大的阻带最小衰减）的 FIR 滤波器。但它只是通过改变过渡带的一个或几个采样值来调整滤波器特性，如果所有频率采样值（或 FIR 时域序列 $h(n)$）都可调整，那么，滤波器的性能可得到进一步提高。采用切比雪夫逼近理论的雷米兹（Remez）交替算法就是基于这种思想的，下面介绍具体设计思想和算法步骤。

5.4.2 切比雪夫最佳一致逼近

1. 切比雪夫最佳一致逼近准则

假设希望设计的线性相位 FIR 数字滤波器的幅度特性为 $H_d(\omega)$，实际设计的 FIR 数

字滤波器的幅度特性为 $H(\omega)$，其加权误差 $E(\omega)$ 定义为

$$E(\omega) = W(\omega)\left[H_d(\omega) - H(\omega)\right] \tag{5.4.5}$$

式中，$W(\omega)$ 为误差加权函数，它与通带或者阻带逼近精度有关。当要求的逼近精度高时，$W(\omega)$ 取值大；当要求的逼近精度低时，$W(\omega)$ 取值小。设计时 $W(\omega)$ 可由设计的技术指标确定。例如：假设要设计的线性相位 FIR 数字滤波器是如图 5.4.2 所示的误差容限的低通滤波器，其通带最大波动为 δ_1，阻带最大波动为 δ_2，则定义

$$W(\omega) = \begin{cases} \dfrac{1}{k} & 0 \leqslant \omega \leqslant \omega_c \\ 1 & \omega_r \leqslant \omega \leqslant \pi \end{cases} \tag{5.4.6}$$

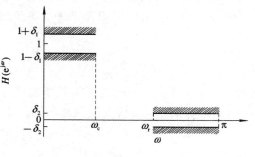

图 5.4.2　低通滤波器的误差分配

式中 k 满足：$\delta_1 = k\delta_2$。

式(5.4.5)中，$H_d(\omega)$ 为理想滤波器的幅频特性，对于理想低通有

$$H_d(\omega) = \begin{cases} 1 & 0 \leqslant \omega \leqslant \omega_c \\ 0 & \omega_r \leqslant \omega \leqslant \pi \end{cases} \tag{5.4.7}$$

式(5.4.5)中，$H(\omega)$ 为所设计滤波器的幅频特性，由表 5.1.1 中的第一种类型滤波器，可得：

$$H(\omega) = \sum_{n=0}^{M} a(n)\cos(\omega n) \quad M = \frac{N-1}{2}$$

$$a(0) = h\left(\frac{N-1}{2}\right), \ a(n) = 2h\left(\frac{N-1}{2} - n\right), \ n = 1, 2, \cdots, \frac{N-1}{2}$$

则

$$E(\omega) = W(\omega)\left[H_d(\omega) - \sum_{n=0}^{M} a(n)\cos(\omega n)\right] \tag{5.4.8}$$

因此，切比雪夫逼近问题变为：寻求一组系数 $a(n)$，$n = 0, 1, \cdots, M$，使逼近误差的最大值达到最小，即

$$\max|E(\omega)| = \min \quad \omega \in A \tag{5.4.9}$$

式中 A 表示研究的通带或阻带。

可见，式(5.4.8)中的 $\sum\limits_{n=0}^{M} a(n)\cos(\omega n)$ 是一个 M 次多项式。因此，最佳一致逼近问题实际上是如何构造一个由 M 次多项式，使其按式(5.4.9)准则逼近一个连续函数的问题。

切比雪夫理论解决了这个多项式的存在性、惟一性及如何构造等一系列问题。构造该多项式的方法是"交错点组定理"。该定理表明：式(5.4.8)满足最佳一致逼近的充分必要条件为：$E(\omega)$ 在 A 上至少呈现 $M+2$ 个"交错"，并使得：

$$E(\omega_i) = -E(\omega_{i-1}) = \max|E(\omega)|$$

式中：$\omega_0 \leqslant \omega_1 \leqslant \omega_2 \leqslant \cdots \leqslant \omega_{M+1}$。

可见，按照切比雪夫最佳一致逼近准则设计的滤波器在通带或者阻带具有等波纹性质，因此，这种设计方法也称为等波纹逼近法设计。

2. 等波纹逼近法设计线性相位 FIR 滤波器

假设希望设计的滤波器为如图 5.4.2 所示的线性相位低通滤波器，其逼近误差函数为式(5.4.8)。考察低通滤波器的闭子集 A 包括区间 $0 \leqslant \omega \leqslant \omega_c$ 和 $\omega_r \leqslant \omega \leqslant \pi$，因为滤波器频响是逐段恒定的，所以对应于误差函数各峰值点的频率也对应于恰好满足误差容限时的频率。由于 $\cos(\omega n)$ 可以采用其幂级数展开的形式表示，因此，滤波器的幅频特性 $H(\omega)$ 可以变换为

$$H(\omega) = \sum_{k=0}^{M} a_k (\cos\omega)^k \quad M = \frac{N-1}{2} \tag{5.4.10}$$

式中，a_k 为与单位脉冲响应有关的常数。可见，$H(\omega)$ 是 M 阶余弦多项式，因此它在区间 $0 < \omega < \pi$ 内有 $M-1$ 个最大值和最小值。对式(5.4.10)求导，得

$$H'(\omega) = \frac{\mathrm{d}H(\omega)}{\mathrm{d}\omega} = -\sin\omega \sum_{k=1}^{M} k a_k (\cos\omega)^{k-1} \quad M = \frac{N-1}{2} \tag{5.4.11}$$

可见，$\omega = 0$，$\omega = \pi$ 也是它的极值点，因此，在区间 $0 \leqslant \omega \leqslant \pi$ 内 $H(\omega)$ 最多有 $M+1$ 个极值点。如果考虑边界频率点 ω_c、ω_r，使 $|H(\omega_c)| = 1 - \delta_1$，$|H(\omega_r)| = \delta_2$，则该误差函数具有 $M+2$ 个交错，满足"交错点组定理"。

假设 A 上的 $M+2$ 个交错点频率 ω_0，ω_1，...，ω_{M+1} 已知，则由(5.4.8)式可得到 $M+2$ 个方程：

$$W(\omega_i)\left[H_d(\omega_i) - \sum_{n=0}^{M} a(n)\cos(\omega_i n)\right] = (-1)^i \rho \quad i = 0, 1, \cdots, M+1 \tag{5.4.12}$$

式中：$\rho = \max|E(\omega)|$ 为极值点频率对应的误差函数值，$\{\omega_i\}(i=0, 1, \cdots, M+1)$ 为极值点频率。必须指出：由于 ω_c 和 ω_r 固定为交错点，因而必为这些极值频率中的一个，如果假设 $\omega_c = \omega_l(0 < l < M+1)$，则 $\omega_r = \omega_{l+1}$。

将式(5.4.12)写成矩阵形式，得

$$\begin{bmatrix} 1 & \cos\omega_0 & \cos(2\omega_0) & \cdots & \cos(M\omega_0) & \dfrac{-1}{W(\omega_0)} \\ 1 & \cos\omega_1 & \cos(2\omega_1) & \cdots & \cos(M\omega_1) & \dfrac{-1}{W(\omega_1)} \\ 1 & \cos\omega_2 & \cos(2\omega_2) & \cdots & \cos(M\omega_2) & \dfrac{-1}{W(\omega_2)} \\ \vdots & \vdots & \vdots & \vdots & \vdots & \vdots \\ 1 & \cos\omega_M & \cos(2\omega_M) & \cdots & \cos(M\omega_M) & \dfrac{-1}{W(\omega_M)} \\ 1 & \cos\omega_{M+1} & \cos(2\omega_{M+1}) & \cdots & \cos(M\omega_{M+1}) & \dfrac{-1}{W(\omega_{M+1})} \end{bmatrix} \begin{bmatrix} a(0) \\ a(1) \\ a(2) \\ \vdots \\ a(M) \\ \rho \end{bmatrix} = \begin{bmatrix} H_d(\omega_0) \\ H_d(\omega_1) \\ H_d(\omega_2) \\ \vdots \\ H_d(\omega_M) \\ H_d(\omega_{M+1}) \end{bmatrix}$$

$$\tag{5.4.13}$$

求解上述方程组可得到全部系数 $a(0)$，$a(1)$，$\cdots$，$a(M)$ 及误差 ρ，再由 $a(n)$ 求出滤波器的 $h(n)$。但实际情况下，$M+2$ 个极值点频率是未知的，并且直接求解上述非线性方程组也是比较困难的。利用数值分析的雷米兹(Remez)迭代算法可以求解该方程组，其算法步骤如下：

（1）在频率子集 A 上等间隔地选取 $M+2$ 个极值点频率 ω_0，ω_1，$\cdots$，ω_{M+1} 作为初值，并计算 ρ：

$$\rho = \frac{\sum\limits_{k=0}^{M+1} a_k H_\mathrm{d}(\omega_k)}{\sum\limits_{k=0}^{M+1} (-1)^k a_k / W(\omega_k)} \qquad (5.4.14)$$

式中

$$a_k = (-1)^k \prod_{i=0, \, i \neq k}^{M+1} \frac{1}{(\cos\omega_i - \cos\omega_k)}$$

由于初始值 ω_i 并不刚好就是极值点，因此 ρ 并不是最佳估计误差，而是相对于初始值产生的偏差。

（2）由 $\{\omega_i\}$（$i=0, 1, \cdots, M+1$）求 $H(\omega)$ 和 $E(\omega)$。利用重心形式的拉格朗日插值公式计算 $H(\omega)$：

$$H(\omega) = \frac{\sum\limits_{k=0}^{M+1} \left[\dfrac{\beta_k}{\cos\omega - \cos\omega_k} \right] H(\omega_k)}{\sum\limits_{k=0}^{M+1} \dfrac{\beta_k}{\cos\omega - \cos\omega_k}} \qquad (5.4.15)$$

其中：

$$H(\omega_k) = H_\mathrm{d}(\omega_k) - (-1)^k \frac{\rho}{W(\omega_k)} \qquad k = 0, 1, \cdots, M$$

$$\beta_k = (-1)^k \prod_{i=0, \, i \neq k}^{M} \frac{1}{(\cos\omega_i - \cos\omega_k)}$$

再将 $H(\omega)$ 代入式（5.4.5），求得 $E(\omega)$。

如果在频带 A 上，所有频率都有 $|E(\omega)| \leqslant \rho$，则 ρ 为所求，ω_0，ω_1，$\cdots$，ω_{M+1} 为极值点频率，得到设计结果。否则进入第（3）步。

（3）对上次确定的极值点频率中的每一点，在其附近检查是否在某一频率处有 $|E(\omega)| > \rho$，如有，则以该频率点作为新的局部极值点。对 $M+2$ 个极值点频率依次进行检查，得到一组新的极值点频率，重复上述步骤求出 ρ、$H(\omega)$、$E(\omega)$。直到 ρ 的值改变很小，迭代结束，由最后一组极值点频率求出 $h(n)$。

上述迭代算法直接计算相当困难，一般利用计算机进行计算。这里，可采用 MATLAB 工具软件进行辅助设计。MATLAB 中有两个函数：remezord 和 remez，用于雷米兹交替算法线性相位 FIR 数字滤波器设计。

remezord 用于确定滤波器的阶数，其函数形式为：

　　　　[N, fpts, mag, wt]＝remezord(fedge, mval, dev, fs)；

其中函数的形式参数 fedge、mval、dev、fs 分别为边界频率、幅度值、偏差值（与幅度值的偏差）、采样频率；返回参数中 N 为滤波器的阶数，fpts 为边界频率点，mag 为期望幅度值，wt 为权向量。

remez 用于滤波器的设计，其函数形式为：

　　　　b＝remez(N, fpts, mag, wt)；

下面举例说明具体的设计方法。

【例 5.4.2】 利用雷米兹交替算法，设计一个线性相位低通 FIR 数字滤波器，其指标为：通带边界频率 fc＝800 Hz，阻带边界 fr＝1000 Hz，通带波动 0.5 dB，阻带最小衰减 At＝40 dB，采样频率 fs＝4000 Hz。

解 根据题目所给的技术指标可直接编写以下代码进行设计：

```
fedge＝[800 1000];
mval＝[1 0];
dev1＝1－1/10^(0.5/20)          %根据通带波动 0.5dB 计算偏差值
dev2＝1/10^(40/20)－0           %根据阻带衰减 40dB 计算偏差值
dev＝[dev1, dev2]              %边界偏差值
%dev＝[0.0559 0.01];
fs＝4000;
[N, fpts, mag, wt]＝remezord(fedge, mval, dev, fs)
b＝remez(N, fpts, mag, wt)
[h, w]＝freqz(b, 1, 256);
subplot(2, 1, 1);
plot(w * 2000/pi, 20 * log10(abs(h)));
grid;
axis([0, fs/2, −70, 5]);
xlabel('频率/Hz');
ylabel('幅度/dB');
subplot(2, 1, 2);
plot(w * 2000/pi, angle(h));
xlabel('频率/Hz');
ylabel('相位/ard');
```

设计结果得到：N ＝ 28，fpts ＝[0 0.4000 0.5000 1.0000]，mag ＝[1 1 0 0]，wt ＝ [1.0000, 5.5900]。滤波器的特性如图 5.4.3 所示。由图可见，滤波器的技术指标阻带衰减不满足要求，需要进一步的优化。办法是将滤波器的阶数增大，先取 $N+1$，重新设计看得到的设计结果符合不符合要求，如果不符合，则再增大 N，直到设计指标满足要求为止。

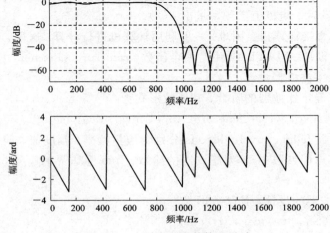

图 5.4.3 雷米兹交替算法设计

本题取滤波器的阶数 $N+2=30$ 阶时，设计的滤波器的特性符合技术指标的要求，如图 5.4.4 所示。所得到的滤波器的单位脉冲响应为：

$$b = [0.0073 \quad -0.0041 \quad -0.0203 \quad -0.0197 \quad 0.0053 \quad 0.0209 \quad -0.0023 \quad -0.0320$$
$$-0.0113 \quad 0.0416 \quad 0.0359 \quad -0.0501 \quad -0.0880 \quad 0.0558 \quad 0.3120 \quad 0.4422$$
$$0.3120 \quad 0.0558 \quad -0.0880 \quad -0.0501 \quad 0.0359 \quad 0.0416 \quad -0.0113 \quad -0.0320$$
$$-0.0023 \quad 0.0209 \quad 0.0053 \quad -0.0197 \quad -0.0203 \quad -0.0041 \quad 0.0073]$$

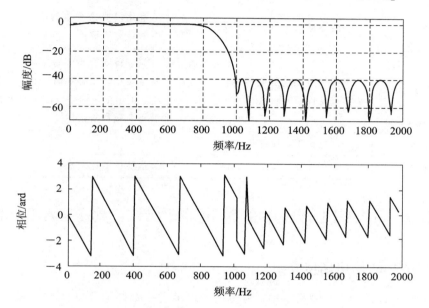

图 5.4.4　雷米兹交替算法设计的优化结果

雷米兹交替算法的优点是：ω_c 和 ω_r 可准确确定；$H(\omega)$ 逼近误差均匀分布，相同指标下，滤波器所需阶数低。

5.5　IIR 与 FIR 数字滤波器的比较

对于同样技术指标要求的数字滤波器，我们既可以采用 IIR 数字滤波器实现，也可以采用 FIR 数字滤波器实现，那么，设计时应选择哪一种呢？下面，对 IIR 与 FIR 数字滤波器进行比较。首先，从性能上来说，IIR 滤波器的系统函数的极点可位于 z 平面单位圆内的任何地方，因此可用较低的阶数获得高的选择性，所用的存储单元少，所以经济而效率高，但是这个高效率是以相位的非线性为代价的。其次，从结构上看，IIR 滤波器必须采用递归结构，极点位置必须在单位圆内，否则系统将不稳定。第三，从设计方法上看，IIR 滤波器可以借助于模拟滤波器的成果，因此一般都有有效的封闭形式的设计公式可供准确计算，计算工作量比较小，对计算工具的要求不高。可见，IIR 与 FIR 数字滤波器各有优缺点，应根据具体使用情况选择。为了方便实际应用，表 5.5.1 给出了 IIR 与 FIR 数字滤波器的性能比较。

表 5.5.1　IIR 与 FIR 数字滤波器性能比较

项　　目	FIR	IIR
稳定性	极点全部在原点(永远稳定),无稳定性问题	有稳定性问题
结构	非递归型	递归型
设计方法	一般要借助计算机程序完成	利用模拟滤波器的成果,可简单、有效地完成设计
设计结果	可得到所要求的幅频特性(也可以是多带特性)和线性相位特性	只能得到所要求的幅频特性,相频特性设计时没有考虑,如需要线性相位,须用全通网络校准,但会增加滤波器阶数和复杂性
阶数	相同指标下,阶数高	较低
运算误差	一般无反馈,运算误差小	运算误差比较小

5.6　MATLAB 中的滤波器设计工具 FDATool

5.6.1　FDATool 使用环境介绍

在 MATLAB 6.0 以上的版本中,为使用者提供了一个图形化的滤波器设计与分析工具——FDATool。不同的版本其工作界面略有差别,设计结果也不尽相同,下面以 MATLAB2006a 版本为例进行介绍。

利用 FDATool 这一工具,可以进行 FIR 和 IIR 数字滤波器的设计,并且能够显示数字滤波器的幅频响应、相位响应以及零极点分布图等;产生的数字滤波器系数在存储为文件后,可以直接提供给 DSP 程序代码调试工具——CCS 或 DSP 存储器,以完成实际的数字滤波器的程序调试,从而实现实际的滤波器。由于本课程未涉及数字信号处理芯片部分,因而仅介绍由 FDATool 生成数据文件的方法。

在 MATLAB 命令窗中输入命令"fdatool",打开如图 5.6.1 所示的 FDATool 工作界面。

工作界面的第一行为主菜单,分别为 File(文件)、Edit(编辑)、Analysis(分析)、Targets(目标)、View(观察)、Window(窗口)、Help(帮助)菜单项,每一菜单项又分为多个二级菜单项。工作界面的第二行为图形按钮菜单,是由主菜单中常用的菜单构成的,方便用户操作。

下方是工作主界面,它大体分为上、下两个小界面,为了方便,我们分别称之为上半界面、下半界面。最下面正中有一个【Design Filter】按钮,那是在设定所设计滤波器的全部参数后,指挥计算机进行设计的确认按钮。

上半界面用来显示滤波器设计结果信息。其中,右半部显示当前滤波器的图形信息,它的显示内容受主菜单【Analysis】的二级子菜单控制;左半部显示当前滤波器的结构信息,

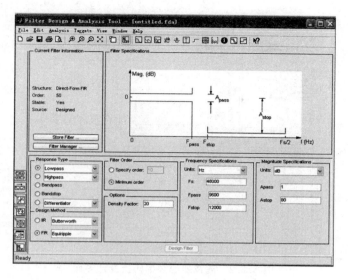

图 5.6.1　FDATool 工作界面

它的显示内容受主菜单【Edit】的二级子菜单【Convert Structure】的控制，使用户能得到不同滤波器结构的系数。这些滤波器系数可以由主菜单【File】的二级子菜单【Export】导出，输出变量的名称可以指定，它们的目标位置可以是 MATLAB 工作空间，或者是其他指定的文件。

　　下半界面用来设置滤波器设计指标及参数，显示的内容由最左边的 7 个按钮控制。默认显示内容由第 7 个【Design Filter】按钮控制，如图 5.6.1 所示，用来指定滤波器设计指标，可设置滤波器类型、滤波器阶数、频率参数、幅度参数等。其他 6 个按钮从上到下分别是：【Create a Multirate Filter】，用于建立多采样率滤波器，如图 5.6.2 所示；【Transform filter】，用于滤波器的频率转换设计，如图 5.6.3 所示；【Set Quantization Parameters】，用于设置量化参数，如图 5.6.4 所示；【Realize Model】，用于实现滤波器模型，如图 5.6.5 所示；【Pole/Zero Editor】，用于增加、删除和修改滤波器的零点/极点，如图 5.6.6 所示；【Import Filter From Workspace】，用于导入滤波器，如图 5.6.7 所示。

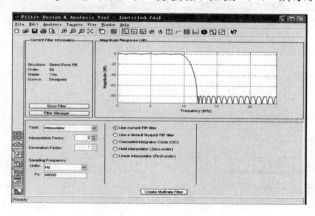

图 5.6.2　建立多采样率滤波器界面

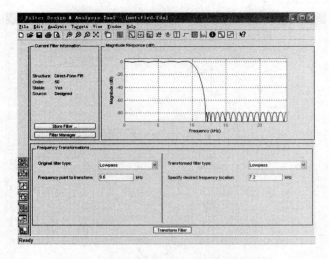

图 5.6.3　滤波器的频率转换设计界面

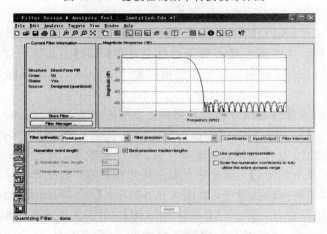

图 5.6.4　设置量化参数界面

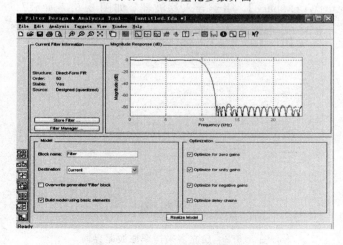

图 5.6.5　实现滤波器模型界面

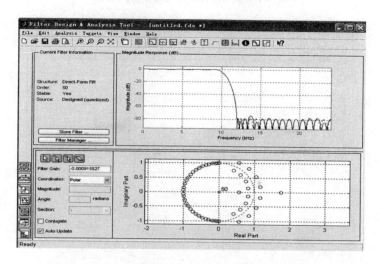

图 5.6.6　滤波器的零点/极点编辑界面

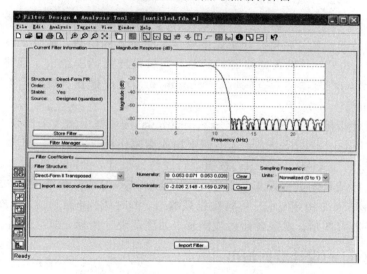

图 5.6.7　导入外部滤波器界面

5.6.2　利用 FDATool 设计数字滤波器

【例 5.6.1】　利用 FDATool 工具，设计一个 FIR 带通数字滤波器。指标如下：采样频率为 20 kHz，低端通带截止频率为 2.5 kHz，高端通带截止频率为 5.5 kHz，通带范围内波动小于 1 dB；低端阻带截止频率为 2 kHz，高端阻带截止频率为 6 kHz，阻带衰减大于 60 dB。

解　本题设计的参数设置界面如图 5.6.8 所示。

利用 FDATool 设计工具进行 FIR 数字滤波器设计，步骤如下：

（1）确定滤波器种类、设计方法。根据任务，"Response Type"选项框选择"Bandpass"；"Design Method"选项框选择"FIR"→"Window"，并在"Options"选项框中选择"Kaiser"窗。

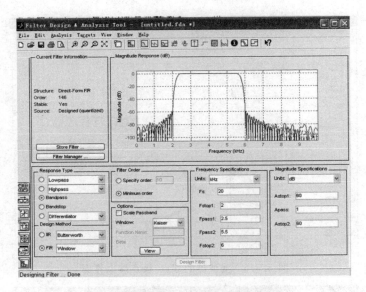

图 5.6.8 例 5.6.1 的参数设置界面

（2）确定滤波器阶数。如果设计指标中给定了滤波器的阶数，则"Filter Order"选项框应选择"Specify order"，并输入滤波器的阶数。如果设计指标中给出了通带指标及阻带指标，则"Filter order"选项框应选择"Minimum order"。根据本题给定的指标，选用"Minimum order"。

（3）输入设计指标。在"Frequency Specifications"选项框中输入采样频率、通带和阻带频率；在"Magnitude Specifications"选项框中输入衰减指标。

（4）运行设计。按【Design Filter】按钮进行滤波器设计，设计结果如图 5.6.8 所示。

（5）观察设计结果的其他图形。利用主菜单【Analysis】的二级子菜单选项，可以在上半界面观察设计结果的相频响应、幅频和相频响应、群时延、冲激响应、阶跃响应、零极点分布、滤波器系数等图形。观察各曲线或图形，如满足设计指标，即可使用。

5.6.3 FDATool 的设计数据输出

FDATool 滤波器设计工具提供了三种输出数据的方法。

（1）输出到 MATLAB 工作空间或文件。

滤波器设计完成后，选择主菜单【File】下的【Export...】，将弹出如图 5.6.9 所示的窗口，可选择将滤波器系数直接输出到 MATLAB 工作空间、输出到 Text 文件、MAT 文件或信号处理工具箱。滤波器系数的变量名可以用默认的 Num、Den，也可以自行修改定义。

（2）输出转换为 HDL 文件。

滤波器设计完成后，选择主菜单【Targets】下的【Generate HDL...】，将弹出如图 5.6.10 所示的窗口，根据所需进行设置，设置完成后按窗口最下面的"Generate"按钮，将产生 VHDL 格式文件或 Verilog 格式文件。

图 5.6.9 导出滤波器数据界面

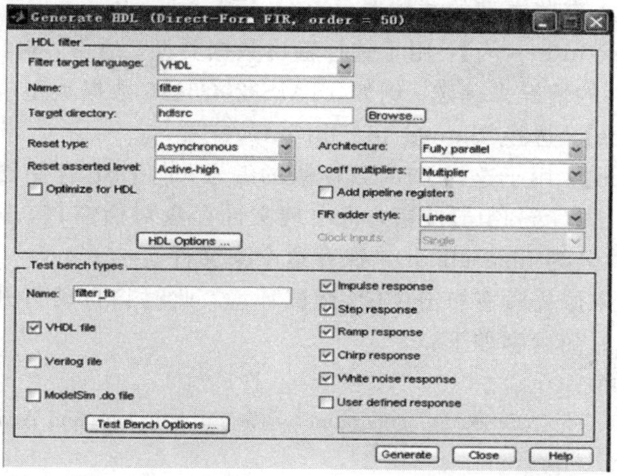

图 5.6.10 产生 HDL 文件的设置界面

（3）输出到 C 头文件。

MATLAB 能够很方便地进行数字滤波器的设计，设计的结果只有用于实现工程上所需的滤波器，才是有意义的。在这一方面，Mathworks 公司与 TI 公司密切合作，使得 MATLAB 设计的滤波器系数数据可以提供给 DSP 芯片来满足滤波器的需要。

为 DSP 提供滤波器系数数据的方法有两种：一是生成一个 C 头文件，用于 DSP 的软件程序；二是直接向目标 DSP 的存储器写入滤波器系数数据。下面介绍第一种方法。

在 FDATool 中选择主菜单【Targets】的二级子菜单【Export to Code Composer Studio (tm)IDE】，将打开如图 5.6.11 所示的"Export to Code Composer Studio(tm)IDE"窗口界面。

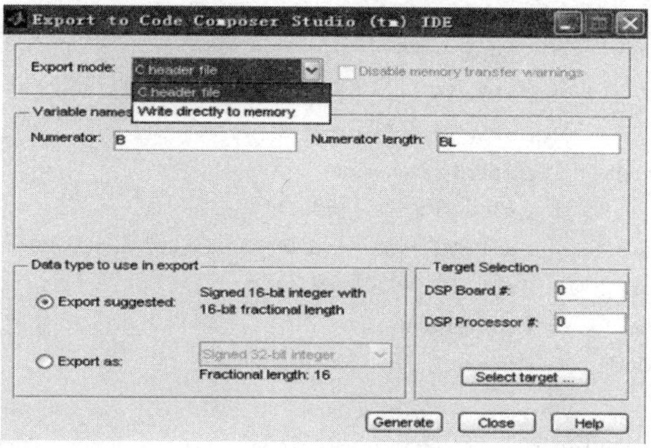

图 5.6.11　导出 C header file 界面

窗口各部分的使用简介如下：

【Export mode】：用于确定输出的形式。选默认值为"C header file"，可以将设计出的滤波器系数存放到一个 C 语言编写的头文件中。

【Variable names in C header file】：用于获取和修改系数变量名。用 B 存放滤波器的分子系数，用 BL 存放滤波器分子系数的个数；用 A 存放滤波器的分母系数，用 AL 存放滤波器分母系数的个数。有些类型的滤波器只有分子项。

【Data type to use in export】：用于选择输出数据类型。通常，输出数据类型的选择应根据 DSP 芯片及软件的情况来确定。例如，TMS320C5416 数据类型应为有符号的 16 位整型数，点击【Export as】，选择"Signed 16 – bit integer"。

【Target Selection】：用于选择 DSP 目标版的编号，向 DSP 存储器直接输出数据。

设置完成后，点击【Generate】按钮，将出现文件存盘对话窗口，选择保存文件的文件夹、文件名（默认文件名为 fdacoefs.h），保存这个头文件。

保存文件后，如果原先没有打开 CCS 调试环境，此时将自动打开。在 CCS 调试环境中，将显示 fdacoefs.h 的内容如下：

```
/*
 * Filter Coefficients (C Source) generated by the Filter Design and Analysis Tool
 *
 * Generated by MATLAB(R) 7.2 and the Filter Design Toolbox 3.4.
 *
 * Generated on：15－Aug－2012 13：29：56
 *
 */


/*
 * Discrete－Time FIR Filter (real)
 * ——————————————————————————————
 * Filter Structure   : Direct－Form FIR
 * Filter Length      : 147
 * Stable             : Yes
 * Linear Phase       : Yes (Type 1)
 * Arithmetic         : fixed
 * Numerator          : s16, 16 －> [－5.000000e－001 5.000000e－001)
 * Input              : s16, 15 －> [－1 1)
 * Filter Internals   : Specify Precision
 * Output             : s34, 31 －> [－4 4)
 * Product            : s31, 31 －> [－5.000000e－001 5.000000e－001)
 * Accumulator        : s34, 31 －> [－4 4)
 * Round Mode         : convergent
 * Overflow Mode      : wrap
 *
 * Implementation Cost
 * Number of Multipliers : 147
 * Number of Adders      : 146
 * Number of States      : 146
 * MultPerInputSample    : 147
 * AddPerInputSample     : 146
 */
/* General type conversion for MATLAB generated C－code */
```

```
#include "tmwtypes.h"
/*
 * Expected path to tmwtypes.h
 * C：\Program Files\MATLAB\R2006a\extern\include\tmwtypes.h
 */
const int BL = 147;
const int16_T B[147] = {
    -6, -11, 5, 15, 2, 7, 21, -12, -42, -9, 4, -24, 20, 83, 24, -38, 7, -23, -127,
    -46, 101, 45, 14, 151, 70, -193, -143, 14, -121, -85, 296, 285, -68, 0, 79,
    -377, -451, 150, 245, -33, 383, 599, -250, -627, -68, -252, -662, 350, 1132,
    238, -89, 549, -422, -1715, -485, 727, -135, 418, 2304, 827, -1819, -811,
    -258, -2811, -1340, 3891, 3059, -330, 3155, 2588, -11168, -15008, 6733, 22938,
    6733, -15008, -11168, 2588, 3155, -330, 3059, 3891, -1340, -2811, -258, -811,
    -1819, 827, 2304, 418, -135, 727, -485, -1715, -422, 549, -89, 238, 1132, 350,
    -662, -252, -68, -627, -250, 599, 383, -33, 245, 150, -451, -377, 79, 0, -68,
    285, 296, -85, -121, 14, -143, -193, 70, 151, 14, 45, 101, -46, -127, -23, 7,
    -38, 24, 83, 20, -24, 4, -9, -42, -12, 21, 7, 2, 15, 5, -11, -6
};
```

接下来的任务是把滤波器系数头文件添加到 CCS 工程中。

要把滤波器系数头文件 fdacoefs.h 添加到工程中，必须完成以下工作：

(1) 把 MATLAB 版本下的 tmwtypes.h 头文件复制到工程目录下。这是因为，fdaco-efs.h 头文件要用到 tmwtypes.h 头文件。从上述程序段中我们能看到：

    * Expected path to tmwtypes.h

    * C：\Program Files\MATLAB\R2006a\extern\include\tmwtypes.h

根据这个提示，我们可以方便地找到 tmwtypes.h 头文件。

(2) 在工程主文件 volume.c 源文件的开始处添加一行语句：

    #include"fdacoefs.h"

(3) 重新对工程进行编译、链接后，在工程的 Include 选项中将会看到 fdacoefs.h 和 tmwtypes.h 这两个头文件。

至此，由 FDATool 设计的滤波器系数已经用 C 头文件的形式提供给 CCS。接下来的任务是进行 DSP 程序的调试，本书不做介绍。

习　题　五

5.1　用矩形窗函数设计一线性相位高通数字滤波器，假设滤波器的单位脉冲响应为 $h(n)$，长度为 N：

$$H_d(e^{j\omega}) = \begin{cases} e^{-j(\omega-\pi)\alpha} & \pi - \omega_c \leqslant \omega \leqslant \pi \\ 0 & 0 \leqslant \omega < \pi - \omega_c \end{cases}$$

(1) 试确定 N 与 α 之间的关系，并写出 $h(n)$ 的表达式。

(2) 试分析不同 N 时，其线性相位的类型。

(3) 如果采用汉明窗函数设计，请问结果有什么不同？

5.2 用矩形窗函数设计一线性相位带通数字滤波器,假设滤波器的单位脉冲响应为 $h(n)$,长度为 N:

$$H_d(e^{j\omega}) = \begin{cases} e^{-j\omega\alpha} & -\omega_c \leqslant \omega - \omega_0 \leqslant \omega_c \\ 0 & 0 \leqslant \omega < \omega_0 - \omega_c, \ \omega_0 + \omega_c \leqslant \omega \leqslant \pi \end{cases}$$

(1) N 为奇数时,写出 $h(n)$ 的表达式。

(2) N 为偶数时,写出 $h(n)$ 的表达式。

(3) 如果采用汉宁窗函数设计,请问结果有什么不同?

5.3 用窗函数法设计一线性相位 FIR 低通数字滤波器,满足如下技术指标要求:对模拟信号进行采样的周期 $T=0.0001$ s,在 $f_p=3000$ Hz 处的衰减小于 3 dB,在 $f_s=4000$ Hz 处的衰减大于 35 dB。

(1) 试确定采样点数 N 和所用的窗函数。

(2) 用 MATLAB 进行计算机辅助设计,写出具有设计、幅频分析、相频分析的程序代码。

5.4 用窗函数法设计一线性相位 FIR 高通数字滤波器,满足如下技术指标要求:对模拟信号进行采样的周期 $T=0.0001$ s,在 $f_p=3000$ Hz 处的衰减小于 2 dB,在 $f_r=2500$ Hz 处的衰减大于 50 dB。

(1) 试确定采样点数 N 和所用的窗函数。

(2) 用 MATLAB 进行计算机辅助设计,写出具有设计、幅频分析、相频分析的程序代码。

5.5 用窗函数法设计一线性相位 FIR 带通数字滤波器,满足如下技术指标要求:对模拟信号进行采样的周期 $T=0.0001$ s,在 $f_{p1}=2000$ Hz、$f_{p2}=3000$ Hz 处的衰减小于 2 dB,在 $f_{r1}=1500$ Hz、$f_{r2}=3500$ Hz 处的衰减大于 60 dB。

(1) 试确定采样点数 N 和所用的窗函数。

(2) 用 MATLAB 进行计算机辅助设计,写出具有设计、幅频分析、相频分析的程序代码。

5.6 用窗函数法设计一线性相位 FIR 带阻数字滤波器,满足如下技术指标要求:对模拟信号进行采样的周期 $T=0.0001$ s,在 $f_{p1}=2000$ Hz、$f_{p2}=4000$ Hz 处的衰减小于 2 dB,在 $f_{r1}=2500$ Hz、$f_{r2}=3500$ Hz 处的衰减大于 80 dB。

(1) 试确定采样点数 N 和所用的窗函数。

(2) 用 MATLAB 进行计算机辅助设计,写出具有设计、幅频分析、相频分析的程序代码。

(3) 指定采用凯塞窗函数设计,写出设计、幅频分析、相频分析的程序代码,并比较设计结果。

5.7 用频率采样法设计一线性相位低通数字滤波器,$N=15$,幅度采样值为

$$H_k = \begin{cases} 1 & k=0,1 \\ 0.5 & k=2,13 \\ 0 & k=3,\cdots,12 \end{cases}$$

(1) 计算相位采样值 $\theta(k)$。

(2) 写出 $h(n)$ 和 $H(e^{j\omega})$ 的表达式。

5.8 用频率采样法设计一线性相位 FIR 低通数字滤波器，并满足如下技术指标要求：对模拟信号进行采样的周期 $T=0.0001$ s，在 $f_p=3000$ Hz 处的衰减小于 3 dB，在 $f_r=4000$ Hz 处的衰减大于 20 dB。

（1）试确定采样点数 N 和各点采样值 $H(k)$。

（2）写出用 MATLAB 进行计算机辅助设计的程序代码。

5.9 用频率采样法设计一线性相位 FIR 高通数字滤波器，并满足如下技术指标要求：对模拟信号进行采样的周期 $T=0.0001$ s，在 $f_p=3000$ Hz 处的衰减小于 3 dB，在 $f_r=2500$ Hz 处的衰减大于 50 dB。

（1）试确定采样点数 N 和各点采样值 $H(k)$。

（2）写出用 MATLAB 进行计算机辅助设计的程序代码。

（3）如果设计结果不能达到指标要求，请问如何优化？

5.10 用频率采样法设计一线性相位 FIR 带通数字滤波器，并满足题 5.5 的技术指标要求。

（1）试确定采样点数 N 和各点采样值 $H(k)$。

（2）写出用 MATLAB 进行计算机辅助设计的程序代码。

（3）采用雷米兹交替算法设计，重复（1）、（2）。

5.11 用频率采样法设计一线性相位 FIR 带阻数字滤波器，并满足题 5.6 的技术指标要求。

（1）试估计插入过渡点的数量，并确定采样点数 N 和各点采样值 $H(k)$。

（2）写出用 MATLAB 进行计算机辅助设计的程序代码。

（3）如果要求设计结果具有最好的性能，请问如何优化？

5.12 用频率采样法设计一线性相位 FIR 多带数字滤波器，$N=50$，插入一个过渡点 $H(k)=0.39$，并满足如题图 5.1 所示的技术指标要求。

（1）试确定各点采样值 $H(k)$。

（2）写出用 MATLAB 进行计算机辅助设计的程序代码，并进行设计结果分析。

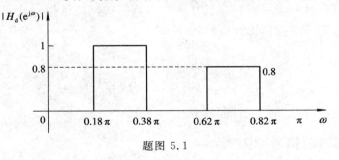

题图 5.1

第6章 数字信号处理系统的实现

数字信号处理系统可以采用软件实现，也可以使用硬件实现。软件实现是指在通用的微处理机硬件平台上通过软件编程实现，具有灵活、方便、成本低等优点，但是处理速度较低。硬件实现是指针对不同的数字信号处理系统设计专门的硬件电路来实现，它的优点是处理速度特别高，通常都能满足实时处理的要求，但是成本也高。

下面以数字信号处理系统中最常用的部件——数字滤波器来说明数字信号处理系统的实现方法。

一个数字滤波器的系统函数一般可表示为有理函数形式，对于 IIR 数字滤波器，其系统函数的一般形式为

$$H(z) = \frac{\sum\limits_{i=0}^{N} a_i z^{-i}}{1 - \sum\limits_{i=1}^{N} b_i z^{-i}}$$

当式中 $\{b_i\}$ 都为 0 时，就是一个 FIR 滤波器。对于这样一个系统，也可用差分方程来表示：

$$y(n) = \sum\limits_{i=0}^{N} a_i x(n-i) + \sum\limits_{i=1}^{N} b_i y(n-i)$$

由差分方程可以看出，数字信号处理系统的基本运算单元只有加法器、乘法器、延迟器三种。因此，只要能够设计出以上三种运算单元，数字滤波器就可以实现。

不管是用软件实现，还是用硬件实现，其基本的编程设计方法请在其他课程学习，本章不讨论这些内容。由于数字滤波器的性能与实现它的网络结构形式、运算字长、量化等因素有关，因此，本章主要讨论这些问题。

6.1 数字滤波器的网络结构

6.1.1 数字网络的信号流图表示

信号流图是由许多节点和连接各节点的定向支路组成的网络，在差分方程表示的数字滤波器中，只有三种基本运算单元：加法器、乘法器、延迟器 (z^{-1})，它们可以使用如图 6.1.1 所示的流图符号来表示。

假设数字滤波器的差分方程为 $y(n) = a_0 x(n) + a_1 x(n-1) + b_1 y(n-1)$，则它的实现框图如图 6.1.2 所示；采用信号流图来表示，如图 6.1.3 所示。比较两图可见，采用流图表示更简单明了。因此，我们后面都采用流图表示。

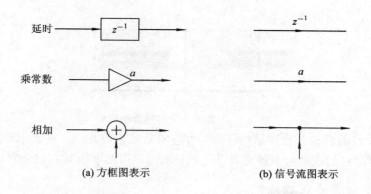

图 6.1.1 加法、乘法、延迟三种基本运算的流图符号

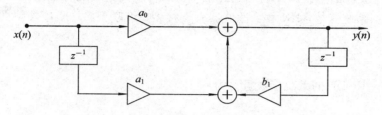

图 6.1.2 系统框图表示

在如图 6.1.3 所示的信号流图中,共有 8 个节点。其中:只有输出支路的节点称为输入节点或源点,如节点⑦;只有输入支路的节点称为输出节点或阱点,如节点⑧;既有输入支路又有输出支路的节点叫做混合节点,如节点①。节点所代表的信号量称为节点变量,它等于所有输入支路信号之和,而与它连接的所有输出端的信号量都为节点变量。

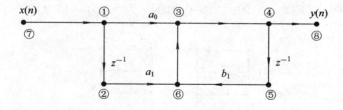

图 6.1.3 系统的流图表示

从源点到阱点之间沿着箭头方向连续的一串支路称为通路,通路的增益是该通路上各支路增益的乘积。从一个节点出发沿着支路箭头方向到达同一个节点的闭合通路称为回路,它象征着系统中的反馈回路。组成回路的所有支路增益的乘积通常叫做回路增益。如需进一步了解信号流图的有关理论,请查阅有关"信号与系统"的教材。

对于单个输入、单个输出的系统,通过反转网络中的全部支路的方向,并且将其输入和输出互换,可得出的流图具有与原始流图相同的系统函数。这称为信号流图的转置定理。信号流图转置可用于转变运算结构或者验证计算流图的系统函数是否正确。例如:图 6.1.3 所示的信号流图经转置后的流图结构如图 6.1.4 所示。

运算的网络结构对滤波器的实现很重要,尤其对于一些定点运算的处理机,结构的不同将会影响系统的精度、误差、稳定性、经济性以及运算速度等许多重要的性能。

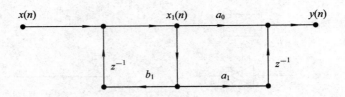

图 6.1.4　图 6.1.3 的转置结构

一个数字滤波器的信号流图结构，可以由它的系统函数得到，对于 IIR 数字滤波器与 FIR 数字滤波器，它们在结构上各有自己不同的特点，因此下面对它们分别讨论。

6.1.2　IIR 数字滤波器的结构

IIR 数字滤波器的单位脉冲响应是无限长的，它的网络结构存在反馈环路，是递归型结构。对于同一系统函数，IIR 数字滤波器有直接型、级联型、并联型等不同的结构型式，下面将分别介绍。

1. 直接型结构

一个 N 阶 IIR DF 的系统函数重写为

$$H(z) = \frac{\displaystyle\sum_{i=0}^{N} a_i z^{-i}}{1 - \displaystyle\sum_{i=1}^{N} b_i z^{-i}} \tag{6.1.1}$$

差分方程可以表示为

$$y(n) = \sum_{i=0}^{N} a_i x(n-i) + \sum_{i=1}^{N} b_i y(n-i) \tag{6.1.2}$$

由差分方程可以直接画出它的网络结构如图 6.1.5 所示，称为直接 I 型。

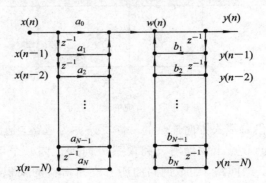

图 6.1.5　IIR 数字滤波器的直接 I 型结构

上述结构存在以下缺点：

（1）要 $2N$ 个延迟器（z^{-1}），数量太多。

（2）系数 a_i、b_i 对滤波器性能的控制不直接，对极、零点的控制较难，任何一个 a_i、b_i 的改变会影响系统的零点或极点分布。

（3）对字长变化敏感（对 a_i、b_i 的准确度要求严格）。

（4）稳定性较差，阶数高时，上述影响更大。

因此，必须对上述结构进行改进。IIR 数字滤波器的系统函数(式 6.1.1)可看做是两个独立的子网络($H_1(z)$和 $H_2(z)$)串接构成总的系统函数，即

$$H(z) = H_1(z)H_2(z)$$

其中：$H_1(z) = \sum_{i=0}^{N} a_i z^{-i}$，$H_2(z) = \dfrac{1}{1 - \sum_{i=1}^{N} b_i z^{-i}}$。

由系统函数的不变性(系统是线性的)，得

$$H(z) = H_2(z)H_1(z) \tag{6.1.3}$$

因此，得到变形的网络结构如图 6.1.6 所示。由图可以看出，中间实现时延的两条延迟链中同一水平线上的两个节点信号完全相同，因此两条延时链中对应的延时可合并共用一组延时单元，如图 6.1.7 所示，称为直接Ⅱ型结构。

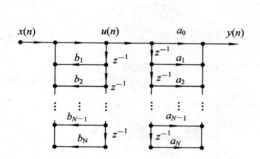

图 6.1.6 IIR 数字滤波器直接Ⅰ型的变形结构

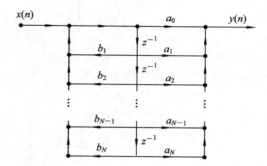

图 6.1.7 IIR 数字滤波器的直接Ⅱ型结构

优化后的直接Ⅱ型与直接Ⅰ型相比，延迟线减少一半，为 N 个，可节省寄存器或存储单元；但是缺点(2)、(3)、(4)依然存在。因此，在实际中很少采用上述两种结构实现高阶系统，而是把高阶系统变成一系列不同组合的低阶系统来实现。

【例 6.1.1】 假设某 IIR 数字滤波器的系统函数为

$$H(z) = 1.8 \times \frac{1 + 2z^{-1} + 3z^{-2}}{3 - 4z^{-1} + 5z^{-2} + z^{-3}}$$

试画出该数字滤波器的直接Ⅱ型结构。

解 (1) 将系统函数化成式(6.1.1)的形式：

$$H(z) = 1.8 \times \frac{1 + 2z^{-1} + 3z^{-2}}{3 - 4z^{-1} + 5z^{-2} + z^{-3}}$$

$$= \frac{0.6 + 1.2z^{-1} + 1.8z^{-2}}{1 - \left(\dfrac{4}{3}z^{-1} - \dfrac{5}{3}z^{-2} - \dfrac{1}{3}z^{-3} \right)}$$

(2) 由上述系统函数可以直接画出系统的直接Ⅱ型结构如图 6.18 所示。

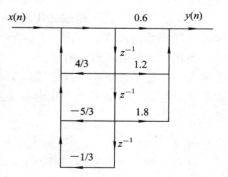

图 6.1.8 系统的直接Ⅱ型结构

2. 级联型(串联)结构

对于一个 N 阶 IIR 数字滤波器，其系统函数可用它的零、极点表示，即把它的分子、分母都表达为因子形式：

$$H(z) = \frac{\sum\limits_{i=0}^{N} a_i z^{-i}}{1 - \sum\limits_{i=1}^{N} b_i z^{-i}} = A \frac{\prod\limits_{i=1}^{N}(1 - c_i z^{-1})}{\prod\limits_{i=1}^{N}(1 - d_i z^{-1})} \tag{6.1.4}$$

式 6.1.4 中，c_i、d_i 分别表示系统的零极点，对于线性时不变系统，a_i、b_i 均为实系数，因此它的零、极点不是实根就是共轭复根。将共轭复根的因子合并为实系数二阶因子，得

$$H(z) = A \frac{\prod\limits_{i=1}^{M_1}(1 - g_i z^{-1}) \prod\limits_{i=1}^{M_2}(1 - h_i z^{-1})(1 - h_i^* z^{-1})}{\prod\limits_{i=1}^{N_1}(1 - p_i z^{-1}) \prod\limits_{i=1}^{N_2}(1 - q_i z^{-1})(1 - q_i^* z^{-1})} \tag{6.1.5}$$

进一步把单实根因子看做二阶因子的一个特例，则式（6.1.5）可以写成以下形式：

$$H(z) = A \prod_{i=1}^{M} \frac{1 + a_{1i} z^{-1} + a_{2i} z^{-2}}{1 - b_{1i} z^{-1} - b_{2i} z^{-2}} = A \prod_{i=1}^{M} H_i(z) \tag{6.1.6}$$

式中：$H_i(z) = \dfrac{1 + a_{1i} z^{-1} + a_{2i} z^{-2}}{1 - b_{1i} z^{-1} - b_{2i} z^{-2}}$ 是一个二阶子网络，通常称为二阶节。这样，滤波器就可以用若干个二阶子网络级联构成，称为级联型结构，如图 6.1.9 所示。

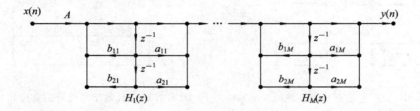

图 6.1.9　IIR 数字滤波器的级联型结构

由图 6.1.9 可以看出，级联型结构简化了滤波器的实现，只要用多个二阶节结构，通过变换系数，再级联起来就可实现整个系统。由于二阶节是由共轭因子合并而成的，它决定了一对系统的共轭零点和共轭极点，因此，级联型结构系统的极、零点可通过调整二阶节的系数进行单独控制或者调整。级联型结构中各二阶节零、极点的搭配可互换位置，可以有很多种搭配法；而不同排列方案，在相同的运算精度下产生的误差是不同的（这将在6.2.4 节介绍）。因此，通过优化组合可以找到运算误差最小的组合方案。此外，级联型结构可实现流水线操作。

当然，级联型结构也有缺点，主要表现在：由于一个二阶节的输出作为下一个二阶节的输入，一方面会使前一级的输出噪声作为下一级的输入，造成噪声积累；另一方面会造成电平难控制，当输入电平大时易导致后面的二阶节的溢出，输入电平小时则将使输出信噪比减小。

3. 并联型

将系统函数按其极点进行部分分式展开，得

$$H(z) = \frac{\sum\limits_{i=1}^{N} a_i z^{-i}}{1 - \sum\limits_{i=1}^{N} b_i z^{-i}} = A_0 + \sum_{i=1}^{N} \frac{A_i}{(1 - d_i z^{-1})} \tag{6.1.7}$$

式$(6.1.7)$中，d_i 为系统的极点。将上式中的共轭极点成对地合并为二阶实系数的部分分式，可得

$$H(z) = A_0 + \sum_{i=1}^{L} \frac{A_i}{(1 - p_i z^{-1})} + \sum_{i=1}^{M} \frac{a_{0i} + a_{1i} z^{-1}}{1 - b_{1i} z^{-1} - b_{2i} z^{-2}} \qquad (6.1.8)$$

上式表明，可用 L 个一阶网络、M 个二阶网络以及一个常数 A_0 并联组成滤波器 $H(z)$，得到 IIR 数字滤波器的并联型结构如图 $6.1.10$ 所示。

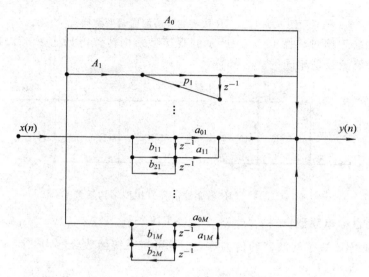

图 $6.1.10$　IIR 数字滤波器的并联型结构

由图 $6.1.10$ 可以看出，并联型结构的实现也很简单，只需将多个二阶节改变其系数再并联起来即可完成；由于每个二阶节对应于系统的一对极点，因此极点位置可通过调整二阶节的分母系数单独调整。此外，并联型结构还具有可并行运算，运算速度快，各二阶网络的误差互不影响，总的误差小，对字长要求低等优点。

并联型结构的缺点是：不能直接调整零点，因多个二阶节的零点并不是整个系统函数的零点，当需要准确的传输零点时，级联型最合适。

6.1.3　FIR 数字滤波器网络结构

FIR 数字滤波器的系统函数和差分方程一般有如下形式：

$$H(z) = \sum_{n=0}^{N-1} h(n) z^{-n} \qquad (6.1.9)$$

相应的差分方程为

$$y(n) = \sum_{i=0}^{N-1} h(i) x(n-i) = \sum_{i=0}^{N-1} h(n-i) x(i) \qquad (6.1.10)$$

与 IIR 数字滤波器相似，FIR 数字滤波器也有多种实现结构形式，下面分别介绍。

1. 直接型结构

直接型即直接由差分方程可画出对应的网络结构，如图 $6.1.11$ 所示，也称卷积型、横截型。称为卷积型，是因为来源于差分方程的输入与输出关系是信号的卷积形式；称为横

截型，是因为差分方程是一条输入 $x(n)$ 延时链的横向结构。

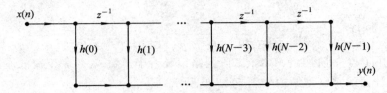

图 6.1.11　FIR 数字滤波器的横截型结构

根据流图的转置定理将图 6.1.11 所示的直接型结构转置得到如图 6.1.12 所示的转置结构，两者的系统函数是相同的。

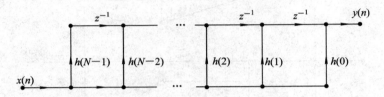

图 6.1.12　FIR 数字滤波器直接型结构转置

2. 级联型(也称串联型)结构

当需要控制 FIR 数字滤波器的传输零点时，可将系统函数分解为二阶实系数因子的级联形式：

$$H(z) = \sum_{n=0}^{N-1} h(n) z^{-n} = \prod_{i=1}^{M} (a_{0i} + a_{1i} z^{-1} + a_{2i} z^{-2}) \tag{6.1.11}$$

于是可用二阶节级联构成，如图 6.1.13 所示。在级联型结构中，每一个二阶节控制一对零点，因而可在需要控制系统的零点时使用；但它所需要的系数比直接型的多，乘法运算多于直接型，因此，实际应用时应综合考虑。

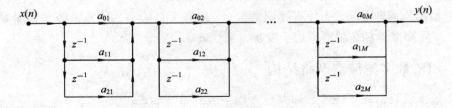

图 6.1.13　FIR 数字滤波器的级联型结构

3. 线性相位型结构

FIR 的重要特点是可设计成具有严格线性相位的滤波器，此时 $h(n)$ 满足偶对称或奇对称条件。下面以 $h(n)$ 为偶对称为例讨论线性相位 FIR 数字滤波器的网络结构。

当 N 为偶数时，系统函数可改写为

$$H(z) = \sum_{n=0}^{\frac{N}{2}-1} h(n) [z^{-n} + z^{-(N-1-n)}] \tag{6.1.12}$$

对应的网络结构如图 6.1.14 所示。

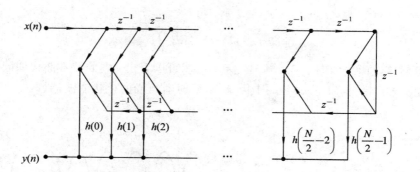

图 6.1.14　N 为偶数的线性相位 FIR 滤波器结构

当 N 为奇数时，系统函数可改写为

$$H(z) = \sum_{n=0}^{\frac{N-1}{2}-1} h(n)\left[z^n + z^{-(N-1-n)}\right] + h\left(\frac{N-1}{2}\right) z^{-\frac{N-1}{2}} \qquad (6.1.13)$$

对应的网络结构如图 6.1.15 所示。

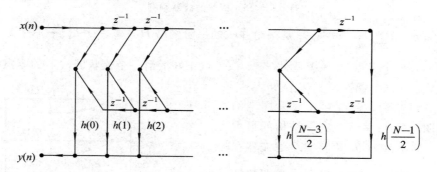

图 6.1.15　N 为奇数的线性相位 FIR 滤波器结构

由图 6.1.14 和图 6.1.15 可见，线相相位型结构的乘法次数，当 N 为偶数时减为 $N/2$；当 N 为奇数时减为 $(N+1)/2$。

4. 频率采样型结构

假设 FIR 数字滤波器的单位脉冲响应 $h(n)$ 的长度为 N，根据 DFT 与 z 变换之间的关系可知，如果在 z 平面的单位圆上作 N 等分采样，则其采样值就是 $h(n)$ 的离散傅立叶变换值 $H(k)$，即

$$H(k) = H(z)\big|_{z=w_N^{-k}} = \mathrm{DFT}[h(n)] \qquad (6.1.14)$$

根据内插公式，系统函数可以写为

$$H(z) = (1-z^{-N}) \frac{1}{N} \sum_{k=0}^{N-1} \frac{H(k)}{1-W_N^{-k}z^{-1}} = H_C(z) \cdot \left[\sum_{k=0}^{N-1} H_k(z)\right] \cdot \frac{1}{N} \qquad (6.1.15)$$

可见 $H(z)$ 由两部分相乘而成：

第一部分：$H_C(z) = 1-z^{-N}$，其网络结构如图 6.1.16(a) 所示。

令 $1-z^{-N}=0$，则 $z_i = e^{j\frac{2\pi}{N}i}$，$i=0,\cdots,N-1$。可见，它在单位圆上有 N 个等间隔的零点，零点间相位间隔 $\frac{2\pi}{N}$。

再令 $z_i = e^{j\omega}$，得 $H_C(e^{j\omega}) = 1 - e^{-jN\omega}$，则

$$\left| H_C(e^{j\omega}) \right| = 2 \left| \sin\left(\frac{N}{2}\omega\right) \right| \tag{6.1.16}$$

它的幅频特性曲线如图 6.1.16(b) 所示，由图可以看出，它的特性曲线如同梳子一样，称为梳状滤波器。因此，$H_C(z)$ 是一个由 N 节延时器组成的梳状滤波器。

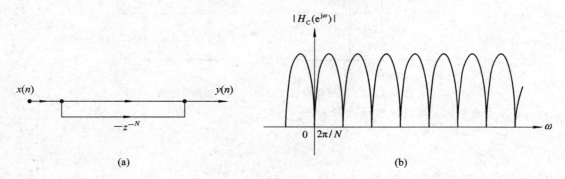

图 6.1.16　梳状滤波器频响

第二部分：$\left[\sum\limits_{k=0}^{N-1} H_k(z) \right] \cdot \dfrac{1}{N}$ 是一组并联的一阶网络 $H_k(z) = \dfrac{H(k)}{1 - W_N^{-k}z^{-1}}$。此一阶网络在单位圆上有一个极点：$z_k = W_N^{-k} = e^{j\frac{2\pi}{N}k}$，该极点正好抵消一个梳状滤波器的零点，从而使滤波器无极点，系统稳定。

两部分级联后，就得到频率采样型的总结构如图 6.1.17 所示。这一结构的最大优点是，它的系数 $H(k)$ 直接就是滤波器在 $\omega = \dfrac{2\pi}{N}k$ 处的响应，因此，控制或者调整滤波器的响应很直接、方便，但是存在着两个主要问题。

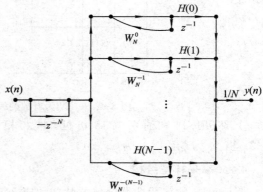

问题一：系数 W_N^{-k} 和 $H(k)$ 都是复数，必须采用复数乘法运算，计算复杂。

问题二：所有一阶网络的极点都在单位圆上，考虑到系数量化的影响，将有可能导致有些极点实际上不能与梳状滤波器的零点相抵消，造成系统不稳定。

图 6.1.17　FIR 数字滤波器的频率采样型结构

为了克服这两个缺点，可作两点修正：

(1) 将所有零点和极点移到半径为 r（r 为略小于 1 的实数）的圆上，同时频率采样点也移到该圆上。这样，避免了因为系数量化造成极点跑到单位圆外，保证了系统的稳定性。这时：

$$H(z) \approx (1 - r^N z^{-N}) \frac{1}{N} \sum_{k=0}^{N-1} \frac{H(k)}{1 - r W_N^{-k} z^{-1}} \tag{6.1.17}$$

(2) 将一对共轭复数极点的一阶子网络合并成一个实系数的二阶子网络。由于这些共轭根在圆周上是对称点，即有 $W_N^{-(N-k)} = W^k = (W^{-k})^*$，并且当 $h(m)$ 是实数时，其 DFT 也是圆周共轭对称的，即有 $H(N-k) = H^*(k)$，则第 $N-k$ 个一阶子网络变为

$$\frac{H(N-k)}{1-rW_N^{-(N-k)}z^{-1}} = \frac{H^*(k)}{1-(rW_N^{-k})^* z^{-1}}$$

将第 k 个及第 $N-k$ 个一阶子网络合并,得

$$H_k(z) \approx \frac{H(k)}{1-rw_N^{-k}z^{-1}} + \frac{H^*(k)}{1-(rw_N^{-k})^* z^{-1}} = \frac{H(k)(1-(rw_N^{-k})^* z^{-1}) + H^*(k)(1-rw_N^{-k}z^{-1})}{(1-rw_N^{-k}z^{-1})(1-(rw_N^{-k})^* z^{-1})}$$

$$= \frac{H(k)+H^*(k)-H(k)(rw_N^{-k})^* z^{-1} - H^*(k)rw_N^{-k}z^{-1}}{1-[rw_N^{-k}+(rw_N^{-k})^*]z^{-1}+r^2 z^{-2}}$$

$$= \frac{\alpha_{0k}+\alpha_{1k}z^{-1}}{1-z^{-1}2r\cos\left(\frac{2\pi}{N}k\right)+r^2 z^{-2}}, \qquad 0 < k < N/2 \tag{6.1.18}$$

式中:$\alpha_{0k}=2\mathrm{Re}[H(k)]$,$\alpha_{1k}=-2r\mathrm{Re}[H(k)W_N^k]$。

由式(6.1.18)可以看出,将第 k 及第 $N-k$ 个一阶子网络的合并结果为一个二阶实网络。

由于一阶子网络除了以上共轭极点外,还有实数极点,而实数极点不需要合并,因此下面分两种情况讨论。

(1) 当 N 为偶数时,对于 $k=0$ 和 $k=N/2$,一阶子网络的极点为实数极点($z=\pm r$),对应的频率采样值分别为 $H(0)$ 和 $H(N/2)$,这两个一阶子网络不需合并,因此有两个一阶网络:

$$H_0(z) = \frac{H(0)}{1-rz^{-1}} \tag{6.1.19}$$

$$H_{\frac{N}{2}}(z) = \frac{H\left(\frac{N}{2}\right)}{1+rz^{-1}} \tag{6.1.20}$$

因此,可得当 N 为偶数改进后的系统函数为

$$H(z) = (1-r^N z^{-N})\frac{1}{N}\left[H_0(z)+H_{\frac{N}{2}}(z)+\sum_{k=1}^{\frac{N}{2}-1}H_k(z)\right] \tag{6.1.21}$$

式中三种实系数子网络结构如图 6.1.18 所示,图中(a)为实二阶子网络的结构,图(b)和(c)分别为 $k=0$ 和 $k=N/2$ 时的一阶子网络的结构。由此可得 FIR 数字滤波器改进后的频率采样型结构如图 6.1.19 所示。

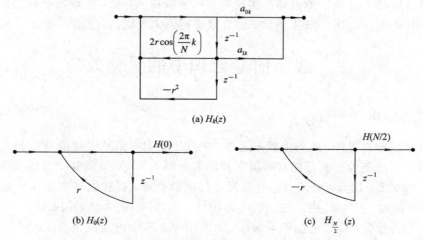

图 6.1.18　三种实系数子网络的结构

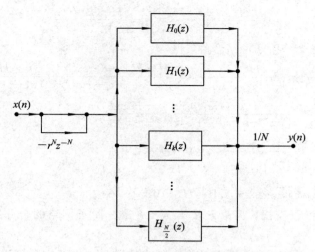

图 6.1.19 当 N 为偶数时改进后的频率采样型结构

（2）当 N 为奇数，只有当 $k=0$ 时，一阶子网络的极点为实数极点（$z=r$），对应的频率采样值为 $H(0)$，因此，有一个一阶网络：

$$H_0(z) = \frac{H(0)}{1 - rz^{-1}} \tag{6.1.22}$$

则当 N 为奇数时，改进后的系统函数为

$$H(z) = (1 - r^N z^{-N}) \frac{1}{N} \Big[H_0(z) + \sum_{k=1}^{(N-1)/2} H_k(z) \Big] \tag{6.1.23}$$

对应的改进后的频率采样型结构请读者自己画出。

FIR 数字滤波器频率采样型结构的优点是：选频性好，适于窄带滤波器（由于其大部分的 $H(k)$ 为 0，因此只需要较少的二阶子网络就可以实现）；另外，对于不同的 FIR 滤波器，若长度相同，只要通过改变系数就可用同一个网络实现，复用性好，便于集成。其缺点是：结构复杂，采用的存储器较多。

5. FFT 快速算法实现

目前最常用的 FIR 数字滤波器的实现是采用快速卷积算法，实现的结构实质是采用横截型结构，但是由于采用了 FFT 算法，运算效率得到大大提高。实现步骤参见第 3 章。

6.2　数字信号处理中的量化效应

6.2.1　量化噪声

数字信号处理的实现，本质上就是运算。要实现运算，信号序列值及参加运算的各个参数都必须以二进制的形式存储在有限字长的寄存器中；同时，运算中二进制数的乘法也会使结果位数增多。因此，必须对这些数据进行尾数处理，即将这些数据用一定长度的二进制数表示。例如：0.8012 用二进制表示为 $(0.110011010\cdots)_2$，如果用 8 位二进制数表示，其中第一位为符号位，则二进制序列为 $(0.1100110)_2$，其十进制值为 0.796875，可见与原序列值不相等，形成误差，称为量化误差。

在数字信号处理实现中，数据可依据处理器处理类型采用定点制表示或者浮点制表示。如果采用浮点制表示，由于其动态范围大，量化误差小，对滤波器性能的影响也小，因此一般不用考虑量化效应。下面仅讨论定点制的量化误差。

假设信号量是 $b+1$ 位二进制数表示的定点小数，其中第一位为符号位，后面 b 位为小数部分，则能表示的最小数据单位为 2^{-b}，称为量化阶，用 q 表示，即 $q=2^{-b}$。

对超过 b 位部分进行尾数处理的方法有两种：

一种是舍入法，即如果第 $b+1$ 位为 1，则对第 $b+1$ 位进行加 1（进位），对第 $b+2$ 位以及以后的数舍去，如果第 $b+1$ 位为 0，则舍去第 $b+1$ 位以及以后的所有位数。

另一种是截尾法，即将第 $b+1$ 位以及以后的数全部舍去。

假设信号 $x(n)$ 量化后用 $Q[x(n)]$ 表示，量化误差用 $e(n)$ 表示，则定义：

$$e(n) = Q[x(n)] - x(n) \tag{6.2.1}$$

在一般情况下，$x(n)$ 为随机信号，那么 $e(n)$ 也是随机信号，因此也经常被称为量化噪声。要精确知道量化噪声的大小是很困难的，也是没有必要的。因此，通过分析量化噪声的统计特性来描述量化误差，并对其统计特性作如下假定：

（1）$e(n)$ 是平稳随机序列；

（2）$e(n)$ 与信号 $x(n)$ 不相关；

（3）$e(n)$ 任意两个值之间不相关，即为白噪声（功率谱密度在整个频段内均匀分布的噪声）；

（4）$e(n)$ 具有均匀等概率分布。

由上述假定可知，量化误差是一个与信号序列完全不相关的加性（叠加在信号上的一种噪声）白噪声序列。根据分析可得截尾量化误差为 $-q < e(n) \leqslant 0$，舍入量化误差为 $-\dfrac{q}{2} < e(n) \leqslant \dfrac{q}{2}$，则其概率密度曲线如图 6.2.1 所示。

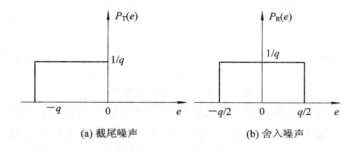

图 6.2.1 $e(n)$ 的概率密度曲线

下面计算量化误差 $e(n)$ 的均值和方差。

（1）截尾量化噪声。

均值：

$$m_e = \int_{-\infty}^{\infty} ep(e)\, \mathrm{d}e = \int_{-q}^{0} \frac{1}{q} e\, \mathrm{d}e = -\frac{q}{2} \tag{6.2.2}$$

方差：

对于稳定系统 $H(z)$，其全部极点在单位圆内，$\oint_c$ 表示沿单位圆逆时针方向的圆周积分。由留数定理可得：

$$\sigma_f^2 = \sigma_e^2 \sum_k \operatorname{Re} s\left[\frac{H(z)H(z^{-1})}{z}, z_k\right] \tag{6.2.13}$$

如果 $e(n)$ 为截尾噪声，则输出噪声中还有一直流分量：

$$m_f = E\left[\sum_{m=0}^{\infty} h(m)e(n-m)\right] = m_e \cdot \sum_{m=0}^{\infty} h(m) = m_e \cdot H(e^{j0}) \tag{6.2.14}$$

【例 6.2.2】 一个 8 位 A/D 变换器($b=7$)，其输出 $\hat{x}(n)$ 作为 IIR 滤波器的输入，求滤波器输出端的量化噪声功率，已知 IIR 滤波器的系统函数为

$$H(z) = \frac{z}{z - 0.999}$$

解 由于 A/D 的量化效应，滤波器输入端的噪声功率为

$$\sigma_e^2 = \frac{q^2}{12} = \frac{2^{-14}}{12} = \frac{2^{-16}}{3}$$

由式(6.2.12)可得，滤波器的输出噪声功率为

$$\sigma_f^2 = \frac{\sigma_e^2}{2\pi j} \oint_c \frac{1}{(z - 0.999)(z^{-1} - 0.999)} \frac{dz}{z}$$

式中围绕积分的积分值等于单位圆内所有极点留数的和。被积函数在单位圆内有一个极点 $z = 0.999$，所以

$$\sigma_f^2 = \sigma_e^2 \frac{1}{\frac{1}{0.999} - 0.999} \cdot \frac{1}{0.999} = \frac{2^{-16}}{3} \frac{1}{1 - 0.999^2} = 2.5444 \times 10^{-3}$$

滤波器输出端的量化噪声功率为 2.5444×10^{-3}。

6.2.4 有限字长运算对数字滤波器的影响

数字滤波器的实现涉及两种运算：相乘、求和。定点制运算中，每一次乘法运算之后都要作一次舍入(截尾)处理，因此引入了非线性。采用统计分析的方法，将每一个乘法支路的舍入误差作为独立噪声 $e(n)$ 迭加在信号上，因而仍可用线性流图表示定点相乘，如图 6.2.4 所示。根据上述对舍入噪声 $e(n)$ 所作的假设，整个系统就可作为线性系统处理。每一个噪声可用线性离散系统的理论求出其输出噪声，所有输出噪声经线性迭加得到总的噪声输出。

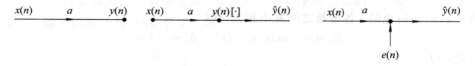

(a) 理想相乘　　　　　(b) 实际相乘的非线性流图　　　　(c) 统计分析的流图

图 6.2.4　定点相乘运算统计分析的流图表示

1. IIR 数字滤波器的有限字长乘法运算量化效应

下面以一个例子来讨论 IIR 数字滤波器的有限字长乘法运算量化效应。

在数字信号处理实现中，数据可依据处理器处理类型采用定点制表示或者浮点制表示。如果采用浮点制表示，由于其动态范围大，量化误差小，对滤波器性能的影响也小，因此一般不用考虑量化效应。下面仅讨论定点制的量化误差。

假设信号量是 $b+1$ 位二进制数表示的定点小数，其中第一位为符号位，后面 b 位为小数部分，则能表示的最小数据单位为 2^{-b}，称为量化阶，用 q 表示，即 $q=2^{-b}$。

对超过 b 位部分进行尾数处理的方法有两种：

一种是舍入法，即如果第 $b+1$ 位为 1，则对第 $b+1$ 位进行加 1（进位），对第 $b+2$ 位以及以后的数舍去，如果第 $b+1$ 位为 0，则舍去第 $b+1$ 位以及以后的所有位数。

另一种是截尾法，即将第 $b+1$ 位以及以后的数全部舍去。

假设信号 $x(n)$ 量化后用 $Q[x(n)]$ 表示，量化误差用 $e(n)$ 表示，则定义：

$$e(n) = Q[x(n)] - x(n) \tag{6.2.1}$$

在一般情况下，$x(n)$ 为随机信号，那么 $e(n)$ 也是随机信号，因此也经常被称为量化噪声。要精确知道量化噪声的大小是很困难的，也是没有必要的。因此，通过分析量化噪声的统计特性来描述量化误差，并对其统计特性作如下假定：

（1）$e(n)$ 是平稳随机序列；

（2）$e(n)$ 与信号 $x(n)$ 不相关；

（3）$e(n)$ 任意两个值之间不相关，即为白噪声（功率谱密度在整个频段内均匀分布的噪声）；

（4）$e(n)$ 具有均匀等概率分布。

由上述假定可知，量化误差是一个与信号序列完全不相关的加性（叠加在信号上的一种噪声）白噪声序列。根据分析可得截尾量化误差为 $-q < e(n) \leqslant 0$，舍入量化误差为 $-\dfrac{q}{2} < e(n) \leqslant \dfrac{q}{2}$，则其概率密度曲线如图 6.2.1 所示。

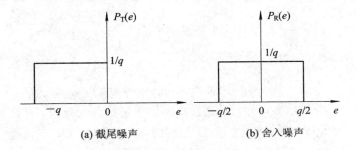

图 6.2.1 $e(n)$ 的概率密度曲线

下面计算量化误差 $e(n)$ 的均值和方差。

（1）截尾量化噪声。

均值：

$$m_e = \int_{-\infty}^{\infty} ep(e)\, \mathrm{d}e = \int_{-q}^{0} \frac{1}{q} e\, \mathrm{d}e = -\frac{q}{2} \tag{6.2.2}$$

方差：

$$\sigma_e^2 = \int_{-\infty}^{\infty} (e - m_e)^2 p(e) \, de = \int_{-q}^{0} (e^2 + eq + q^2/4) \, \frac{1}{q} \, de$$

$$= \left(\frac{e^3}{3} + \frac{e^2 q}{2} + \frac{q^2}{4} e \right) \frac{1}{q} = \frac{q^2}{12} \tag{6.2.3}$$

(2) 舍入量化噪声。

均值：

$$m_e = 0 \tag{6.2.4}$$

方差：

$$\sigma_e^2 = \frac{q^2}{12} \tag{6.2.5}$$

由式(6.2.2)～式(6.2.5)可见，截尾量化噪声有直流分量，会影响信号的频谱结构，而舍入量化处理均值为 0，不会影响；截尾量化噪声和舍入量化噪声的方差(功率)相同，都为 $q^2/12$。

数字信号处理实现中，量化误差主要产生于：对输入模拟信号的 A/D 转换，数字网络中的运算处理过程，对系统中各个系数的量化。量化误差将使滤波器的性能产生变化，下面分别讨论各种量化效应。

6.2.2 A/D 变换的量化效应

A/D 变换器的原理框图如图 6.2.2(a)所示。图中：采样完成对输入的模拟信号进行时间离散化，但幅度还是连续的；量化完成对采样序列作舍入或截尾处理，得到有限字长数字信号。利用 6.2.1 节所述分析量化噪声的统计特性来描述量化误差，则可以用一统计模型来表示 A/D 变换的量化过程，如图 6.2.2(b)所示。

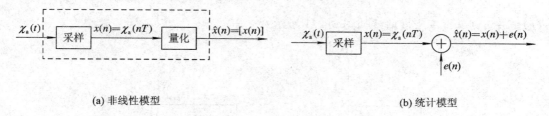

(a) 非线性模型   (b) 统计模型

图 6.2.2 A/D 变换器模型

根据 6.2.1 节的分析结果可知：不论是截尾处理还是舍入处理，量化噪声的方差都为 $\sigma_e^2 = q^2/12$，可见，量化噪声的方差与 A/D 变换的字长直接有关，字长越长，量化噪声越小。假设 A/D 变换器输入信号不含噪声，输出信号中仅考虑量化噪声，输入信号的平均功率用 σ_x^2 表示，输出信噪比用 SNR 表示，则

$$\mathrm{SNR} = \frac{\sigma_x^2}{\sigma_e^2} = \frac{\sigma_x^2}{\dfrac{q^2}{12}} = (12 \times 2^{2b}) \sigma_x^2 \tag{6.2.6}$$

用 dB 数表示为

$$\mathrm{SNR} = 10 \lg \left(\frac{\sigma_x^2}{\sigma_e^2} \right) = 10 \lg \left[(12 \times 2^{2b}) \sigma_x^2 \right] = 6.02(b+1) + 10 \lg (3\sigma_x^2) \tag{6.2.7}$$

式(6.2.7)表明，A/D 变换器的位数每增加 1 位，输出量化信噪比增加约 6 个分贝。

当然，信号能量越大，量化信噪比越高。必须指出，由于信号本身有一定的信噪比，单纯提高量化信噪比是无意义。如果对输出信噪比提出要求，则根据式(6.2.7)可以确定 A/D 变换器所需的位数。

【例 6.2.1】 假设信号 $x(n)$ 在 $-1\sim 1$ 之间均匀分布，求 8、12 位时 A/D 的量化信噪比 SNR。

解 因信号 $x(n)$ 在 -1 至 1 之间均匀分布，所以有均值：

$$E[x(n)] = 0$$

方差：

$$\sigma_x^z = \int_{-1}^{1} \frac{1}{2} x^2 \, \mathrm{d}x = \frac{1}{3}$$

当 $b=8$ 位时，SNR$=54$ dB；当 $b=12$ 位时，SNR$=78$ dB。

6.2.3 量化噪声通过线性系统

为了单独分析量化噪声通过线性系统后的影响，将系统近似看做是完全理想的（即具有无限精度的线性系统），因此，在输入端线性相加的噪声，在系统的输出端也是线性相加的，如图 6.2.3 所示。

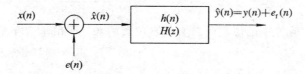

图 6.2.3 量化噪声通过线性系统

由图 6.2.3 可见，量化噪声经过线性系统后的输出为

$$\hat{y}(n) = \hat{x}(n) * h(n) = (x(n) + e(n)) * h(n) = x(n) * h(n) + e(n) * h(n) \tag{6.2.8}$$

输出噪声为

$$e_\mathrm{f}(n) = e(n) * h(n) \tag{6.2.9}$$

当 $e(n)$ 为舍入处理噪声时，输出噪声的方差为

$$\sigma_\mathrm{f}^2 = E[e_\mathrm{f}^2(n)] = E\Big[\sum_{m=0}^{\infty}h(m)e(n-m)\sum_{l=0}^{\infty}h(l)e(n-l)\Big]$$

$$= \sum_{m=0}^{\infty}\sum_{l=0}^{\infty}h(m)h(l)E[e(n-m)e(n-l)] \tag{6.2.10}$$

由于 $e(n)$ 是白色的，各变量之间互不相关，即

$$E[e(n-m)e(n-l)] = \delta(m-l)\sigma_e^2$$

代入上式，得

$$\sigma_\mathrm{f}^2 = \sum_{l=0}^{\infty}\sum_{m=0}^{\infty}h(m)h(l)\delta(m-l)\sigma_e^2 = \sigma_e^2\sum_{m=0}^{\infty}h^2(m) \tag{6.2.11}$$

由 Parseval 定理可得：

$$\sigma_e^2\sum_{m=0}^{\infty}h^2(m) = \frac{\sigma_e^2}{2\pi\mathrm{j}}\oint_c H(z)H(z^{-1})\frac{\mathrm{d}z}{z} \tag{6.2.12}$$

对于稳定系统 $H(z)$，其全部极点在单位圆内，$\oint_c$ 表示沿单位圆逆时针方向的圆周积分。由留数定理可得：

$$\sigma_{\mathrm{f}}^2 = \sigma_e^2 \sum_k \mathrm{Re}\, s\left[\frac{H(z)H(z^{-1})}{z}, z_k\right] \tag{6.2.13}$$

如果 $e(n)$ 为截尾噪声，则输出噪声中还有一直流分量：

$$m_{\mathrm{f}} = E\left[\sum_{m=0}^{\infty} h(m)e(n-m)\right] = m_e \cdot \sum_{m=0}^{\infty} h(m) = m_e \cdot H(\mathrm{e}^{\mathrm{j}0}) \tag{6.2.14}$$

【例 6.2.2】 一个 8 位 A/D 变换器($b=7$)，其输出 $\hat{x}(n)$ 作为 IIR 滤波器的输入，求滤波器输出端的量化噪声功率，已知 IIR 滤波器的系统函数为

$$H(z) = \frac{z}{z - 0.999}$$

解 由于 A/D 的量化效应，滤波器输入端的噪声功率为

$$\sigma_e^2 = \frac{q^2}{12} = \frac{2^{-14}}{12} = \frac{2^{-16}}{3}$$

由式(6.2.12)可得，滤波器的输出噪声功率为

$$\sigma_{\mathrm{f}}^2 = \frac{\sigma_e^2}{2\pi\mathrm{j}} \oint_c \frac{1}{(z - 0.999)(z^{-1} - 0.999)} \frac{\mathrm{d}z}{z}$$

式中围绕积分的积分值等于单位圆内所有极点留数的和。被积函数在单位圆内有一个极点 $z=0.999$，所以

$$\sigma_{\mathrm{f}}^2 = \sigma_e^2 \frac{1}{\dfrac{1}{0.999} - 0.999} \cdot \frac{1}{0.999} = \frac{2^{-16}}{3} \frac{1}{1 - 0.999^2} = 2.5444 \times 10^{-3}$$

滤波器输出端的量化噪声功率为 2.5444×10^{-3}。

6.2.4 有限字长运算对数字滤波器的影响

数字滤波器的实现涉及两种运算：相乘、求和。定点制运算中，每一次乘法运算之后都要作一次舍入(截尾)处理，因此引入了非线性。采用统计分析的方法，将每一个乘法支路的舍入误差作为独立噪声 $e(n)$ 迭加在信号上，因而仍可用线性流图表示定点相乘，如图 6.2.4 所示。根据上述对舍入噪声 $e(n)$ 所作的假设，整个系统就可作为线性系统处理。每一个噪声可用线性离散系统的理论求出其输出噪声，所有输出噪声经线性迭加得到总的噪声输出。

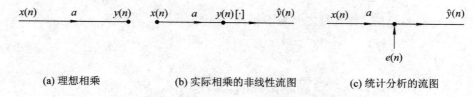

(a) 理想相乘　　　　(b) 实际相乘的非线性流图　　　(c) 统计分析的流图

图 6.2.4　定点相乘运算统计分析的流图表示

1. IIR 数字滤波器的有限字长乘法运算量化效应

下面以一个例子来讨论 IIR 数字滤波器的有限字长乘法运算量化效应。

【例6.2.3】 一个二阶 IIR 低通数字滤波器，系统函数为

$$H(z) = \frac{0.5 - 0.3z^{-1}}{1 - 1.2z^{-1} + 0.32z^{-2}}, \qquad |z| > 0.8$$

采用定点制算法，尾数作舍入处理，分别计算其直接型、级联型、并联型三种结构的舍入误差产生的输出噪声功率。

解 （1）直接型结构。根据系统函数画出直接型结构流图，并在每一个乘法支路加入一个舍入噪声，得到如图6.2.5所示流图。

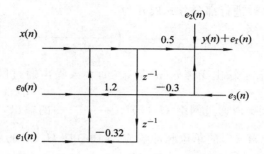

图 6.2.5　例 6.2.3

从图上可看出，输出噪声 $e_f(n)$ 是 $e_0(n)$、$e_1(n)$ 二个舍入噪声通过网络 $H(z)$ 加上 $e_2(n)$、$e_3(n)$ 形成的。设 $h(n)$ 是 $H(z)$ 的单位脉冲响应，则

$$e_f(n) = [e_0(n) + e_1(n)] * h(n) + e_2(n) + e_3(n)$$

输出噪声的方差为

$$\sigma_f^2 = 2\sigma_e^2 \cdot \frac{1}{2\pi j}\oint_c \frac{1}{B(z)B(z^{-1})} \frac{dz}{z} + 2\sigma_e^2$$

式中：$\sigma_e^2 = q^2/12$。利用留数定理可以求得

$$\sigma_f^2 = 2.8636\sigma_e^2 = 0.2386q^2$$

（2）级联型。将 $H(z)$ 分解为

$$H(z) = \frac{1}{1 - 0.8z^{-1}} \cdot \frac{0.5 - 0.3z^{-1}}{1 - 0.4z^{-1}}$$

采用相同的方法画出数字滤波器级联结构流图如图6.2.6所示。

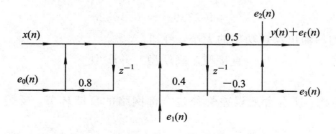

图 6.2.6　数字滤波器级联结构

从图6.2.6可看出，输出噪声 $e_f(n)$ 是 $e_0(n)$ 舍入噪声通过网络 $H(z)$ 的输出，加上 $e_1(n)$ 舍入噪声通过网络 $H_0(z) = \dfrac{0.5 - 0.3z^{-1}}{1 - 0.4z^{-1}}$ 的输出，再加上 $e_2(n)$、$e_3(n)$ 三部分迭加形成的。因此，设 $h_0(n)$ 是 $H_0(z)$ 的单位脉冲响应，则

$$e_f(n) = e_0(n) * h(n) + e_1(n) * h_0(n) + e_2(n) + e_3(n)$$

输出噪声的方差为

$$\sigma_f^2 = \sigma_e^2 \cdot \frac{1}{2\pi j} \oint_c H(z)H(z^{-1}) \frac{dz}{z} + \sigma_e^2 \cdot \frac{1}{2\pi j} \oint_c H_0(z)H_0(z^{-1}) \frac{dz}{z} + 2\sigma_e^2$$

$$\sigma_f^2 = 2.6947\sigma_e^2 = 0.2246q^2$$

将 $H(z)$ 按照不同的方式组合，还可以组成其他的级联形式，请读者自己完成其他级联结构的输出噪声功率计算。

（3）并联型。将 $H(z)$ 进行部分分式展开为

$$H(z) = \frac{0.25}{1-0.8z^{-1}} + \frac{0.25}{1-0.4z^{-1}} = \left(\frac{1}{1-0.8z^{-1}} + \frac{1}{1-0.4z^{-1}} \right) \times 0.25$$

从图 6.2.7 可以看出：输出噪声 $e_f(n)$ 是 $e_0(n)$ 舍入噪声通过网络 $H_1(z) = \dfrac{0.25}{1-0.8z^{-1}}$ 的输出，加上 $e_1(n)$ 舍入噪声通过网络 $H_2(z) = \dfrac{0.25}{1-0.4z^{-1}}$ 的输出，再加上 $e_2(n)$ 两部分迭加形成的。设：$h_1(n)$ 是 $H_1(z)$ 的单位脉冲响应，$h_2(n)$ 是 $H_2(z)$ 的单位脉冲响应，则

$$e_f(n) = e_0(n) * h_1(n) + e_1(n) * h_2(n) + e_2(n)$$

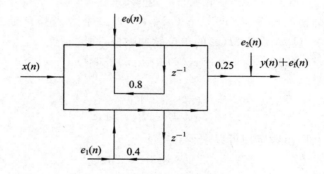

图 6.2.7　并联型结构的舍入噪声分析

输出噪声的方差为

$$\sigma_f^2 = \sigma_e^2 \cdot \frac{1}{2\pi j} \oint_c H_1(z)H_1(z^{-1}) \frac{dz}{z} + \sigma_e^2 \cdot \frac{1}{2\pi j} \oint_c H_2(z)H_2(z^{-1}) \frac{dz}{z} + \sigma_e^2$$

$$\sigma_f^2 = 1.2389\sigma_e^2 = 0.1032q^2$$

比较三种结构的输出噪声功率的大小，可知：

直接型＞级联型＞并联型

其原因如下：

（1）直接型结构：所有舍入误差都经过全部网络的反馈环节，反馈过程中误差积累，输出误差很大。

（2）级联型结构：每个舍入误差只通过其后面的反馈环节，而不通过它前面的反馈环节，误差小于直接型。

（3）并联型：每个并联网络的舍入误差只通过本身的反馈环节，与其他并联网络无关，积累作用最小，误差最小。

因此 IIR 数字滤波器的乘法运算的有限字长效应与它的结构有关，在 IIR 数字滤波器

实现时应选择合适的网络结构。

2. FIR 数字滤波器的有限字长效应

IIR 数字滤波器的分析方法同样适用于 FIR 滤波器，FIR 滤波器无反馈环节（频率采样型结构除外），不会造成舍入误差的积累，舍入误差的影响比相同阶数的 IIR 滤波器小，不会产生非线性振荡。下面以横截型结构为例分析 *FIR* 的有限字长效应。

（1）量化噪声。

下面以舍入处理为例介绍 FIR 数字滤波器的量化噪声。$N-1$ 阶 FIR 数字滤波器的系统函数为

$$H(z) = \sum_{m=0}^{N-1} h(m) z^{-m} \tag{6.2.15}$$

在无限精度下，直接型结构的差分方程为

$$y(n) = \sum_{m=0}^{N-1} h(m) x(n-m) \tag{6.2.16}$$

在有限精度运算时，系统的输出为

$$\hat{y}(n) = y(n) + e_\mathrm{f}(n) = \sum_{m=0}^{N-1} [h(m) x(n-m)]_R \tag{6.2.17}$$

由于每一次相乘后的舍入处理将产生一个舍入噪声，即

$$[h(m) x(n-m)]_R = h(m) x(n-m) + e_m(n) \tag{6.2.18}$$

故

$$y(n) + e_\mathrm{f}(n) = \sum_{m=0}^{N-1} h(m) x(n-m) + \sum_{m=0}^{N-1} e_m(n) \tag{6.2.19}$$

则

$$e_\mathrm{f}(n) = \sum_{m=0}^{N-1} e_m(n) \tag{6.2.20}$$

输出噪声如图 6.2.8 所示，输出噪声功率为

$$\sigma_\mathrm{f}^2 = N\sigma_e^2 = \frac{Nq^2}{12} \tag{6.2.21}$$

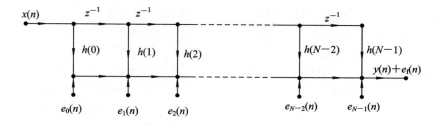

图 6.2.8　横截型结构 *FIR* 滤波器的舍入处理

可见：输出噪声方差不但与字长有关，还与滤波器的阶数 N 有关，N 越高，运算误差越大，或者说，在运算精度相同的情况下，阶数越高的滤波器需要的字长越长。

【例 6.2.4】　假设 FIR 数字滤波器的单位脉冲响应长度 N 为 10，处理器处理的字长为 18，即 $b=17$，则

$$\sigma_f^2 = \frac{Nq^2}{12} = 10 \times \frac{2^{-34}}{12} = 4.85 \times 10^{-11} \quad (-103 \text{ dB})$$

当 $N = 1024$ 时，

$$\sigma_f^2 = \frac{Nq^2}{12} = 1024 \times \frac{2^{-34}}{12} = 4.97 \times 10^{-9} \quad (-83 \text{ dB})$$

由此可得：$\sigma_f = 0.705 \times 10^{-4}$，说明数字滤波器输出中，小数点后只有 4 位数字是有效的。

（2）动态范围。

采用定点制运算时，动态范围的限制常导致 FIR 数字滤波器的输出结果发生溢出。利用比例因子，压缩输入信号的范围，可避免溢出。

假设输入信号的最大值为 $x_{\max}$，由式（6.2.16）可得如下关系：

$$|y(n)| \leqslant x_{\max} \cdot \sum_{m=0}^{N-1} |h(m)| \tag{6.2.22}$$

对于定点小数，不产生溢出的条件为：$|y(n)| < 1$。为使结果不溢出，对 $x(n)$ 采用标度因子 G，使 $G \cdot x_{\max} \cdot \sum_{m=0}^{N-1} |h(m)| < 1$，导出：

$$G < \frac{1}{x_{\max} \sum_{m=0}^{N-1} |h(m)|} \tag{6.2.23}$$

由式（6.2.23）可见，当输入信号最大值确定时，可计算出 G。将输入信号按 G 放大（或者缩小），就可避免 FIR 数字滤波器的输出结果溢出。

6.2.5 系数量化对滤波器特性的影响

由于滤波器的所有系数必须以有限长度的二进制码形式存放在存储器中，所以必须对理想系数值进行量化。系数量化将造成实际系数存在误差，使零、极点位置发生偏离，使滤波器的特性产生变化，严重时甚至使单位圆内的极点偏离到单位圆外，造成系统不稳定。下面利用 MATLAB 工具软件来研究系数量化对滤波器性能的影响。

首先设计两个 MATLAB 函数用来处理系数量化的截尾和舍入处理。函数 a2dT(d,n) 实现将十进制数据 d（在 MATLAB 中用浮点表示，假设为理想精度）按照截尾处理算法处理成 n 位二进制数，函数的返回值为该 n 位二进制数的十进制值。函数的代码为：

```
function beq = a2dT(d,n)
m = 1; d1 = abs(d);
while fix(d1) > 0
    d1 = abs(d)/(2^m);
    m = m+1;
end
beq = fix(d1 * 2^n);
beq = sign(d). * beq. * 2^(m-n-1);
```

函数 a2dR(d,n) 实现将十进制数据 d（在 MATLAB 中用浮点表示，假设为理想精度）按照舍入处理算法处理成 n 位二进制数，函数的返回值为该 n 位二进制数的十进制值。函数的代码为：

```
function beq = a2dR(d,n)
```

```
m = 1; d1 = abs(d);
while fix(d1) > 0
    d1 = abs(d)/(2^m);
    m = m+1;
end
beq = fix(d1 * 2^n+.5);
beq = sign(d). * beq. * 2^(m−n−1);
```

下面以 6 阶椭圆低通滤波器为例进行研究，假设低通滤波器的截止频率为 0.4，通带波动为 0.5 dB，阻带最小衰减为 50 dB。当采用 5 位截尾处理时，分析其量化前后的滤波器特性，比较零极点的变化。MATLAB 的程序代码如下：

```
[b,a] = ellip(6,0.5,50,0.4);
[h,w] = freqz(b,a,512);
g = 20 * log10(abs(h));
bq = a2dT(b,5); aq = a2dT(a,5);
[hq,w] = freqz(bq,aq,512);
gq = 20 * log10(abs(hq));
plot(w/pi,g,'b',w/pi,gq,'r:');grid;
axis([0 1 −80 5]);
xlabel('\omega/\pi'); ylabel('Gain, dB');
title('实线——量化前,虚线——量化后');
zplane(b,a);
hold on;
plotzp(bq,aq)
```

图 6.2.9 给出了量化前后的滤波器特性，由图可见，量化前滤波器的指标完全符合要求，而量化后滤波器的特性变得极差，指标不能满足要求。图 6.2.10 给出了量化前后滤波器零极点位置，由图可见，有两个极点已经跑到单位圆上，将造成系统不稳定。

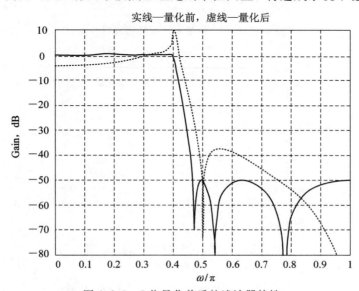

图 6.2.9　5 位量化前后的滤波器特性

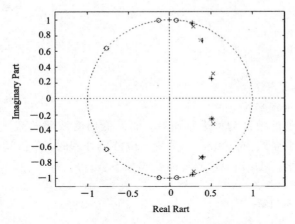

图 6.2.10 5 位量化前后滤波器零极点位置

当采用 10 位截尾处理时，分析结果如图 6.2.11、图 6.2.12 所示，量化前后特性相差不大。对于舍入处理，只要将处理函数改为 a2dR 即可，这里不再赘述。

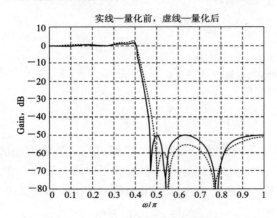

图 6.2.11 10 位量化前后的滤波器特性

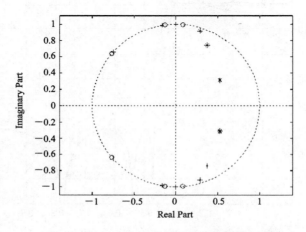

图 6.2.12 10 位量化前后滤波器零极点位置

由上述仿真分析可知，系数量化将使系统的极点位置产生变化，下面讨论极点位置偏差对系数量化的敏感性。

设一个 N 阶 IIR 数字滤波器的系统函数为

$$H(z) = \frac{\sum\limits_{i=0}^{N} a_i z^{-i}}{1 - \sum\limits_{i=1}^{N} b_i z^{-i}} = \frac{A(z)}{B(z)} \qquad (6.2.24)$$

系数量化后的系统函数为

$$\hat{H}(z) = \frac{\sum\limits_{i=0}^{N} \hat{a}_i z^{-i}}{1 - \sum\limits_{i=1}^{N} \hat{b}_i z^{-i}} \qquad (6.2.25)$$

式中：$\hat{a}_i = a_i + \Delta a_i$，$\hat{b}_i = b_i + \Delta b_i$ 为量化后的系数。下面分析量化偏差 Δa_i、Δb_i 造成的极点位置偏差。设系统的理想极点为 p_i，$i = 1, 2, \cdots, N$，则

$$B(z) = 1 - \sum\limits_{i=1}^{N} b_i z^{-i} = \prod\limits_{i=1}^{N} (1 - p_i z^{-1}) \qquad (6.2.26)$$

系数量化后，极点变为 $p_i + \Delta p_i$，极点位置偏差 Δp_i 是由 Δb_i 引起的。因每个极点都与 N 个 b_i 有关，表示为

$$p_i = p_i(b_1, b_2, \cdots, b_N) \qquad i = 1, 2, \cdots, N$$

故

$$\Delta p_i = \frac{\partial p_i}{\partial b_1} \Delta b_1 + \frac{\partial p_i}{\partial b_2} \Delta b_2 + \cdots + \frac{\partial p_i}{\partial b_N} \Delta b_N = \sum\limits_{k=1}^{N} \frac{\partial p_i}{\partial b_k} \Delta b_k \qquad i = 1, 2, \cdots, N$$

可以看出，$\dfrac{\partial p_i}{\partial b_k}$ 决定量化误差影响的大小，反映极点 p_i 对系数 b_k 变化的敏感程度。$\dfrac{\partial p_i}{\partial b_k}$ 越大，Δb_k 对 Δp_i 的影响越大；反之，$\dfrac{\partial p_i}{\partial b_k}$ 越小，Δb_k 对 Δp_i 的影响越小，因此其称之为极点位置灵敏度，它表征每个极点位置对各系数偏差的敏感程度。极点位置的变化将直接影响系统的稳定性，所以极点位置灵敏度可以反映系数量化对滤波器稳定性的影响。

下面由 $B(z)$ 求极点位置灵敏度 $\dfrac{\partial p_i}{\partial b_k}$。利用偏微分关系：

$$\left. \frac{\partial B(z)}{\partial b_k} \right|_{z = p_i} = \left. \frac{\partial B(z)}{\partial p_i} \right|_{z = p_i} \left(\frac{\partial p_i}{\partial b_k} \right)$$

可以导出：

$$\frac{\partial p_i}{\partial b_k} = \left. \frac{\dfrac{\partial B(z)}{\partial b_k}}{\partial \dfrac{B(z)}{\partial p_i}} \right|_{z = p_i} \qquad (6.2.27)$$

由式(6.2.26)可得：

$$\frac{\partial B(z)}{\partial b_k} = -z^{-k}, \qquad \frac{\partial B(z)}{\partial p_i} = -z^{-1} \prod\limits_{\substack{k=1 \\ k \neq i}}^{N} (1 - p_k z^{-1}) = -z^{-N} \prod\limits_{\substack{k=1 \\ k \neq i}}^{N} (z - p_k)$$

代入上式得：

$$\frac{\partial p_i}{\partial b_k} = \frac{p_i^{N-k}}{\prod_{\substack{k=1 \\ k \neq i}}^{N} (p_i - p_k)} \tag{6.2.28}$$

上式分母中每个因子$(p_i - p_k)$是一个由极点p_k指向当前极点p_i的矢量,整个分母是所有极点指向当前极点p_i的矢量积。可见,这些矢量越长,极点彼此间的距离越远,极点位置灵敏度越低;反之,矢量越短,极点位置灵敏度越高。即:极点位置灵敏度与极点间距离成反比。例如,一个共轭极点在虚轴附近的滤波器如图 6.2.13(a)所示,另一个共轭极点在实轴附近的滤波器如图 6.2.13(b)所示。两者比较,前者极点位置灵敏度比后者小,即系数量化程度相同时,前者造成的误差比后者小。

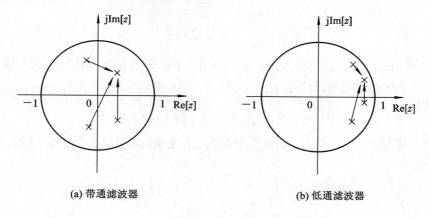

图 6.2.13　极点位置灵敏度与极点间距离成反比

习　题　六

6.1　分别用直接 I 型和 II 型结构实现以下系统函数:

(1) $H(z) = \dfrac{3 + 2z^{-1} + z^{-2}}{1 - 0.8z^{-1} + 2z^{-2}}$　　　(2) $H(z) = 0.8 \dfrac{5 + 2z + z^2}{3 - 1.8z + 2z^2 + z^3}$

6.2　用级联型结构实现系统函数:

$$H(z) = \frac{(z+1)(z^2 + 1.4142z + 1)}{(z-0.5)(z^2 - 0.1z - 0.72)}$$

6.3　已知滤波器的差分方程为

$$y(n) = x(n) + x(n-1) + \frac{2}{3}y(n-1) - \frac{1}{4}y(n-2)$$

试画出实现它的直接型、级联型、并联型结构图。

6.4　已知滤波器的单位脉冲响应为

$$h(n) = 0.5^n R_9(n)$$

试画出实现它的横截型和转置型结构图。

6.5　已知 FIR 数字滤波网络的单位脉冲响应为

$$h(n) = \delta(n) - \delta(n-1) + \delta(n-4)$$

用频率采样结构实现,设采样点数 $N=6$,要求:

（1）画出频率采样网络结构图；

（2）写出滤波器参数的计算公式。

6.6　已知 FIR 数字滤波器的 16 个频率采样点值为：

$$H(0)=1, \quad H(1)=1-\mathrm{j}\sqrt{3}, \quad H(2)=0.5+0.5\mathrm{j}$$

$$H(3)\sim H(13)\text{都为 }0, \quad H(14)=0.5-0.5\mathrm{j}, \quad H(15)=1+\mathrm{j}\sqrt{3}$$

试画出实现该滤波器的频率采样型结构。

6.7　A/D 转换器的字长为 b，采用舍入处理，为使输出最大值的绝对值不超过 1，输出信号乘以比例因子 A。试：

（1）输入信号为正弦随机相位序列 $x_a(nT)=B\cos(\omega_0 n+\theta)$，其中 θ 在 $[0,2]$ 上均匀等概率分布时，求 A/D 转换器的输出信噪比 σ_x^2/σ_e^2。

（2）当输入信号为一随机序列，且 $x(n)$ 的峰值为 σ_x 的 ± 3 倍时，A/D 转换器的输出信噪比为 σ_x^2/σ_e^2。如果要求得到 80 dB 的信噪比，请问字长应选择多少位？

6.8　已知二阶网络系统函数 $H(z)$ 为

$$H(z)=\frac{0.6}{1+0.3z^{-1}-0.28z^{-2}}$$

（1）分别画出系统的级联型、并联型结构网络流图。

（2）采用定点制算法，乘法尾数作舍入处理，字长为 b，试计算并联结构型式的输出噪声功率。

6.9　已知二阶 IIR 数字滤波网络的系统函数为

$$H(z)=\frac{0.6-0.3z^{-1}}{(1-0.4z^{-1})(1-0.8z^{-1})}$$

采用定点制算法，乘法尾数作舍入处理，字长为 b。

（1）试计算直接型结构的输出舍入噪声功率。

（2）试画出实现该系统的所有级联型结构流图，并计算级联型结构的输出舍入噪声功率。

（3）试计算并联型结构的输出舍入噪声功率。

（4）比较以上各种不同结构的运算精度。

6.10　一个二阶 IIR 数字滤波器

$$H(z)=\frac{0.1}{(1-0.7z^{-1})(1-0.8z^{-1})}$$

采用 6 位字长舍入方式对其系数量化，使用 MATLAB 函数 a2dR 计算以下三种结构下系数量化后的极点分布和频率响应：直接型结构、级联型结构、并联型结构。如果改用截尾方式处理，结果又如何？

第7章　多采样率信号处理

前面所讨论的数字信号处理方法都是将采样频率 f_s 视为固定值,即在一个数字信号处理系统中只有一个采样频率,称为单采样率系统。在实际的数字系统中,经常会遇到要求一个数字系统中能工作在"多采样率"状态。例如:

(1) 在数字电视系统中,图像信号的采集一般按 4∶4∶4 标准(亮度信号采样率∶R−Y信号采样率∶B−Y信号采样率)或 4∶2∶2 标准,再根据不同的电视质量要求转换成其他标准的数字电视信号(如 4∶2∶2、4∶1∶1、2∶1∶1 等标准)进行处理、传输。

(2) 在数字电话系统中,传输的信号既有语音信号,又有传真信号,甚至有视频信号,这些信号的频率成分相差甚远,采样率也完全不一样。

(3) 对一个非平稳随机信号(如语音信号)作频谱分析或编码时,对不同的信号段,可根据其频率成分的不同而采用不同的采样率,以达到既满足采样定理,又最大限度地减少数据量的目的。

(4) 在多媒体(如语音、视频、数据等)的传输与处理系统中,由于它们的频率很不相同,各系统的采样频率自然不相同,例如:广播系统中 $f_s=32$ kHz,CD(Compact Disc,激光唱片)中 $f_s=44.1$ kHz,DAT(Digital Audio Tape,数字式录音带)中 $f_s=48$ kHz。

(5) 两数字系统的时钟频率不同,信号在两系统中传输时,为了便于信号的处理、编码、传输和存储,需根据时钟的要求进行采样率的转换。

可见,在数字信号处理系统中,需要将被处理信号的采样率转换成与相应系统所要求一致的采样率,即进行采样率转换。

近年来,建立在采样率转换基础上的"多采样率数字信号处理"已经成为数字信号处理学科中的主要内容之一。具有多种不同采样率的系统称为多采样率系统。多采样率系统除了在上述几种情况中得到应用之外,还有许多其他的应用,例如:A/D、D/A 转换中的过采样技术,FIR 滤波器的多相滤波器结构,正交镜像滤波器组(Quadrature Mirror Filter,QMF)等。

本章介绍采样率变换的方法及应用。

7.1　采样率降低

降低采样率通常采用整数倍抽取(Decimation)的方法来实现。假设 M 为整数,对序列 $x(n)$ 进行 M 倍抽取的过程为:将序列 $x(n)$ 每 M 个采样值中抽取出一个。如果原序列的采样周期为 T,则抽样后的序列周期 T' 与 T 具有如下关系:

$$\frac{T'}{T} = \frac{M}{1} \tag{7.1.1}$$

抽取后信号的采样频率为

$$f_s' = \frac{1}{T'} = \frac{1}{MT} = \frac{f_s}{M} \tag{7.1.2}$$

式中：f_s 为原序列的采样频率。可见，抽取后信号的采样频率降低为原来的 M 分之一。

下面讨论抽取过程对频域产生的影响。设有模拟信号 $x_a(t)$ 如图 7.1.1(a)所示，它的频谱 $|X_a(j\Omega)|$ 如图 7.1.1(b)所示，图中信号最高频率为 Ω_h。按采样频率 f_s 采样，得到采样信号 $x(n)$ 如图 7.1.1(c)所示，则采样信号的频谱 $X(e^{j\omega})$ 为

$$X(e^{j\omega}) = X(e^{j\Omega T}) = \frac{1}{T}\sum_{k=-\infty}^{\infty} X_a(j\Omega - jk\Omega_s) \tag{7.1.3}$$

如图 7.1.1(d)所示(图中：$\Omega_s = 2\pi f_s$)。如果对采样信号 $x(n)$ 进行 M 倍抽取，抽取后信号 $y(n)$ 如图 7.1.1(e)所示(图中假设 $M=3$)，抽取后信号的频谱 $Y(e^{j\omega})$ 为

$$Y(e^{j\omega}) = X(e^{j\Omega T'}) = \frac{1}{T'}\sum_{k=-\infty}^{\infty} X_a(j\Omega - jk\Omega_{s'}) \tag{7.1.4}$$

如图 7.1.1(f)所示，图中：

$$\Omega_{s'} = 2\pi f_{s'} = 2\pi \frac{f_s}{M} = \frac{\Omega_s}{M} \tag{7.1.5}$$

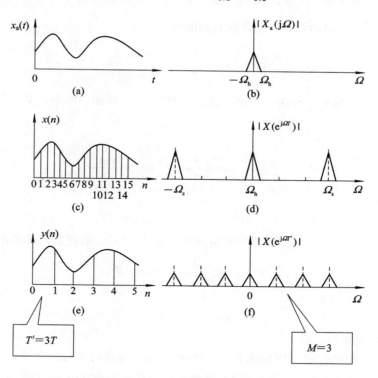

图 7.1.1 M 倍抽取后信号和频谱的关系

令 $\omega = \Omega T = 2\pi \dfrac{\Omega}{\Omega_s}$，即将图 7.1.1(d)和图 7.1.1(f)中的模拟域频率变换为数字域频率，得到结果如图 7.1.2 所示。图中：$\omega_{h1} = 2\pi \dfrac{\Omega_h}{\Omega_s}$，$\omega_{h2} = 2\pi \dfrac{\Omega_h}{\Omega_{s'}}$，根据式(7.1.5)可得

$$\omega_{h2} = M\omega_{h1} \qquad (7.1.6)$$

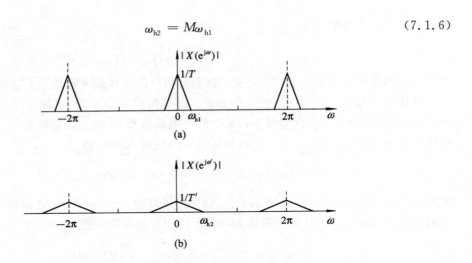

图 7.1.2　M 倍抽取前后频谱变化

因其周期性，即以 $\pm k2\pi(k=0,1,2,\cdots)$ 无限地重复，故可能存在频率混迭。为了避免抽取后出现频率混叠，必须保证 $\omega_{h2} < \pi$。为此，要求抽取前信号的最高频率 $\omega_{h1} < \dfrac{\pi}{M}$。可采用理想低通滤波器进行滤波，假设滤波器的特性为：

$$\widetilde{H}(e^{j\omega}) = \begin{cases} 1 & |\omega| \leqslant \dfrac{\pi}{M} \\ 0 & \text{其他} \end{cases} \qquad (7.1.7)$$

其单位脉冲响应为 $h(n)$，则整个的抽取过程如图 7.1.3 所示，图中：$\downarrow M$ 为 M 倍抽取器符号。

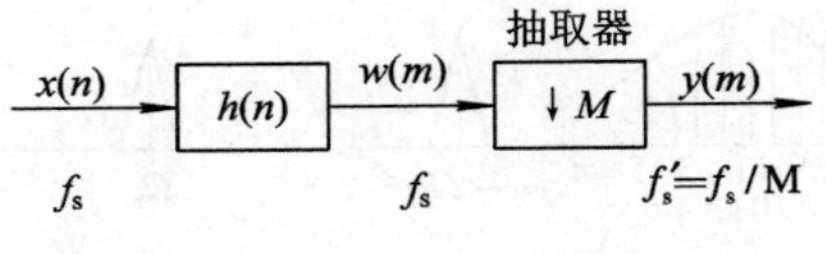

抽取器

$x(n) \longrightarrow \boxed{h(n)} \xrightarrow{w(m)} \boxed{\downarrow M} \xrightarrow{y(m)}$

$f_s \qquad\qquad\qquad f_s \qquad\qquad f_s' = f_s/M$

图 7.1.3　M 倍抽取过程

假设图 7.1.3 中的低通滤波器的单位脉冲响应为 $h(n)$，则滤波器的输出为

$$w(n) = \sum_{k=-\infty}^{\infty} h(k)x(n-k) \qquad (7.1.8)$$

M 倍抽取后的输出 $y(m)$ 为

$$y(m) = w(Mm) \qquad (7.1.9)$$

它表示 M 倍抽取器的运算。

M 倍抽取过程的频谱变化如图 7.1.4 所示。其中：图(a)为输入信号的频谱；图(b)为低通滤波器的频率特性曲线；图(c)为低通滤波输出信号的频谱；图(d)为 M 倍抽取后输出信号的频谱；数字角频率 ω 和 ω' 分别表示信号频率对采样频率 f_s 和 f_s' 的归一化。比较图(c)和图(d)，可以看出，M 倍抽取后数字域频谱拉伸了 M 倍。

将式(7.1.8)代入式(7.1.9)，得

$$y(m) = w(Mm) = \sum_{k=-\infty}^{\infty} h(k)x(Mm-k)$$

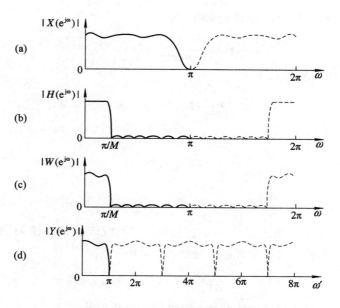

图 7.1.4 M 倍抽取后的频谱变化

令 $l = Mm - k$，代入上式进行变量代换后得

$$y(m) = \sum_{l=-\infty}^{\infty} h(Mm - l)x(l) \qquad (7.1.10)$$

上式将滤波和抽取两个过程统一起来。

实际的低通滤波器不可能是理想低通滤波器，下面讨论非理想低通滤波器的影响。

首先将 $w(n)$ 按 M 倍抽取得到的信号定义为

$$w'(n) = w(n) \cdot \sum_{k=-\infty}^{\infty} \delta(n - kM) \qquad (7.1.11)$$

式中 $\sum_{k=-\infty}^{\infty} \delta(n - kM)$ 为周期为 M 的单位脉冲序列，将其进行傅立叶级数展开，并代入式 (7.1.11)，得

$$w'(n) = w(n)\Big[\frac{1}{M}\sum_{l=0}^{M-1} e^{j2\pi\frac{ln}{M}}\Big] \qquad (-\infty < n < \infty) \qquad (7.1.12)$$

因此

$$y(m) = w'(Mm) \qquad (7.1.13)$$

$$Y(z) = \sum_{m=-\infty}^{\infty} w'(Mm)z^{-m} = \sum_{n=-\infty}^{\infty} w'(n)z^{-\frac{n}{M}} \qquad (7.1.14)$$

将式 (7.1.12) 代入上式，得

$$\begin{aligned}
Y(z) &= \sum_{n=-\infty}^{\infty} w(n)\Big[\frac{1}{M}\sum_{l=0}^{M-1} e^{j2\pi\frac{ln}{M}}\Big]z^{-\frac{n}{M}} \\
&= \frac{1}{M}\sum_{l=0}^{M-1}\Big[\sum_{n=-\infty}^{\infty} w(n)e^{j2\pi\frac{ln}{M}}z^{-\frac{n}{M}}\Big] \\
&= \frac{1}{M}\sum_{l=0}^{M-1} W(e^{-\frac{j2\pi l}{M}} \cdot z^{\frac{1}{M}}) \qquad (7.1.15)
\end{aligned}$$

式(7.1.15)中 $W(\cdot)$ 表示 $w(n)$ 的 z 变换，即

$$W(z) = \sum_{n=-\infty}^{\infty} w(n) z^{-n} \tag{7.1.16}$$

又因为 $W(z) = H(z)X(z)$，所以

$$Y(z) = \frac{1}{M} \sum_{l=0}^{M-1} H(e^{-j2\pi\frac{l}{M}} z^{\frac{1}{M}}) X(e^{-j2\pi\frac{l}{M}} z^{\frac{1}{M}}) \tag{7.1.17}$$

令 $z = e^{j\omega'}$，代入上式得

$$Y(e^{j\omega'}) = \frac{1}{M} \sum_{l=0}^{M-1} H(e^{j\frac{\omega'-2\pi l}{M}}) X(e^{j\frac{\omega'-2\pi l}{M}})$$

$$= \frac{1}{M} \left[H(e^{j\frac{\omega'}{M}}) X(e^{j\frac{\omega'}{M}}) + H(e^{j\frac{\omega'-2\pi}{M}}) X(e^{j\frac{\omega'-2\pi}{M}}) + \cdots \right] \tag{7.1.18}$$

式中：$\omega' = 2\pi f T'$。可见，输入信号 $x(n)$ 经过滤波、抽取后的频谱是 M 段信号频谱叠加在一起的结果。如果低通滤波器非常接近理想特性，则

$$Y(e^{j\omega'}) \approx \frac{1}{M} X(e^{j\frac{\omega'}{M}}), \qquad 0 \leqslant \omega' \leqslant \pi \tag{7.1.19}$$

无混叠误差。如果采用非理想特性低通，则将产生混叠误差。

【例 7.1.1】 用 MATLAB 编程，显示一个 $N=50$，信号频率为 0.042 Hz 的时域正弦序列，然后以抽取因子为 3 进行降采样率处理，显示相应的处理结果，比较两者在时域上的特点。

解 MATLAB 程序代码如下：

```
M=3；%down-sampling factor=3；
fo=0.042；%signal frequency=0.042；
%generate the input sinusoidal sequence
N=50
n=0：N-1；
x=sin(2 * pi * fo * n)；
%generate the down-sampling squence
y=x([1：M：length(x)])；
subplot(2，1，1)
stem(n，x(1：N))；
title('输入序列')；
xlabel('时间/n')；
ylabel('幅度')；
subplot(2，1，2)
m=0：M：length(x)-1
stem(m，y)；
title(['输出序列，抽取因子为'，num2str(M)])；
xlabel('时间/n')；ylabel('幅度')；
```

MATLAB 中提供一个 downsample 函数用于信号抽取，其语句格式为

```
y = downsample(x，M)
```

请读者自行将上述程序修改为使用 downsample 函数实现，结果如图 7.1.5 所示。

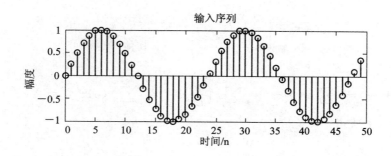

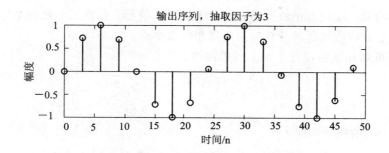

图 7.1.5 正弦信号和降采样率后的输出序列

7.2 采样率提高

如果要提高采样频率，可通过插值（Interpolation）来实现。假设要将采样频率增加到整数 L 倍，可通过在每对采样值间内插 $L-1$ 个新样本来实现。内插后采样周期 T' 与原序列的采样周期 T 的关系为

$$\frac{T'}{T} = \frac{1}{L} \tag{7.2.1}$$

则相应的采样频率为

$$f'_s = Lf_s \tag{7.2.2}$$

可见采样频率提高了 L 倍。由于这 $L-1$ 个新样本并非已知，因此关键问题是如何求出这 $L-1$ 个新样本。从理论上讲，可以将已知的采样序列通过 D/A 转换成模拟信号，再采用较高的采样频率进行采样，使采样频率提高。但这种方法不经济，而且会损伤信号。在实际的应用过程中，采用的方法是：先在每对采样值间插入 $L-1$ 个 0，再通过低通滤波器进行平滑滤波，如图 7.2.1 所示，图中 $\uparrow L$ 表示 L 倍内插器。

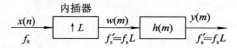

图 7.2.1 L 倍内插过程

下面讨论内插后信号频谱的变化。假设输入序列 $x(n)$ 及其频谱如图 7.2.2(a) 所示，则经过 L 倍内插后输出信号 $w(m)$ 可以表示为

$$w(m) = \begin{cases} x\left(\dfrac{m}{L}\right), & m = 0, \pm L, \pm 2L, \cdots \\ 0, & \text{其他} \end{cases} \tag{7.2.3}$$

它的 z 变换为

$$W(z) = \sum_{n=-\infty}^{\infty} w(n)z^{-n} = \sum_m x\left(\frac{m}{L}\right)z^{-m} = \sum_{n=-\infty}^{\infty} x(n)z^{-nL} = X(z^L)$$

令 $z = e^{j\omega'}$，代入上式得

$$W(e^{j\omega'}) = X(e^{j\omega'L}) \tag{7.2.4}$$

式中：$\omega' = 2\pi f T'$。序列 $w(m)$ 及其频谱如图 7.2.2(b) 所示。由图可见，$w(m)$ 频谱中不仅包含基带频率分量，还包含谐波分量，为了恢复基带信号，必须用一低通数字滤波器进行滤波。这一数字低通滤波器的特性应逼近理想特性要求。

假设数字低通滤波器接近于如下理想特性：

$$\widetilde{H}(e^{j\omega'}) = \begin{cases} G & |\omega'| \leqslant \dfrac{\pi}{L} \\ 0, & \text{其他} \end{cases} \tag{7.2.5}$$

则滤波输出 $y(m)$ 的频率响应为

$$Y(e^{j\omega'}) \approx \begin{cases} GX(e^{j\omega'L}), & |\omega'| \leqslant \dfrac{\pi}{L} \\ 0, & \text{其他} \end{cases} \tag{7.2.6}$$

输出序列 $y(m)$ 及其频谱如图 7.2.2(c) 所示。

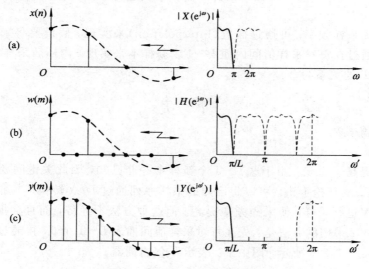

图 7.2.2　L 倍内插后的频谱变化

当 $n = 0$ 时，有

$$y(0) = \frac{1}{2\pi} \int_{-\pi}^{\pi} Y(e^{j\omega'}) d\omega' = \frac{G}{2\pi} \int_{-\pi/L}^{\pi/L} X(e^{j\omega'L}) d\omega' \tag{7.2.7}$$

令 $\omega = \omega'L$，代入上式，得

$$y(0) = \frac{G}{2\pi} \cdot \frac{\int_{-\pi}^{\pi} X(e^{j\omega}) d\omega}{L} = \frac{Gx(0)}{L} \tag{7.2.8}$$

可见，如果要求 $y(0)=x(0)$，则应有 $G=L$，即对理想的内插器要求能恢复抽取前的信号，数字低通滤波器的增益 G 必须等于 L。

设低通滤波器的单位脉冲响应为 $h(m)$，则有

$$y(m) = \sum_{k=-\infty}^{\infty} h(m-k)w(k) \qquad (7.2.9)$$

将式(7.2.3)代入，得

$$y(m) = \sum_{k=-\infty}^{\infty} h(m-k)x\left(\frac{k}{L}\right), \qquad \frac{k}{L} \text{ 为整数}$$

令 $\frac{k}{L}=r$，代入上式，得

$$y(m) = \sum_{r=-\infty}^{\infty} h(m-rL)x(r) \qquad (7.2.10)$$

上式为将内插过程和低通滤波统一起来的算法。

MATLAB 中提供一个 upsample 函数用于信号内插，其语句格式为

```
y = upsample(x, L)
```

请读者自行将【例 7.1.1】中程序修改为使用 upsample 函数实现 5 倍内插。

上面我们讨论的采样率转换都是整数倍的提高或者降低，而在实际应用中通常都不是整数倍的变换。例如：广播系统的采样率 $f_s=32$ kHz，DAT 的采样率 $f_s=48$ kHz，从 DAT 变换到广播系统采样率要按 2/3 降低。很明显，我们可以通过先进行 2 倍内插，再进行 3 倍抽取来实现。推广到一般情况，当采样率变换不是整数倍而为一个有理数 L/M 时，可以通过先进行 L 倍内插，再进行 M 倍抽取来实现，如图 7.2.3 所示。图中低通滤波器为内插器和抽取器的低通滤波器的级联，它的性能指标请读者自己确定。

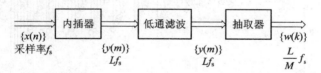

图 7.2.3 有理因数 L/M 倍采样率变换

采样率转换也称为重采样，MATLAB 中的 resample 函数就是用于实现重采样的函数，其语句格式为

```
y = resample(x, L, M)
```

该函数实现 L 倍内插，再进行 M 倍抽取，L、M 必须为正整数；输出序列 y 的长度为 length(x) * L/M 取整；抗混叠低通 FIR 数字滤波器采用凯塞窗函数设计。

【例 7.2.1】 假设原始信号为 x＝sin(2 * pi * f1 * n) ＋ sin(2 * pi * f2 * n)，试编程实现对该信号的重采样。

```
%分数倍采样率变换示例
clf;
N = input('Length of input signal = ');
L = input('Up−sampling factor = ');
M = input('Down−sampling factor = ');
f1 = input('Frequency of first sinusoid = ');
```

```
f2 = input('Frequency of second sinusoid = ');
% Generate the input sequence
n = 0: N-1;
x = sin(2 * pi * f1 * n) + sin(2 * pi * f2 * n);
% Generate the resampled output sequence
y = resample(x, L, M);
% Plot the input and the output sequences
subplot(2, 1, 1)
stem(n, x(1: N));
title('Input sequence'); xlabel('Time index n'); ylabel('Amplitude');
subplot(2, 1, 2)
m=0: N * L/M-1;
stem(m, y(uint8(1: N * L/M)));
title('Output sequence'); xlabel('Time index n'); ylabel('Amplitude');
```

运行程序，根据提示输入以下参数：

Length of input signal = 100;

Up-sampling factor = 5

Down-sampling factor = 8

Frequency of first sinusoid = 1000

Frequency of second sinusoid = 2000

得到重采样后的序列如图 7.2.4 所示。

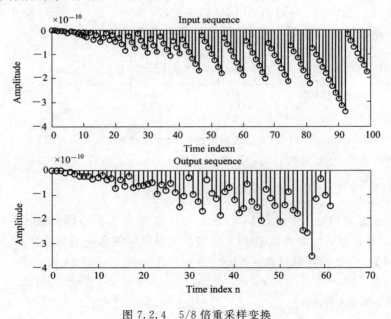

图 7.2.4 5/8 倍重采样变换

7.3 抽取与内插的 FIR 结构

从上面两节我们知道：无论是抽取器或者内插器，都需要一个数字低通滤波器来防止采样率改变所引起的频率混叠。当所用的数字低通滤波器为 FIR 滤波器时，通过采用合理的结构可以大大提高运算效率，下面分别讨论。

7.3.1 抽取的 FIR 结构

对于图 7.1.3 所示的 M 倍抽取过程，当所用的滤波器 $h(n)$ 是 FIR 滤波器且单位脉冲响应的长度为 N 时，可以采用图 7.3.1(a)来实现。因为 $x(n)$ 为高采样率，$x(n)$ 的每个采样点都要与 FIR 滤波器的系数相乘，运算量大，而 $y(m)$ 是经过 M 倍抽取输出的，所以，计算结果中每 M 个样点只有一个作为 $y(m)$ 输出，其余均被舍弃。可见，这种运算结构出现了冗余的计算。

改进的运算结构是先抽取再相乘，根据式(7.1.10)，由于采用 FIR 数字滤波器，将该式改写为 FIR 形式：

$$y(m) = \sum_{k=-\infty}^{\infty} x(Mm - k)h(k) \tag{7.3.1}$$

实现的结构如图 7.3.1(b)所示。由图可见，$x(n)$ 输入经过延迟后先进行抽取，再和 $h(n)$ 相乘，由于工作在抽取后的低采样率状态，系统的运算效率提高了 $M-1$ 倍。

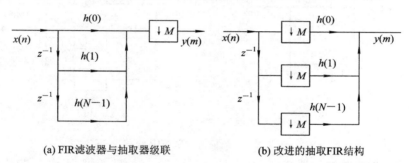

(a) FIR 滤波器与抽取器级联　　　　(b) 改进的抽取 FIR 结构

图 7.3.1　抽取过程的 FIR 结构

另外一种改进是采用多相(Polyphase)滤波器结构。令式中 $k = Mq + i$，其中 $i = 0, 1, \cdots, M-1$，$q = 0, 1, \cdots, N/M-1$，N 取 M 的整数倍，则

$$y(m) = \sum_{k=0}^{N-1} h(k)x(M_m - k) = \sum_{i=0}^{M-1} \sum_{q=0}^{\frac{N}{M}-1} h(Mq + i)x[M(m-q) - i] \tag{7.3.2}$$

令 $h_i(m) = h(mM+i)$，$i = 0, 1, \cdots, M-1$；$m = 0, 1, \cdots, \frac{N}{M}-1$；如

$$h_0(n) = \{h(0), h(M), h(2M), \cdots, h(N-M)\};$$
$$x_i(m) = x(mM - i), i = 0, 1, \cdots, M-1$$

则

$$y(m) = \sum_{i=0}^{M-1} \sum_{k=0}^{\frac{N}{M}-1} h_i(k)x_i(m-k) = \sum_{i=0}^{M-1} y_i(m) \tag{7.3.3}$$

式中：$y_i(m) = \sum_{k=0}^{\frac{N}{M}-1} h_i(k)x_i(m-k)$ 为子滤波器输出。

抽取的多相滤波器结构如图 7.3.2 所示。

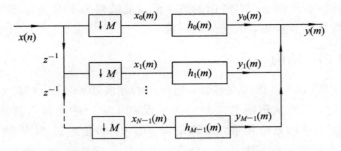

图 7.3.2　抽取过程的多相滤波器结构

7.3.2　内插的 FIR 结构

对于图 7.2.1 的 L 倍内插过程，当图中 $h(n)$ 为长度为 N 的 FIR 滤波器时，可以采用与抽取过程类似的结构得到提高运算效率的内插 FIR 结构，如图 7.3.3 所示。改进的结构是先相乘再内插，$h(n)$ 以低的运算速率与 $x(n)$ 相乘后再内插零，使运算量降低了 $L-1$ 倍。

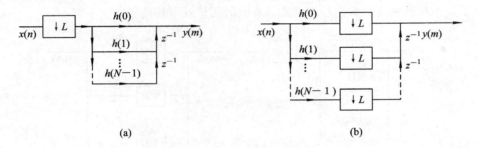

(a)　　　　　　　　　　　　　　(b)

图 7.3.3　内插过程的 FIR 结构

仿照抽取器的多相滤波器结构，假设低通滤波器 $h(n)$ 的长度 N 为 L 的整数倍，则可以将其分解为 L 个子滤波器：

$$h_i(n) = h(nL + i),\ i = 0,\ 1,\ \cdots,\ L-1;\ n = 0,\ 1,\ \cdots,\ \frac{N}{L}-1 \qquad (7.3.4)$$

根据式（7.3.2）可以得到内插的多相滤波器结构如图 7.3.4 所示。图中：$y_i(n) = \sum_{k=0}^{\frac{N}{L}-1} h_i(k) x(n-k)$ 为子滤波器输出。

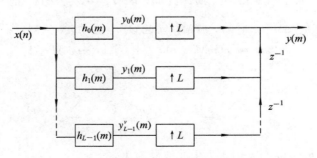

图 7.3.4　内插过程的多相滤波器结构

7.4 采样率变换在 A/D 和 D/A 转换器中的应用

采样率转换在 A/D 和 D/A 转换器中的应用，采用的方法是通过提高采样频率，减轻抗混叠滤波器和后置滤波器的负担（实质是将部分模拟滤波器的指标要求交由数字滤波器来完成），因此被称为过采样（Oversampling）技术。

7.4.1 过采样 A/D 和 D/A 转换器

对于 A/D 转换器，假定被转换模拟信号的最高频率为 f_c，而采样频率为 f_s，$f_c < f_s/2$，则根据采样信号频谱之间的关系可知，抗混叠滤波器的指标可以采用如图 7.4.1(a) 和图 7.4.1(b) 所示的两种方案之一。

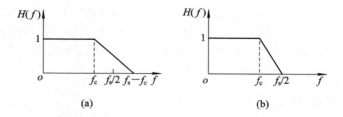

图 7.4.1 抗混叠滤波器的指标分配

图 7.4.1(a) 所示方案，阻带边界在 $f_s - f_c$，过渡带为 $f_s - 2f_c$，但从 f_c 到 $f_s/2$ 之间会有一定的频率混叠。图 7.4.1(b) 所示方案，阻带边界在 $f_s/2$，过渡带为 $f_s/2 - f_c$，不存在频率混叠，但是过渡带比较窄，对抗混叠滤波器的要求高。实际上，由图可以看出，当采样频率越低，即 f_c 越靠近 $f_s/2$ 时，过渡带越窄，对抗混叠滤波器的要求高；而当采样频率越高，即 f_c 越远离 $f_s/2$ 时，过渡带越宽，对抗混叠滤波器的要求低，但是采样的数据量增加，系统的运算速率要求提高，形成一对矛盾。

上述矛盾可以采用过采样技术来解决。图 7.4.2 为过采样 A/D 转换器的原理框图，图中 A/D 转换器的采样频率 f_s' 选择远远大于 $2f_c$，这样就大大降低对抗混叠滤波器的指标要求，而后面的 L 倍的抽取器将采样频率降低了 L 倍，选择合适的 L 值可以使抽取后的采样频率 f_s 略大于 $2f_c$，使采样的数据量降低，也就降低了对系统的运算速率的要求。

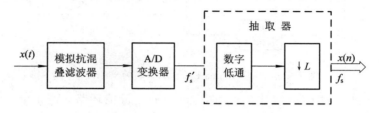

图 7.4.2 过采样 D/A 变换器

对于 D/A 转换器，在将采样信号转换为模拟信号的过程中，D/A 输出的模拟信号为阶梯状，产生了许多频率高于 $f_s/2$ 的镜像分量，这些信号分量通过一个抗镜像分量的后置模拟滤波器来滤除。这个抗镜像分量的后置模拟滤波器的性能指标如图 7.4.1(b) 所示，阻

带边界频率为 $f_s/2$，过渡带为 $f_s/2 - f_c$，当 f_c 越靠近 $f_s/2$ 时，过渡带越窄，对抗混叠滤波器的要求高，实现非常困难。这个问题同样可以采用过采样技术来解决。图 7.4.3 为过采样 D/A 转换器的原理框图，图中的 L 倍内插器将输入采样信号的采样频率 f_s 提高了 L 倍，变为 f_s'，使后面的 D/A 转换器的输入信号的采样频率 f_s' 远远大于 $2f_c$，这样就大大降低对镜像分量的后置模拟滤波器的指标要求，实现变得非常简单。

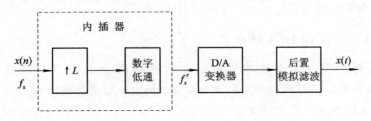

图 7.4.3　过采样 D/A 转换器的原理框图

综上所述，通过在 A/D 和 D/A 转换器中使用采样率转换，可以减轻抗混叠模拟滤波器和后置模拟滤波器的性能指标要求，使 A/D 和 D/A 转换器实现更为简单、性能更高、成本更低。

7.4.2　噪声抑制技术

在过采样中，随着采样率的提高，每个样本的位数也相应减少，由此带来的量化噪声的增加，可以通过噪声整形量化器进行补偿。使用噪声整形量化器的 A/D 转换器称为 Sigma-Delta 量化器。图 7.4.4 为一阶 Sigma-Delta A/D 转换系统的原理框图。图中左边部分电路为一个 Sigma-Delta 反馈环路，由求和电路、一阶积分器、A/D 转换器和 D/A 转换器组成。其中的 A/D 转换器的采样频率 f_s' 远大于信号的上限频率，使加在输入信号 $x(t)$ 前面的抗混叠滤波器的结构大大简化，并且 A/D 转换器和 D/A 转换器的位数 b' 只要很小，通常取 1。图中右边部分电路为一抽取器，用于降低采样频率并将每一个样本 A/D 转换的位数提高到 b 位。那么，它是如何实现的呢？下面分析它的工作原理。

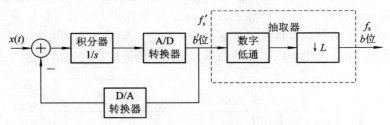

图 7.4.4　一阶 Sigma-Delta A/D 转换器原理框图

为了分析方便，将图 7.4.4 中的一阶 Sigma-Delta 反馈环路看成是全部都工作在数字域，这样输入信号 $x(t)$ 等效为量化成数字信号，我们用 $x(m)$ 表示。一阶模拟积分器等效为数字积分器，假设积分器的系统函数为

$$H(z) = \frac{z^{-1}}{1 - z^{-1}} \tag{7.4.1}$$

由于 A/D 转换过程会产生量化噪声，因此 A/D 转换器等效为加入一个量化噪声 $e(m)$

可以用一个加法器表示，则一阶 Sigma-Delta 反馈环路可以用如图 7.4.5 所示的等效模型表示。

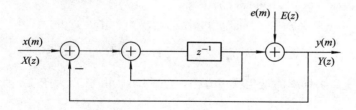

图 7.4.5　一阶 Sigma-Delta 反馈环路的等效模型

图中，输出信号用 $y(m)$ 表示，它与 $x(m)$ 的采样频率都为 f_s'，位数都是 b'；$X(z)$、$Y(z)$、$E(z)$ 分别表示 $x(m)$、$y(m)$、$e(m)$ 的 z 变换。因此，有

$$Y(z) = H(z)\left[X(z) - Y(z)\right] + E(z) \tag{7.4.2}$$

解得

$$Y(z) = \frac{H(z)}{1 + H(z)} X(z) + \frac{1}{1 + H(z)} E(z) \tag{7.4.3}$$

记为

$$Y(z) = H_x(z) X(z) + H_{NS}(z) E(z) \tag{7.4.4}$$

式(7.4.4)中：

$$H_x(z) = \frac{H(z)}{1 + H(z)} = \frac{\dfrac{z^{-1}}{1 - z^{-1}}}{1 + \dfrac{z^{-1}}{1 - z^{-1}}} = z^{-1} \tag{7.4.5}$$

可见 $H_x(z)$ 是一个纯延时器。而

$$H_{NS}(z) = \frac{1}{1 + H(z)} = 1 - z^{-1} \tag{7.4.6}$$

令 $z = e^{j\omega}$，代入式(7.4.6)，并求其幅频平方特性，得

$$\left| H_{NS}(e^{j\omega}) \right|^2 = \left| 1 - e^{-j\omega} \right|^2 = \left| 2 \times e^{-j\omega/2} \times \frac{e^{j\omega/2} - e^{-j\omega/2}}{2} \right|^2$$

$$= \left| 2 \sin\left(\frac{\omega}{2}\right) \right|^2 \tag{7.4.7}$$

可见，$H_{NS}(z)$ 是一个简单的高通滤波器。

将式(7.4.5)和式(7.4.6)代入式(7.4.4)可得

$$Y(z) = z^{-1} X(z) + (1 - z^{-1}) E(z) \tag{7.4.8}$$

对应时域的差分方程为

$$y(m) = x(m-1) + \varepsilon(m) \tag{7.4.9}$$

式中 $\varepsilon(m)$ 为高通滤波后的量化噪声，即

$$\varepsilon(m) = e(m) - e(m-1) \tag{7.4.10}$$

综上所述，一阶 Sigma-Delta 反馈环路对 A/D 转换信号只起单纯的延迟作用，而对 A/D 转换的量化噪声进行了高通滤波，使量化噪声变成一个高通分量，并使量化噪声的频谱远离信号分量的频谱。

由于输出信号 $y(m)$ 经过抽取器的低通抽取滤波器，因此滤波后将使得量化噪声分量

变得很小。同时，低通抽取滤波器还滤除了超过 $f_s/2$ 以上的频率分量。

$y(m)$ 经过低通抽取滤波器后进行抽取，假设进行 L 倍抽取后得到

$$y(n) = x(n) + e(n) \tag{7.4.11}$$

式中：$e(n)$ 是在 $[-f_s/2, f_s/2]$ 区间均匀分布的白噪声，其方差为

$$\sigma_e^2 = \sigma_{e'}^2 \frac{1}{f_s'} \int_{-f_s/2}^{f_s/2} |H_{NS}(f)|^2 df \tag{7.4.12}$$

式中：$\sigma_{e'}^2$ 是低精度高采样率的量化噪声方差，$f_s' = L f_s$。由于 L 大于 1，因此，σ_e^2 必将小于 $\sigma_{e'}^2$。有

$$\frac{\sigma_e}{\sigma_{e'}} = \frac{2^{-b}}{2^{-b'}} \tag{7.4.13}$$

由此可求出抽取后 A/D 转换器的有效位数 b 为

$$b = \lg\left(2^{b'} \frac{\sigma_{e'}}{\sigma_e}\right) \tag{7.4.14}$$

可见，抽取后 A/D 转换器的有效位数 b 将增加。

以上分析的是一阶 Sigma-Delta A/D 转换器，对于高阶 Sigma-Delta A/D 转换器，其噪声滤波模型为

$$H_{NS}(z) = (1 - z^{-1})^p \tag{7.4.15}$$

相应的高通滤波器的幅度特性为

$$|H_{NS}(e^{j\omega})|^2 = \left|2\sin\left(\frac{\omega}{2}\right)\right|^{2p} \tag{7.4.16}$$

可以进一步使抽取后 A/D 转换器的有效位数 b 增加。

对于 D/A 转换器，它的噪声整形量化器由内插器和噪声整形再量化器组成，如图 7.4.6 所示。图中内插器实现将输入数字信号的采样率提高 L 倍，即 $f_s' = L f_s$，数据位数保持为 b 位。

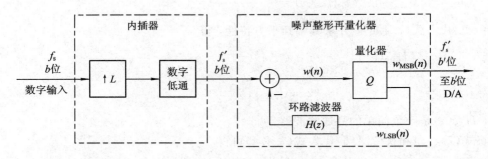

图 7.4.6 D/A 转换器的噪声整形量化器

噪声整形再量化器中的量化器 Q 的输入为 b 位的 $w(n)$；输出分为两部分，高 b' 位称为 $w_{MSB}(n)$，作为系统的输出，其余低位 $w_{LSB}(n) = w(n) - w_{MSB}(n)$，为量化误差，它经过环路滤波器 $H(z)$ 滤波后与内插器的 b 位输出相减形成 $w(n)$。这样噪声整形再量化器可以用图 7.4.7 所示的等效原理图表示。

对图 7.4.7 右边的两个加法运算进行分析可得量化输出：

$$y(n) = w(n) + e(n) \tag{7.4.17}$$

$$y(n) - w(n) = e(n) \tag{7.4.18}$$

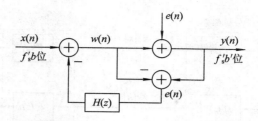

图 7.4.7 噪声整形再量化器的等效原理图

做 z 变换可得：

$$Y(z) = W(z) + E(z) \tag{7.4.19}$$

对图 7.4.7 左边的加法运算进行分析，并做 z 变换可得：

$$W(z) = X(z) - H(z)E(z) \tag{7.4.20}$$

将式(7.4.20)代入式(7.4.19)，得

$$Y(z) = X(z) + (1 - H(z))E(z) = X(z) + H_{NS}(z)E(z) \tag{7.4.21}$$

式中：$H_{NS}(z) = 1 - H(z)$。由式(7.4.21)可以看出：它是一个仅对噪声滤波的滤波器，因此被称为等效的噪声整形滤波器。由于它由环路滤波器决定，因此，我们很容易通过选择不同的环路滤波器 $H(z)$ 来得到一阶、二阶甚至高阶的高通滤波器 $H_{NS}(z)$。例如：如果选择 $H(z) = z^{-1}$，则 $H_{NS}(z) = 1 - z^{-1}$，即一阶高通滤波器；如果选择 $H(z) = 2z^{-1} - z^{-2}$，则 $H_{NS}(z) = (1 - z^{-1})^2$，即二阶高通滤波器。

可见，噪声整形再量化器实现了将输入的 b 位数据减少为 b' 位数据，由此带来的噪声通过噪声整形滤波器滤除。因此，减少了 D/A 转换的位数，并且使这一 D/A 转换后的后置滤波器变得非常简单。

由于 D/A 转换的噪声整形滤波器与 Sigma - Delta A/D 转换反馈量化的工作原理很相似，因此，它的位数变化与采样率变化之间的选择问题和 Sigma - Delta A/D 转换的处理方式类似，这里不再赘述。

噪声整形技术目前已经得到广泛应用，如音频 A/D 转换和 D/A 转换系统等。

7.5 正交镜像滤波器组

在许多应用中，一个离散时间信号首先被分成几个子带信号，然后各子带信号经过处理形成输出信号。各个子带信号由于所占的频带变窄，所以可以被抽取，对被抽样后信号的处理比对原信号处理更高效。数字滤波器组(Digital Filter Banks)是一组具有公共输入或输出的滤波器，如图 7.5.1 所示。图 7.5.1(a)实现将输入 $x(n)$ 分解为 R 个不同的子带信号，称为分析器。图 7.5.1(b)实现将多个信号合成到公共的输出信号中，称做综合器。一般来说，滤波器组的各路信号的采样率与输入或输出信号的采样率都是不一样的，各分支通常都是以抽取或者内插的形式出现的，因此数字滤波器组是一个多采样率的系统。数字滤波器组已经广泛地应用于语音信号分析、频带压缩、图像分析、通信系统、雷达信号处理系统等领域，其中，最常用的数字滤波器组是正交镜像滤波器组(Quadrature Mirror Filter，QMF)。下面介绍正交镜像滤波器组及其设计方法。

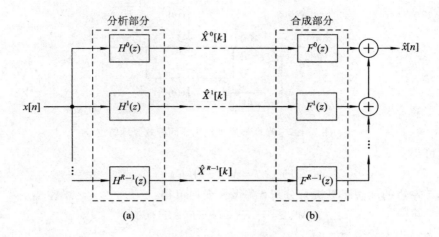

图 7.5.1　数字滤波器组

7.5.1　正交镜像滤波器组

正交镜像滤波器组是由两个 1/2 频带的滤波器组分析器以及两个 1/2 频带的滤波器组综合器构成的，如图 7.5.2 所示。图中滤波器 $h_0(n)$ 和 $h_1(n)$ 分别为 1/2 频带的低通滤波分析器和 1/2 频带的高通滤波分析器；滤波器 $g_0(n)$ 和 $g_1(n)$ 分别为 1/2 频带的低通滤波综合器和 1/2 频带的高通滤波综合器；而信号 $x_0(m)$ 和 $x_1(m)$ 分别为 1/2 频带的低通信号和 1/2 频带的高通信号。

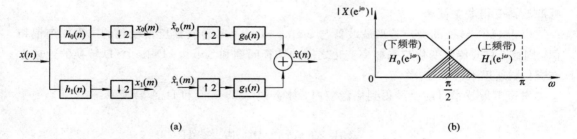

图 7.5.2　正交镜像滤波器组

设 $X(e^{j\omega})$、$X_0(e^{j\omega})$、$X_1(e^{j\omega})$、$H_0(e^{j\omega})$ 和 $H_1(e^{j\omega})$ 分别是 $x(n)$、$x_0(m)$、$x_1(m)$、$h_0(n)$ 和 $h_1(n)$ 的 DTFT，由式(7.1.18)可以得到

$$X_0(e^{j\omega}) = \frac{1}{2}\{X(e^{j\omega/2})H_0(e^{j\omega/2}) + X(e^{j(\omega+2\pi)/2})H_0(e^{j(\omega+2\pi)/2})\} \tag{7.5.1}$$

$$X_1(e^{j\omega}) = \frac{1}{2}\{X(e^{j\omega/2})H_1(e^{j\omega/2}) + X(e^{j(\omega+2\pi)/2})H_1(e^{j(\omega+2\pi)/2})\} \tag{7.5.2}$$

同理，设 $\hat{X}_0(e^{j\omega})$、$\hat{X}_1(e^{j\omega})$、$G_0(e^{j\omega})$、$G_1(e^{j\omega})$ 和 $\hat{X}(e^{j\omega})$ 分别是 $\hat{x}_0(m)$、$\hat{x}_1(m)$、$g_0(n)$、$g_1(n)$ 和 $\hat{x}(n)$ 的 DTFT，由式(7.2.6)可以得到

$$\hat{X}(e^{j\omega}) = \hat{X}_0(e^{j2\omega})G_0(e^{j\omega}) + \hat{X}_1(e^{j2\omega})G_1(e^{j\omega}) \tag{7.5.3}$$

将分析器的输出作为综合器的输入，即令 $X_0(e^{j\omega}) = \hat{X}_0(e^{j\omega})$，$X_1(e^{j\omega}) = \hat{X}_1(e^{j\omega})$，并将它们代入式(7.5.3)，结合式(7.5.1)和式(7.5.2)，得

$$\hat{X}(e^{j\omega}) = \frac{1}{2}[H_0(e^{j\omega})G_0(e^{j\omega}) + H_1(e^{j\omega})G_1(e^{j\omega})]X(e^{j\omega})$$

$$+ \frac{1}{2}[H_0(e^{j(\omega+\pi)})G_0(e^{j\omega}) + H_1(e^{j(\omega+\pi)})G_1(e^{j\omega})]X(e^{j(\omega+\pi)}) \tag{7.5.4}$$

式中的第一项代表信号的变换，第二项则是不希望出现的频率混叠分量。为了消去频率混叠分量，就要求满足：

$$H_0(e^{j(\omega+\pi)})G_0(e^{j\omega}) + H_1(e^{j(\omega+\pi)})G_1(e^{j\omega}) = 0 \tag{7.5.5}$$

那么如何设计满足这个条件呢？方法是先设计一个公共低通滤波器 $h(n)$，再由它得到所有的分析和综合滤波器。

首先，令：

$$h_0(n) = h(n) \tag{7.5.6}$$

$$h_1(n) = (-1)^n h(n) \tag{7.5.7}$$

假设 $H(e^{j\omega})$ 为 $h(n)$ 的 DTFT，则

$$H_0(e^{j\omega}) = H(e^{j\omega}) \tag{7.5.8}$$

$$H_1(e^{j\omega}) = H(e^{j(\omega+\pi)}) \tag{7.5.9}$$

可见，滤波器 $H_0(e^{j\omega})$ 和 $H_1(e^{j\omega})$ 对于频率 $\omega = \pi/2$ 是镜像对称的，其特性如图7.5.2(b)所示，图中阴影部分是两者的混叠区域。为了减少混叠区域，一般希望 $H(e^{j\omega})$ 逼近理想低通条件，即

$$|H(e^{j\omega})| = \begin{cases} 1 & 0 \leqslant \omega \leqslant \pi/2 \\ 0 & \pi/2 \leqslant \omega \leqslant \pi \end{cases} \tag{7.5.10}$$

将式(7.5.8)和式(7.5.9)代入式(7.5.5)，得

$$H(e^{j(\omega+\pi)})G_0(e^{j\omega}) + H(e^{j\omega})G_1(e^{j\omega}) = 0 \tag{7.5.11}$$

下面讨论如何确定 $G_0(e^{j\omega})$、$G_1(e^{j\omega})$。

由于 $G_0(e^{j\omega})$ 必须是一个低通滤波器，并考虑综合器使用2倍内插，因此令

$$G_0(e^{j\omega}) = 2H(e^{j\omega}) \tag{7.5.12}$$

即

$$g_0(n) = 2h(n) \tag{7.5.13}$$

将式(7.5.12)代入式(7.5.11)，得

$$G_1(e^{j\omega}) = -2H(e^{j(\omega+\pi)}) \tag{7.5.14}$$

即

$$g_1(n) = -2(-1)^n h(n) \tag{7.5.15}$$

可见，只要设计出公共低通滤波器 $h(n)$，数字滤波器组的分析器和综合器就可以根据上述公式计算出来。

将式(7.5.8)、式(7.5.9)、式(7.5.12)、式(7.5.14)代入式(7.5.4)，得

$$\hat{X}(e^{j\omega}) = [H^2(e^{j\omega}) - H^2(e^{j(\omega+\pi)})]X(e^{j\omega}) \tag{7.5.16}$$

可见，当公共低通滤波器 $H(e^{j\omega})$ 满足：

$$|H^2(e^{j\omega}) - H^2(e^{j(\omega+\pi)})| = 1 \tag{7.5.17}$$

时，$\hat{X}(e^{j\omega}) = X(e^{j\omega})$，即正交镜像滤波器组的输入与输出相等，增益为 1。

上述分析表明，设计正交镜像滤波器组所用的公共低通滤波器要满足式（7.5.17）和式（7.5.10）的要求。然而，要精确地满足这两个条件是不可能的，但是对适度规模的滤波器而言，这个条件可以得到很好的逼近。具体设计方法请阅读下一小节。

7.5.2 基于 FIR 滤波器的 QMF 公共低通滤波器设计

假设 $h(n)$ 为一个长度为 N 的具有线性相位的 FIR 数字滤波器，其系数对称关系为

$$h(n) = h(N-1-n), \quad n = 0, 1, 2, \cdots, N-1 \tag{7.5.18}$$

则 $h(n)$ 的 DTFT 可以写为

$$H(e^{j\omega}) = H(\omega)e^{-j\omega(N-1)/2} \tag{7.5.19}$$

式中：幅度函数 $H(\omega)$ 是一个实函数，有

$$H(\omega) = \pm|H(e^{j\omega})| \tag{7.5.20}$$

将式（7.5.19）和式（7.5.20）代入式（7.5.16），得

$$\hat{X}(e^{j\omega}) = [|H(e^{j\omega})|^2 e^{-j\omega(N-1)} - |H[e^{j(\omega+\pi)}]|^2 e^{-j(\omega+\pi)(N-1)}]X(e^{j\omega})$$

$$= [|H(e^{j\omega})|^2 - |H[e^{j(\omega+\pi)}]|^2 e^{-j\pi(N-1)}]X(e^{j\omega})e^{-j\omega(N-1)}$$

$$= [|H(e^{j\omega})|^2 - |H[e^{j(\omega+\pi)}]|^2(-1)^{(N-1)}]X(e^{j\omega})e^{-j\omega(N-1)} \tag{7.5.21}$$

当 N 为偶数时，

$$\hat{X}(e^{j\omega}) = [|H(e^{j\omega})|^2 + |H[e^{j(\omega+\pi)}]|^2]X(e^{j\omega})e^{-j\omega(N-1)} \tag{7.5.22}$$

当 N 为奇数时，

$$\hat{X}(e^{j\omega}) = [|H(e^{j\omega})|^2 - |H[e^{j(\omega+\pi)}]|^2]X(e^{j\omega})e^{-j\omega(N-1)} \tag{7.5.23}$$

设 $\omega = \dfrac{\pi}{2}$，则

$$\hat{X}(e^{j\frac{\pi}{2}}) = [|H(e^{j\frac{\pi}{2}})|^2 - |H[e^{j(\frac{\pi}{2}+\pi)}]|^2]X(e^{j\frac{\pi}{2}})e^{-j\frac{\pi}{2}(N-1)} \tag{7.5.24}$$

由于 $|H(e^{j\frac{\pi}{2}})| = |H[e^{j\frac{3\pi}{2}}]|$，因此 $\hat{X}(e^{j\frac{\pi}{2}}) = 0$，不能满足要求。可见，$N$ 只能选择偶数。另外，考虑式（7.5.22）中 $e^{-j\omega(N-1)}$ 是一个线性相位项，表示输出信号具有一个群延时，因此，滤波器的约束条件变为

$$|H(e^{j\omega})|^2 + |H[e^{j(\omega+\pi)}]|^2 = 1 \tag{7.5.25}$$

通常被称为平坦重建约束条件。

这样，设计一个长度为 N 的具有线性相位的 FIR QMF 公共低通滤波器 $h(n)$ 的约束条件为式（7.5.10）和式（7.5.25），可以采用常规的窗函数设计法、频率采样法等设计，并用 MATLAB 工具软件辅助设计。

【例 7.5.1】 用汉明窗设计一长度为 40 的线性相位 QMF 滤波器组。

解 采用 MATLAB 设计，调用 fir2 函数设计公共低通滤波器，参数缺省，即为汉明窗，程序如下：

```
clear all
N=40
b1=fir2(N-1, [0, 0.4, 0.48, 0.55, 0.6, 1], [1, 1, 1, 0.20, 0, 0]);
for k=1: N b2(k)=((-1)^(k-1)) * b1(k);
end
[H1z, w]=freqz(b1, 1, 256);
h1=abs(H1z);
g1=20 * log10(h1);
[H2z, w]=freqz(b2, 1, 256);
h2=abs(H2z);
g2=20 * log10(h2);
figure(1);
plot(w/pi, g1, '-', w/pi, g2, '--');
axis([0, 1, -80, 5]);
grid
xlabel('频率(\omega/\pi)'); ylabel('幅度, dB');
sum=h1. * h1+h2. * h2;
d=10 * log10(sum);
figure(2)
plot(w/pi, d); grid;
xlabel('频率(\omega/\pi)'); ylabel('误差, dB');
axis([0, 1, -0.1, 0.1]);
```

图 7.5.3 是一个 $N=40$ 的汉明窗设计结果,图中实线表示 $H_0(e^{j\omega})=H(e^{j\omega})$ 的频率响应,虚线表示它的镜像 $H_1(e^{j\omega})=H[e^{j(\omega+\pi)}]$ 的频率响应。图 7.5.4 是这两个滤波器的频响的平方和,也是正交镜像滤波器组的频响的幅度函数 $|H(e^{j\omega})|^2+|H[e^{j(\omega+\pi)}]|^2$。从图 7.5.4 可见,重建误差最大值为 ± 0.04 dB;并且可以看出,最大重建误差发生在这个滤波器的通带边界和过渡带内,这是由于汉明窗设计的频率响应在通带中近乎是平坦的缘故。

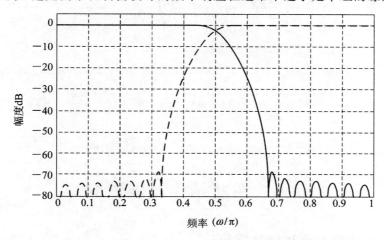

图 7.5.3 线性相位公共低通滤波器及其镜像

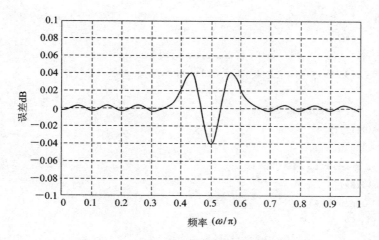

图 7.5.4　正交镜像滤波器的重建误差

由于 fir2 设计函数是基于频率采样法的设计思想，因此，如果改变边界频率和相应的幅度采样值，将可以进一步优化设计。例如将程序作如下优化：

$$b1 = fir2(N-1, [0, 0.4, 0.485, 0.55, 0.6, 1], [1, 1, 1, 0.154, 0, 0]);$$

则设计结果如图 7.5.5 所示，重建误差最大值小于 ±0.04 dB。如果要进一步优化，则可以将这个问题归结为一个非线性最优化问题，采用最优化搜索算法，利用计算机辅助设计求出最优设计结果。

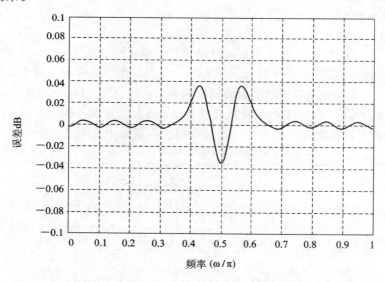

图 7.5.5　优化后的正交镜像滤波器的重建误差

7.6　树状结构滤波器组

7.6.1　倍频程分隔的分析滤波器组

利用正交镜像滤波器组可以构成倍频程分隔的分析滤波器组，如图 7.6.1(a)所示。图

中左边的 $H_0(z)$ 和 $H_1(z)$ 为一组互补的低通滤波器和高通滤波器，设它们对应的单位脉冲响应分别为 $h_0(n)$ 和 $h_1(n)$，则它们组成的正交镜像分析器可以简化为用右边的符号表示。将输入信号 $X(z)$ 用正交镜像分析器滤波，滤波输出的高通部分作为第一级的输出，滤波输出的低通部分再采用相同正交镜像分析器滤波，以后各级均采用相同方式处理，如图 7.6.1(b)所示。它有三级：第一级将输入信号的频谱分成两个相等的部分，然后经过抽取这两个信号的采样率降低到原来的一半，输出采样率降低一半的高通信号 $X_3(z)$；第二级将第一级的低通信号的频谱再分成两个相等的部分，经过抽取后这两个信号的采样率为 $X(z)$ 的 $1/4$，输出采样率为 $X(z)$ 的 $1/4$ 的高通信号 $X_2(z)$；第三级将第二级的低通信号的频谱再分成两个相等的部分，经过抽取后输出采样率为 $X(z)$ 的 $1/8$ 的两个信号：$X_1(z)$、$X_0(z)$。由于图中的网络结构呈树形分支形状，所以这种分析滤波器组称为树状结构滤波器组。

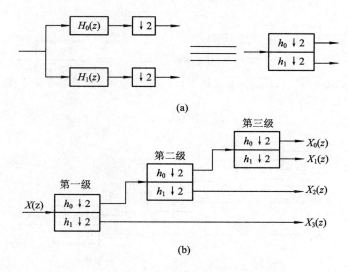

(a)

(b)

图 7.6.1　分析滤波器组

树状结构分析滤波器组的频率划分如图 7.6.2 所示，图中：X_0、X_1、X_2、X_3 分别代表 $X_0(z)$、$X_1(z)$、$X_2(z)$、$X_3(z)$ 所占有的频带。树状结构滤波器组各级的分支并不限定为两个，分支数可以是 3 个或 4 个，视需要而定；而且各级中的分支数并不要求相同。在分析滤波器组中如果某一级的分支数为 3，则该级中的抽取因子也应为 3。

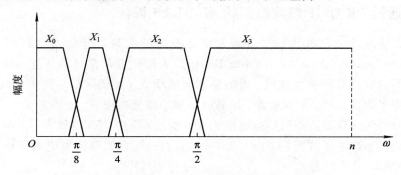

图 7.6.2　分析滤波器组的频率划分

7.6.2 倍频程分隔的综合滤波器组

倍频程分隔的综合滤波器组是倍频程分隔的分析滤波器组的逆过程,如图7.6.3(a)所示。图中左边的$G_0(z)$和$G_1(z)$为一组互补的低通滤波器和高通滤波器,设它们对应的单位脉冲响应分别为$g_0(n)$和$g_1(n)$,则它们组成正交镜像综合器可以简化为用右边的符号表示。图7.6.3(b)中第一级输入低通信号$X_0(z)$和高通信号$X_1(z)$分别被插零后进行低通和高通滤波,两个滤波器的输出相加构成一个满带的低通信号。由于经过内插,这个信号的采样率提高了一倍。第二级输入的低通信号是第一级的输出,输入的高通信号为$X_2(z)$,采用相同的处理,输出一个满带的低通信号,这个信号的采样率又提高了一倍。第三级输入的低通信号是第二级的输出,输入的高通信号为$X_3(z)$,采用相同的处理,输出一个满带的低通信号$\hat{X}(z)$,这个信号的采样率又提高了一倍。

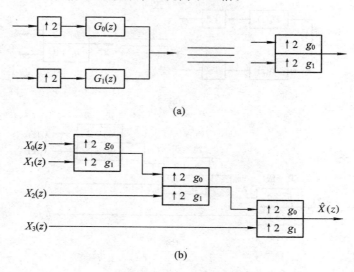

图 7.6.3 综合滤波器组

可见,如果将倍频程分隔的分析滤波器组的输出作为倍频程分隔的综合滤波器组的输入,使得两者级联起来,则综合滤波器组的输出$\hat{X}(z)$将逼近分析滤波器组的输入$X(z)$。

7.6.3 两通道 PR QMF 滤波器组的 MATLAB 设计

多抽样率滤波器组已成为信号处理领域强有力的工具,PRQMF 滤波器组(Perfect Reconstruction Quadrature Mirror Filter Bank)最大的优点是在对信号进行抽取后可根据每个子带的不同特征分别进行处理,而插值和合成环节又能消除信号失真的各种因素,因此其被广泛用于语音处理、图像处理、国防通信和小波变换中。

一个典型的两通道滤波器组结构如图7.6.4所示,图中$H_0(z)$和$H_1(z)$分别是分析滤波器组中的低通和高通滤波器,$G_0(z)$和$G_1(z)$分别是综合滤波器组中的低通和高通滤波器。它的输入和输出关系为

$$\hat{X}(z) = Y_0(z)G_0(z) + Y_1(z)G_1(z)$$
$$= \frac{1}{2}\big[H_0(z)G_0(z) + H_1(z)G_1(z)\big]X(z)$$
$$- \frac{1}{2}\big[H_0(-z)G_0(z) + H_1(-z)G_1(z)\big]X(-z) \qquad (7.6.1)$$

为了实现信号的完全重构，即使 $\hat{X}(z)$ 是 $X(z)$ 纯延迟后的信号，则完全重构条件为：
$$H_0(-z)G_0(z) + H_1(-z)G_1(z) = 0 \qquad (7.6.2)$$
$$T(z) = H_0(z)G_0(z) + H_1(z)G_1(z) = cz^{-k} \qquad (7.6.3)$$
式中：k 为整数。

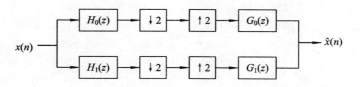

图 7.6.4　两通道滤波器组结构

目前，PR-QMF 滤波器组设计有多种优化设计方法，如特征值法、最小二乘法、遗传算法、多项式分解法等。这些设计方法都能将信号失真降到很小的范围，但是计算复杂，参数不易确定，程序编写较难。这里我们介绍利用 MATLAB 的 firpr2chfb 函数设计 PR-QMF 滤波器组，只需知道各滤波器的阶数 N 和 h0 的通带截止频率 w，就可以得到 PR-QMFB 的分析综合滤波器组的时域形式 h0、h1、g0、g1，并能得到令人满意的结果。注意：N 必须为奇数，w 必须小于 0.5。设输入信号为正弦波，N＝33，w＝0.45，则程序代码如下：

```
n＝1：150;
x＝sin(2 * pi * n/25);
subplot(2, 1, 1)
plot(n, x)
xlabel('n'); ylabel('输入信号，x(n)');
N＝33
w＝0.45
[h0, h1, g0, g1] = firpr2chfb(N, w);    %PR－QMF 设计
hlp＝mfilt. firdecim(2, h0);              %FIR 多相滤波器抽取
hhp＝mfilt. firdecim(2, h1);              %FIR 多相滤波器抽取
glp＝mfilt. firinterp(2, g0);             %FIR 多相滤波器内插
ghp＝mfilt. firinterp(2, g1);             %FIR 多相滤波器内插
x0＝filter(hlp, x);
x0＝filter(glp, x0);
x1＝filter(hhp, x);
x1＝filter(ghp, x1);
xtilde＝x0＋x1;
subplot(2, 1, 2)
plot(n, xtilde)
```

xlabel($'n'$); ylabel($'$重建信号，xtilde(n)$'$);

程序运行结果如图 7.6.5 所示，由图可见，两通道滤波器组重建信号为输入信号的纯延时，为全重构。得到的分析器和综合器为：

$$
h0 = \begin{bmatrix}
0.1645 & 0.4011 & 0.4482 & 0.1729 & -0.1408 & -0.1498 \\
0.0541 & 0.1150 & -0.0223 & -0.0889 & 0.0093 & 0.0699 \\
-0.0037 & -0.0561 & 0.0019 & 0.0449 & -0.0013 & -0.0363 \\
0.0016 & 0.0291 & -0.0019 & -0.0234 & 0.0026 & 0.0181 \\
-0.0025 & -0.0145 & 0.0030 & 0.0111 & -0.0028 & -0.0094 \\
0.0035 & 0.0098 & -0.0119 & 0.0049 &&
\end{bmatrix}
$$

$$
h1 = \begin{bmatrix}
-0.0049 & -0.0119 & -0.0098 & 0.0035 & 0.0094 & -0.0028 \\
-0.0111 & 0.0030 & 0.0145 & -0.0025 & -0.0181 & 0.0026 \\
0.0234 & -0.0019 & -0.0291 & 0.0016 & 0.0363 & -0.0013 \\
-0.0449 & 0.0019 & 0.0561 & -0.0037 & -0.0699 & 0.0093 \\
0.0889 & -0.0223 & -0.1150 & 0.0541 & 0.1498 & -0.1408 \\
-0.1729 & 0.4482 & -0.4011 & 0.1645 &&
\end{bmatrix}
$$

$$
g0 = \begin{bmatrix}
0.0098 & -0.0238 & 0.0196 & 0.0070 & -0.0188 & -0.0056 \\
0.0222 & 0.0060 & -0.0291 & -0.0049 & 0.0363 & 0.0052 \\
-0.0468 & -0.0037 & 0.0582 & 0.0031 & -0.0726 & -0.0025 \\
0.0898 & 0.0039 & -0.1122 & -0.0074 & 0.1399 & 0.0185 \\
-0.1778 & -0.0446 & 0.2299 & 0.1083 & -0.2997 & -0.2816 \\
0.3459 & 0.8964 & 0.8022 & 0.3290 &&
\end{bmatrix}
$$

$$
g1 = \begin{bmatrix}
0.3290 & -0.8022 & 0.8964 & -0.3459 & -0.2816 & 0.2997 \\
0.1083 & -0.2299 & -0.0446 & 0.1778 & 0.0185 & -0.1399 \\
-0.0074 & 0.1122 & 0.0039 & -0.0898 & -0.0025 & 0.0726 \\
0.0031 & -0.0582 & -0.0037 & 0.0468 & 0.0052 & -0.0363 \\
-0.0049 & 0.0291 & 0.0060 & -0.0222 & -0.0056 & 0.0188 \\
0.0070 & -0.0196 & -0.0238 & -0.0098 &&
\end{bmatrix}
$$

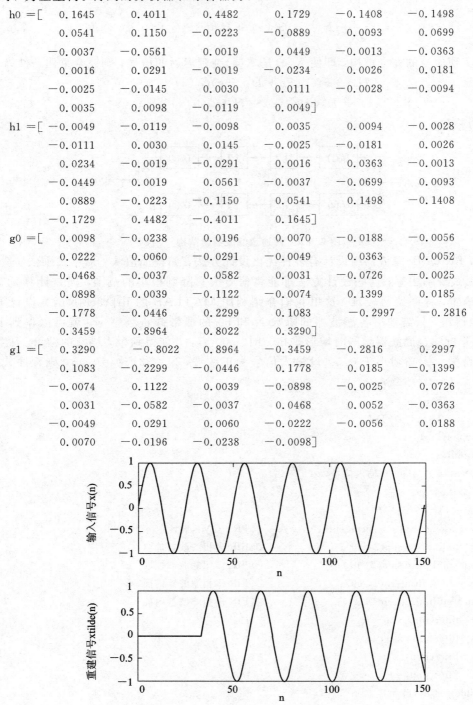

图 7.6.5　两通道滤波器组重建信号

为了检验完全重构的程度，以输出和输入的误差 e 及其均方误差 mse 的大小来判定，当 mse 和 e 越小时，标准重建效果越好。通过以下代码来分析：

```
xshifted=[zeros(N, 1) x(1: end- N)];
e=xtilde-xshifted;
stemplot(e, 'Error e[n]')
mse=sum(abs(e).^2)/length(e)
```

分析得到的信号重建误差如图 7.6.6 所示，由图可见，重建开始时误差比较大，随后误差稳定在一个很小的范围。信号重建误差的方差为 mse $= 8.2479e^{-10}$，很小。

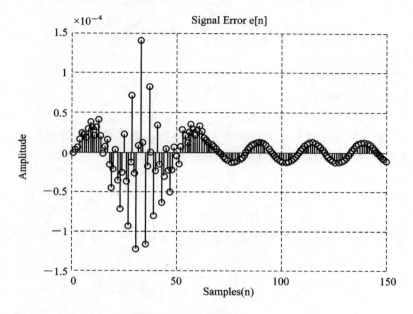

图 7.6.6 两通道滤波器组重建信号误差

开始提到，要设计两通道标准重建 QMF 滤波器时需要知道 N 和 w。那么，N 和 w 取什么值时，标准重建的效果最好呢？通常采用以下方法确定：

首先选定 w，以不同的输入 x(n)，改变 N 的大小求出 mse，通过比较得到最优 N 值。其次，固定 N，变化 w，通过比较得到最优 w 值。考虑到阶数太大会增加设计的复杂度和难度，故选取 N 时，不要太大。

习 题 七

7.1 离散时间信号 $x(n)$ 的频谱如题图 7.1 所示，试求采用下列抽取倍数直接抽取（不滤波）后的信号频谱。(1) $M=2$；(2) $M=3$；(3) $M=4$。

7.2 离散时间信号 $x(n)$ 的频谱如题图 7.1 所示，试求采用下列倍数直接内插（不滤波）后的信号频谱。(1) $L=2$；(2) $L=3$；(3) $L=4$。

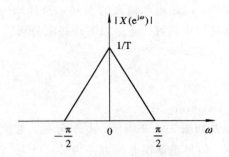

題图 7.1

7.3 令 $x(n) = \cos(2\pi f n / f_s)$，其中 $f/f_s = 1/16$，即每个周期内有 16 个采样点。试利用 MATLAB 编程实现：

(1) 做 $M = 4$ 倍的抽取；

(2) 做 $L = 3$ 的内插；

(3) 做 $L/M = 3/4$ 倍的采样率转换。

7.4 假设有一个 wav 格式、采样率为 44 kHz 的音频文件，试用 MATLAB 编程实现将它的采样率转换为 48 kHz、32 kHz、16 kHz、8 kHz。

7.5 如题图 7.2 所示的 QMF 分析器，假设：

$$H_0(z) = h(0) + h(1)z^{-1} + h(2)z^{-2} + h(3)z^{-3} + h(4)z^{-4} + h(5)z^{-5}$$

$$H_1(z) = H_0(-z)$$

试用 5 个延迟单元和 6 个乘法器(加法器不限)设计出实现该分析器的网络结构。

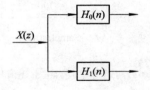

题图 7.2

7.6 对于题图 7.3 所示的分析和综合滤波器组，令 $H_0(z) = (1 + z^{-1})/2$，并且 $H_1(z) = (1 - z^{-1})/2$，为了使输出 $Y(z)$ 可以完美地重建 $X(z)$，试确定 $G_0(z)$ 和 $G_1(z)$。

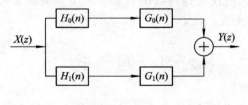

题图 7.3

第8章 实 验 教 程

8.1 实验一 时域离散信号与系统分析

8.1.1 实验目的

（1）熟悉连续信号经理想采样后的频谱变化关系，加深对时域采样定理的理解。

（2）熟悉时域离散系统的时域特性，利用卷积方法观察分析系统的时域特性。

（3）学会离散信号及系统响应的频域分析。

（4）学会时域离散信号的 MATLAB 编程和绘图。

（5）学会利用 MATLAB 进行时域离散系统的频率特性分析。

8.1.2 实验原理与方法

采样是连续信号数字处理的第一个关键环节。对采样过程的研究不仅可以了解采样前后信号时域特性发生的变化及信号信息不丢失的条件，而且可以加深对傅立叶变换、Z 变换和序列傅立叶变换之间关系式的理解。

我们知道，对一个连续信号 $x_a(t)$ 进行理想采样的过程可用式（8.1.1）表示：

$$\hat{x}_a(t) = x_a(t)p(t) \tag{8.1.1}$$

其中：$\hat{x}_a(t)$ 为 $x_a(t)$ 的理想采样，$p(t)$ 为周期冲击脉冲，即

$$p(t) = \sum_{n=-\infty}^{\infty} \delta(t - nT) \tag{8.1.2}$$

$\hat{x}_a(t)$ 的傅立叶变换 $\hat{x}_a(j\Omega)$ 为

$$\hat{X}_a(j\Omega) = \frac{1}{T} \sum_{m=-\infty}^{\infty} X_a[j(\Omega - m\Omega_s)] \tag{8.1.3}$$

式（8.1.3）表明：$\hat{X}_a(j\Omega)$ 为 $X_a(j\Omega)$ 的周期延拓，其延拓周期为采样角频率（$\Omega_s = 2\pi/T$）。只有满足采样定理时，才不会发生频率混叠失真。

在计算机上用高级语言编程直接按式（8.1.3）计算理想采样 $\hat{X}_a(t)$ 的频谱 $\hat{X}_a(j\Omega)$ 很不方便。下面导出用序列的傅立叶变换来计算 $\hat{X}_a(j\Omega)$ 的公式。

将式(8.1.2)代入式(8.1.1)并进行傅立叶变换：

$$\hat{X}_a(j\Omega) = \int_{-\infty}^{\infty} \left[x_a(t) \sum_{-\infty}^{\infty} \delta(t - nT) \right] e^{-j\Omega t}\, dt$$

$$= \sum_{-\infty}^{\infty} \int_{-\infty}^{\infty} x_a(t) \delta(t - nT) e^{-j\Omega t}\, dt$$

$$= \sum_{-\infty}^{\infty} x_a(nT) e^{-j\Omega_n T} \tag{8.1.4}$$

式中的 $x_a(nT)$ 就是采样后得到的序列 $x(n)$，即

$$x(n) = x_a(nT)$$

$x(n)$ 的傅立叶变换为

$$X(e^{j\omega}) = \sum_{-\infty}^{\infty} x(n) e^{-j\omega n} \tag{8.1.5}$$

比较式(8.1.5)和式(8.1.4)可知：

$$\hat{X}_a(j\Omega) = X(e^{j\omega})\,|_{\omega = \Omega T} \tag{8.1.6}$$

这说明两者之间只在频率度量上差一个常数因子 T。实验过程中应注意这一差别。

离散信号和系统在时域均可用序列来表示。序列图形给人以形象直观的印象，它可加深我们对信号和系统的时域特征的理解。本实验还将观察分析几种信号及系统的时域特性。

为了在数字计算机上观察分析各种序列的频域特性，通常对 $X(e^{j\omega})$ 在 $[0, 2\pi]$ 上进行 M 点采样来观察分析。对长度为 N 的有限长序列 $x(n)$，有

$$X(e^{j\omega_k}) = \sum_{n=0}^{N-1} x(n) e^{-j\omega_k n} \tag{8.1.7}$$

其中：

$$\omega_k = \frac{2\pi}{M} k, \ k = 0, 1, \cdots, M-1$$

通常 M 应取的大一些，以便观察谱的细节变化。取模 $|X(e^{j\omega_k})|$ 可绘出幅频特性曲线。

一个时域离散线性非移变系统的输入/输出关系为

$$y(n) = x(n) * h(n) = \sum_{m=-\infty}^{\infty} x(m) h(n - m) \tag{8.1.8}$$

这里，$y(n)$ 为系统的输出序列，$x(n)$ 为系统的输入序列。$h(n)$、$x(n)$ 可以是有限长的。为了计算机绘图观察方便，主要讨论有限长情况。如果 $h(n)$ 和 $x(n)$ 的长度分别为 N 和 M，则 $y(n)$ 的长度为 $L = N + M - 1$。这样，式(8.1.8)所描述的卷积运算就是序列移位、相乘和累加的过程，所以编程十分简单。

上述卷积运算也可以在频域使用卷积定理实现：

$$Y(e^{j\omega}) = X(e^{j\omega}) H(e^{j\omega}) \tag{8.1.9}$$

式(8.1.9)右边的相乘是在各个频点 $\{\omega_k\}$ 上的频谱值相乘。

如果没有先修 MATLAB，请认真阅读 8.5 节，熟悉 MATLAB 的基本命令和函数功能以及 MATLAB 的基本编程与设计方法。

8.1.3 实验内容

1. 序列的产生

用 MATLAB 编程实现下列序列，并用 stem 语句绘出波形图。

(1) 单位脉冲序列：$x(n) = \delta(n)$。

(2) 矩形序列：$x(n) = R_N(n)$，$N = 10$。

(3) $x(n) = e^{(0.8+3j)n}$，$0 \leqslant n \leqslant 15$。

(4) $x(n) = 3\cos(0.3\pi + 0.25\pi n) + 2\sin(0.2\pi + 0.125\pi n)$，$0 \leqslant n \leqslant 15$。

(5) 将(3)中的序列以 20 为周期拓展 3 个周期。

(6) 假设 $x(n) = [1, -3, 2, 3, -2]$，编程产生以下序列并绘出波形图：
$$x_1(n) = x(n) - 2x(n+2) + x(n-1) + x(n-3)$$

(7) 编写 MATLAB 函数 stepshift(n0, n1, n2)实现单位阶跃系列的移位信号 u(n−n1)，其中：n0、n2 分别为阶跃系列的起点和终点，n1 为移位的点数。程序要求输入任意 n0、n1、n2 都能生成 u(n−n1)，并绘出波形图。

2. 采样信号及其频谱分析

(1) 绘出时间信号 $x(t) = \cos(50\pi t)\sin(\pi t)$，$0 \leqslant t \leqslant 2\text{s}$。

(2) 对于连续信号：$X(t) = Ae^{-at}\sin(\Omega_0 t)u(t)$进行采样，可得到采样序列：
$$x(n) = x(nT) = Ae^{-anT}\sin(\Omega_0 t)u(n), \qquad 0 \leqslant n < 50$$

其中 A 为幅度因子，a 为衰减因子，Ω_0 是模拟角频率，T 为采样间隔。假设 $A = 500$，$a = 200$，$\Omega_0 = 50\pi\text{rad/s}$。取采样频率 $f_s = 2\text{ kHz}$，即 $T = 0.5\text{ ms}$。观察所得采样 $x(n)$ 的幅频特性 $|X(e^{j\omega})|$ 在折叠频率附近有无明显差别。改变采样频率，$f_s = 1000\text{ Hz}$，观察 $|X(e^{j\omega})|$ 的变化，并做记录。$f_s = 500\text{ Hz}$，观察频谱混叠是否明显存在，说明原因，并记录这时的 $|X(e^{j\omega})|$ 曲线。

3. 系统的单位脉冲响应

求以下差分方程所描述的系统的单位脉冲响应 $h(n)$（$0 \leqslant n < 50$）：
$$y(n) + 0.2y(n-1) - y(n-2) = 2x(n) - 3x(n-1)$$

4. 有限长序列线性卷积

两个给定长度的序列的卷积可以直接调用 MATLAB 语言中的卷积函数 conv。conv 用于两个有限长序列的卷积，它假定两个序列都从 n=0 开始。调用格式如下：

```
y = conv(x, h)
```

其中参数 x、h 是两个已赋值的行向量序列。假设 x=[1, −1, 2, 3]，试求上面所述系统的输出 y(n)，并绘出输出波形图。

5. 时域离散系统的频域分析

假设一因果系统的系统函数为
$$H(z) = \frac{1 + \sqrt{2}z^{-1} - \sqrt{2}z^{-2} + z^{-3}}{1 - 0.8z^{-1} + 1.2z^{-2} + 4z^{-3} + 3z^{-4}}$$

分析该系统的频率响应，画出幅频和相频特性曲线。

8.1.4 思考题

（1）在分析理想采样序列特性的实验中，采样频率不同时，相应理想采样序列的傅立叶变换频谱的数字频率度量是否都相同？它们所对应的模拟频率是否相同？为什么？

（2）对于由两个子系统级联或者并联的系统，如何用 MATLAB 分析它们的幅频和相频响应？

8.1.5 部分参考程序(MATLAB 语言)

（1）单位阶跃系列的移位信号。

```
n0＝input('Please Input n0：\n', 's');
    n0＝str2num(n0);
  n1＝input('Please Input n1：(n1＜n0)\n', 's');
    n1＝str2num(n1);
    n2＝input('Please Input n2：\n', 's');
    n2＝str2num(n2);
if n1＜1
  n1_1＝n1＋abs(n1)＋1
  n0_1＝n0＋abs(n1)＋1
  n2_1＝n2＋abs(n1)＋1
else
  n1_1＝n1
  n0_1＝n0
  n2_1＝n2
end
    x＝stepshift(n0_1, n1_1, n2_1)
n＝n1：n1＋length(x)－1
function y ＝ stepshift(n0, n1, n2)
for n＝n1：n2
  if n＞＝n0
    y(n)＝1;
  else
    y(n)＝0;
  end
end
```

（2）采样信号及其频谱分析。

```
A＝500;
a＝200;
w＝50 * pi;
fs＝500;
Xa＝FF(A, a, w, fs);            %产生信号 xa(n)
string＝['fs＝', num2str(fs)];
DFT(Xa, 50, string);           %The FT and paint The picture
```

```
function [c, l]=DFT(x, N, str)
n=0: N-1;
k=-200: 200;
w=(pi/100) * k;
l=w;
c=x * (exp(-j * pi/100)). ^(n' * k); %计算 DFT[x(n)]
magX=abs(c);                        %The Ampalitatude
angX=angle(c);                      %The Angle
subplot(2, 1, 1);
t=max(x);
n=0: N-1;
stem(n, x, '.');
xlabel('n');
ylabel('x(n)');
title('信号的原形');
text((0.3 * N), (0.8 * t), str);
hold on
n=0: N-1;
m=zeros(N);
plot(n, m);
subplot(2, 1, 2);
plot(w/pi, magX);
xlabel('w/pi');
ylabel('|X(jw)|');
title('上图信号的傅立叶变换(|X(jw)|)');
%子函数: 产生信号 xa(n)
function c=FF(A, a, w, fs)
n=0: 50-1;
c=A * exp((-a) * n/fs). * sin(w * n/fs). * stepseq(0, 0, 49);
```

8.2 实验二 离散傅立叶变换及其应用

8.2.1 实验目的

(1) 通过实验进一步加深 DFT 算法及 FFT 算法原理和基本性质的理解。

(2) 熟悉 MATLAB 中有关 FFT 算法函数及其使用方法。

(3) 学会用 FFT 对连续信号和时域离散信号进行谱分析的方法, 了解可能出现的分析误差及原因, 以便在实际中正确应用 FFT。

(4) 学会应用 FFT 实现序列的线性卷积和相关。

8.2.2 实验原理与前期准备

(1) 复习 DFT 的定义、性质和用 DFT 作谱分析的有关内容。

（2）复习 FFT 算法进行谱分析的方法。对于时域离散信号，选择的 FFT 点数应大于等于序列的长度；对于连续信号，则首先根据其最高频率确定采样速率 f_s 以及由频率分辨率选择采样点数 N，然后对其进行软件采样。频率分辨率的选择要以能分辨开其中的关键频率谱线为准则。对周期序列，最好截取周期的整数倍进行谱分析，否则有可能产生较大的分析误差。

（3）编制信号产生子程序，产生以下典型信号供谱分析用：

$$x_1(n) = R_6(n)$$

$$x_2(n) = \begin{cases} n, & 0 \leqslant n \leqslant 3 \\ 8-n, & 4 \leqslant n \leqslant 7 \\ 0, & \text{其他 } n \end{cases}$$

$$x_3(n) = \begin{cases} 4-n, & 0 \leqslant n \leqslant 3 \\ n-4, & 4 \leqslant n \leqslant 7 \\ 0, & \text{其他} \end{cases}$$

$$x_4(n) = \begin{cases} \mathrm{e}^{-\frac{(n-p)^2}{q}} & 0 \leqslant n \leqslant 15 \\ 0 & \text{其他} \end{cases}$$

$$x_5(n) = \begin{cases} \mathrm{e}^{-\alpha n}\sin(2\pi f n) & 0 \leqslant n \leqslant 15 \\ 0 & \text{其他} \end{cases}$$

$$x_6(t) = \sin(200\pi t) + \cos[2\pi(125+\Delta f)t] + \cos[2\pi(125-\Delta f)t]$$

$$x_7(n) = \cos\frac{\pi}{4}n$$

$$x_8(n) = \sin\frac{\pi}{8}n$$

8.2.3 实验内容

1. 序列谱分析

（1）对 $x_1(n)$ 分别进行 $N=8$ 和 $N=16$ 的谱分析。

（2）对 $x_2(n)$、$x_3(n)$ 分别进行 $N=8$ 和 $N=16$ 的谱分析，画出时域波形和频谱曲线，比较分析结果的异同，说明原因。

（3）对高斯序列 $x_4(n)$ 进行 $N=16$ 的谱分析。参数 $p=8$ 时，$q=2,4,8$；参数 $q=8$ 时，$p=8,13,14$，分别画出时域波形和频谱曲线，比较分析结果的异同，说明是否出现频率混叠以及出现的原因。

（4）分析衰减正弦序列 $x_5(n)$ 的时域波形及频谱特性。当 $\alpha=0.1$，$f=0.0625$ 时，观察谱峰出现的位置，判断该谱线对应的频率。改变 f 分别为 0.4375 和 0.5625 时，观察谱峰出现的位置和频谱形状，判断有无混叠和泄漏。

2. 连续信号谱分析

对连续信号 $x_6(t)$，假设 $\Delta f=1/16$ 及 $\Delta f=1/64$ 时，试采用 FFT 方法，选择合适的参数分析该信号的频谱，画出时域波形和频谱曲线。

3. 验证 DFT 对称性

(1) 对 $x_7(n)$、$x_8(n)$分别做 $N=8$ 和 $N=16$ 谱分析，画出频谱形状。

(2) 令 $x(n)=x_7(n)+x_8(n)$，用 FFT 计算 8 点和 16 点离散傅立叶变换，$X(k)=$ DFT$[x(n)]$。

根据 DFT 的对称性，由 $X(k)$求出 $X_7(k)=$DFT$[x_7(n)]$和 $X_8(k)=$DFT$[x_8(n)]$，并与(1)中所得结果比较。[提示：取 $N=16$ 时，$x_7(n)=x_7(N-n)$，$x_8(n)=-x_8(N-n)$]

(3) 令 $x(n)=x_7(n)+jx_8(n)$，重复步骤(2)。

4. 用 FFT 计算循环卷积和线性卷积

用 FFT 分别计算对高斯序列 $x_4(n)$($p=8$, $q=2$)和衰减正弦序列 $x_5(n)$($\alpha=0.1$, $f=0.0625$)的 16 点和 32 点的循环卷积及线性卷积。

5. 重迭相加法和重叠保留法

产生一个 512 点的随机序列 $x(n)$，将 $x(n)$分成 4 段，分别采用重叠相加法和重叠保留法实现 $x(n)$与 $x_3(n)$的线性卷积，观察卷积前后随机序列 $x(n)$频谱的变化。

6. 互相关函数和自相关函数

(1) 分别计算 $x_2(n)$和 $x_3(n)$的自相关函数，画出它们的自相关函数波形图。

(2) 分别计算 $x_2(n)$和 $x_3(n)$的互相关函数，画出互相关函数波形图。

(3) 分别计算 $x_2(n)$和 $x_2(n-5)$的互相关函数，画出相关函数波形，并指出其峰值位置及意义。

8.2.4 思考题

(1) 在 $N=8$ 时，$x_2(n)$和 $x_3(n)$的幅频特性会相同吗？为什么？$N=16$ 呢？

(2) 如果周期信号的周期预先不知道，如何用 FFT 进行谱分析？

8.2.5 部分参考程序

(1) 高斯序列谱分析。

```
%p=8, q=2
for n=1：16；
p=8；
q=2；
xa(n)=exp(-(n-p)^2/q);
end
subplot(2, 1, 1);
stem(xa);
xlabel('n(p=8, q=2)');
ylabel('xa(n)');
subplot(2, 1, 2);
X=fft(xa, 16);
k=0：15；
plot(k, abs(X));
```

```
xlabel('k(p=8, q=2)');
ylabel('X(k)');
%p=8, q=4
for n=1: 16;
p=8;
q=4;
xa(n)=exp(-(n-p)^2/q);
end
figure
subplot(2, 1, 1);
stem(xa);
xlabel('n(p=8, q=4)');
ylabel('xa(n)');
subplot(2, 1, 2);
X=fft(xa, 16);
k=0: 15;
plot(k, abs(X));
xlabel('k(p=8, q=4)');
ylabel('X(k)');
%p=8, q=8
for n=1: 16;
p=8;
q=8;
xa(n)=exp(-(n-p)^2/q);
end
figure;
subplot(2, 1, 1);
stem(xa);
xlabel('n(p=8, q=8)');
ylabel('xa(n)');
subplot(2, 1, 2);
X=fft(xa, 16);
k=0: 15;
plot(k, abs(X));
xlabel('k(p=8, q=8)');
ylabel('X(k)');

%q 固定
%p=13, q=8
for n=1: 16;
p=13;
q=8;
xa(n)=exp(-(n-p)^2/q);
```

```
end
figure;
subplot(2, 1, 1);
stem(xa);
xlabel('n(p=13, q=8)');
ylabel('xa(n)');
subplot(2, 1, 2);
X=fft(xa, 16);
k=0: 15;
plot(k, abs(X));
xlabel('k(p=13, q=8)');
ylabel('X(k)');
%p=14, q=8
for n=1: 16;
p=14;
q=8;
xa(n)=exp(-(n-p)^2/q);
end
figure
subplot(2, 1, 1);
stem(xa);
xlabel('n(p=14, q=8)');
ylabel('xa(n)');
subplot(2, 1, 2);
X=fft(xa, 16);
k=0: 15;
plot(k, abs(X));
xlabel('k(p=14, q=8)');
ylabel('X(k)');
%p=8, q=8
for n=1: 16;
p=8;
q=8;
xa(n)=exp(-(n-p)^2/q);
end
figure;
subplot(2, 1, 1);
stem(xa);
xlabel('n(p=8, q=8)');
ylabel('xa(n)');
subplot(2, 1, 2);
X=fft(xa, 16);
k=0: 15;
```

```
        plot(k, abs(X));
        xlabel('k(p=8, q=8)');
        ylabel('X(k)');
```

（2）衰减正弦信号谱分析。

```
        f=0.0625;
        a=0.1;
    for n=1: 16
            xb(n)=exp(-a * n) * sin(2 * pi * f * n);
    end
    subplot(2, 1, 1);
    n=0: 15;
    stem(n, xb);
    xlabel('n(a=0.1, f=0.0625)');
    ylabel('xb(n)');
    subplot(2, 1, 2);
    Xb=fft(xb, 16);
    k=0: 15;
    stem(k, abs(Xb));
    xlabel('k(a=0.1, f=0.0625)');
    ylabel('Xb(k)');


    %f=0.4375, a=0.1
        f=0.4375;
        a=0.1;
    for n=1: 16
            xb(n)=exp(-a * n) * sin(2 * pi * f * n);
    end
    figure;
    subplot(2, 1, 1);
    n=0: 15;
    stem(n, xb);
    xlabel('n(a=0.1, f=0.4375)');
    ylabel('xb(n)');
    subplot(2, 1, 2);
    Xb=fft(xb, 16);
    k=0: 15;
    stem(k, abs(Xb));
    xlabel('k(a=0.1, f=0.4375)');
    ylabel('Xb(k)');


    %f=0.5625, a=0.1
        f=0.5625;
        a=0.1;
```

```
    for n=1: 16
        xb(n)=exp(-a * n) * sin(2 * pi * f * n);
    end
    figure;
    subplot(2, 1, 1);
    n=0: 15;
    stem(n, xb);
    xlabel('n(a=0.1, f=0.5625)');
    ylabel('xb(n)');
    subplot(2, 1, 2);
    Xb=fft(xb, 16);
    k=0: 15;
    stem(k, abs(Xb));
    xlabel('k(a=0.1, f=0.5625)');
    ylabel('Xb(k)');
```

（3）重叠相加法和重叠保留法。

```
    N=512;
    xe=rand(1, N)-0.5;
    n1=0: 3;
    xn1=n1;
    n2=4: 7;
    xn2=8-n2;
    xc=[xn1 xn2];
    figure;
    subplot(2, 1, 1);
    n=0: length(xe)-1;
    stem(n, xe);
    xlabel('n');
    ylabel('xe(n)');
    subplot(2, 1, 2);
    Xe=fft(xe, length(xe));
    k=0: length(xe)-1;
    plot(k, abs(Xe));
    xlabel('k');
    ylabel('Xe(k)');

    %%
    figure;
    ye=conv(xe, xc)
    subplot(2, 1, 1);
    n=0: length(ye)-1;
    stem(n, ye);
    xlabel('n');
```

```matlab
ylabel('ye(n)');
subplot(2, 1, 2);
Ye=fft(ye, length(ye));
k=0: length(ye)-1;
plot(k, abs(Ye));
xlabel('k');
ylabel('Ye(k)');

%% xiangjiafa
%%
%ye=conv(xe, xc)
N=length(xe)/8;
M=length(xc);
L=N+M-1
A_ye=zeros(1, M-1);
T_ye=zeros(0);
for i=0: 7
    for n=1: N
        xi(n)=xe(i*N+n);
    end

    yin=conv(xi, xc);
    T_add=A_ye+[yin(1: M-1)];
    A_ye=yin(N+1: L);
    yin=[T_add yin(M: N)];
    T_ye=[T_ye yin];

end

figure;
subplot(2, 1, 1);
n=0: length(T_ye)-1;
stem(n, T_ye);
xlabel('n');
ylabel('T_ye(n)    ADD');
subplot(2, 1, 2);
Ye=fft(T_ye, length(T_ye));
k=0: length(T_ye)-1;
plot(k, abs(Ye));
xlabel('k');
ylabel('Ye(k)    ADD');

%% baoliufa
```

```
%%%ye=conv(xe, xc)
N=length(xe)/8;
M=length(xc);
L=N+M-1

Tr_ye=zeros(0);
for n=1: L
        xi(n)=xe(n);
    end
     yin=ifft((fft(xi, L). * fft(xc, L)), L);
      Tr_add=yin(M: L);
       Tr_ye=[Tr_ye Tr_add];

for i=1: 7
    for n=1: L
        xi(n)=xe(i * N+n-M+1);
    end
     yin=ifft((fft(xi, L). * fft(xc, L)), L);
      Tr_add=yin(M: L);
       Tr_ye=[Tr_ye Tr_add];
end

figure;
subplot(2, 1, 1);
n=0: length(Tr_ye)-1;
stem(n, Tr_ye);
xlabel('n');
ylabel('Tr_ye(n)');
subplot(2, 1, 2);
Yre=fft(Tr_ye, length(Tr_ye));
k=0: length(Tr_ye)-1;
plot(k, abs(Yre));
xlabel('k');
ylabel('Yre(k)');
```

(4) 相关运算。

```
for n=1: 16;
p=8;
q=2;
xa(n)=exp(-(n-p)^2/q);
end

%f=0.0625, a=0.1
    f=0.0625;
```

```
        a=0.1;
    for n=1:16
        xb(n)=exp(-a*n)*sin(2*pi*f*n);
    end

%%
k=length(xa);
N=2*k;
rm=ifft(conj(fft(xa, N). *fft(xa, N)));
rm=[rm(k+2:N) rm(1:k)]
m=(-k+1):(k-1);
subplot(2, 1, 1);
stem(m, rm);
xlabel('m');
ylabel('rma');

%%
k=length(xb);
N=2*k;
rm=ifft(conj(fft(xb, N). *fft(xb, N)));
rm=[rm(k+2:N) rm(1:k)]
m=(-k+1):(k-1);
subplot(2, 1, 2);
stem(m, rm);
xlabel('m');
ylabel('rmb');
```

8.3　实验三　IIR 数字滤波器设计

8.3.1　实验目的

（1）掌握双线性变换法、脉冲响应不变法设计 IIR 数字滤波器的原理、方法和步骤，了解双线性变换法、脉冲响应不变法的特点。

（2）掌握模拟滤波器的设计原理与方法，熟悉巴特沃思、切比雪夫、椭圆滤波器的频率特性。

（3）熟悉模拟低通原型进行频率变换设计低通、高通、带通、带阻滤波器的方法。

（4）学会利用 MATLAB 的有关函数根据给定的滤波器指标设计各种类型数字滤波器。

8.3.2　实验原理与方法

1. IIR 数字滤波器的系统函数及特点

设 IIR 滤波器的输入序列为 $x(n)$，则 IIR 滤波器的输入序列 $x(n)$ 与输出序列 $y(n)$ 之间的关系可以用下面的差分方程式表示：

$$y(n) = \sum_{i=0}^{M} b_i x(n-i) + \sum_{j=1}^{N} a_j y(n-j)$$

其中，a_j 和 b_i 是滤波器的系数，a_j 中至少有一个非零。与之相对应的系统函数为

$$H(Z) = \frac{Y(z)}{X(z)} = \frac{b_0 + b_1 z^{-1} + \cdots + b_M z^{-M}}{1 - a_1 z^{-1} - \cdots - a_N z^{-N}}$$

由系统函数可以发现无限长单位脉冲响应滤波器有如下特点：

（1）单位脉冲响应 $h(n)$ 是无限长的。

（2）系统函数 $H(z)$ 在 z 平面上有极点存在。

（3）结构上存在着输出到输入的反馈，也就是结构上是递归型的。

2. 由模拟滤波器转换为数字滤波器的方法

（1）脉冲响应不变法。

脉冲响应不变法是将系统从 s 平面映射到 z 平面的一种方法，使数字滤波器的单位脉冲响应序列 $h(n)$ 模仿模拟滤波器的冲激响应 $h_a(n)$，其变换关系式为 $z = e^{sT}$。由于 $z = e^{sT}$ 是一个周期函数，因而 s 平面虚轴上每一段 $2\pi/T$ 的线段都映射到 z 平面单位圆上一周。由于重叠映射，因而脉冲响应不变法是一种多值映射关系。数字滤波器的频率响应是原模拟滤波器的频率响应的周期延拓。只有当模拟滤波器的频率响应是有限带宽的，且频带宽度 $|\Omega| \leqslant \frac{\pi}{T} = \frac{\Omega_s}{2}$ 时，才能避免数字滤波器的频率响应发生混叠现象。由于脉冲响应不变法只适用于带限的模拟滤波器，所以，在高频区幅频特性不等于零的高通和带阻滤波器不能采用脉冲响应不变法。

（2）双线性变换法。

双线性变换法是将整个 s 平面映射到整个 z 平面，其映射关系为

$$s = \frac{2}{T} \frac{1-z^{-1}}{1+z^{-1}} \quad \text{或} \quad z = \frac{1+sT/2}{1-sT/2}$$

双线性变换法克服了脉冲响应不变法从 s 平面到 z 平面的多值映射的缺点，消除了频谱混叠现象。但其在变换过程中产生了非线性的畸变，在设计 IIR 数字滤波器的过程中需要进行一定的频率预畸变。频率预畸变正公式为 $\Omega = \frac{2}{T} \tan\left(\frac{\omega}{2}\right)$。

3. 设计过程

IIR 数字滤波器的设计有多种方法，如频率变换法、数字域直接设计法以及计算辅助设计等。本实验只介绍频率变换法，即由模拟低通原型滤波器到数字滤波器的转换。其基本的设计过程如下：

（1）给定数字滤波器的设计要求（低通、高通、带通、带阻）；

（2）转换为模拟（低通、高通、带通、带阻）滤波器的技术指标；

（3）转换为模拟低通原型滤波器的指标；

（4）设计得到满足第（3）步要求的低通原型滤波器传递函数；

（5）通过频率转换得到模拟（低通、高通、带通、带阻）滤波器；

（6）变换为数字（低通、高通、带通、带阻）滤波器。

4. 模拟原型法使用的 MATLAB 函数

（1）滤波器的阶估计函数：Buttord, cheb1ord, cheb2ord, ellipord。

（2）低通模拟滤波器原型函数：buttap, cheb1ap, cheb2ap, ellipap。

（3）模拟原型低通滤波器到模拟滤波器（低通、高通、带通、带阻）变换函数：lp2lp, lp2hp, lp2bp, lp2bs。

（4）模拟到数字滤波器变换函数：Bilinear, impinvar。

8.3.3　实验内容

（1）基于 Butterworth 模拟滤波器原型，使用脉冲响应不变法、双线性转换法分别设计数字低通滤波器。参数指标为：通带截止频率 wp＝0.2π，通带波动值 Rp＝1 dB；阻带截止频率 ws＝0.3π，阻带最小衰减 As＝20 dB；滤波器采样频率 Fs＝2000 Hz。

要求：绘出幅频特性、相频特性图并比较设计结果，绘出滤波器零极图，写出滤波器的系统函数。

（2）分别基于巴特沃思、切比雪夫 1 型、切比雪夫 2 型、椭圆滤波器原型，采用脉冲响应不变法设计一个 IIR 数字带通滤波器。其参数指标为：下通带截止频率 wp1＝0.3π，上通带截止频率 wp2＝0.7π，通带最大衰减 Rp＝1 dB；下阻带截止频率 ws1＝0.2π，上阻带截止频率 ws2＝0.8π，阻带最小衰减 As＝20 dB，滤波器采样频率 Fs＝2000 Hz。

要求：绘出幅频特性、相频特性图并比较设计结果，绘出滤波器零极图，写出滤波器的系统函数。

（3）基于 chebyshev2 型模拟滤波器原型设计，采用双线性转换设计一个切比雪夫 2 型数字带阻滤波器。其参数指标为：通带低端频率 wp1＝0.2π，通带高端频率 wp2＝0.8π，通带最大衰减 Rp＝1 dB；阻带低端频率 ws1＝0.3π，阻带高端频率 ws2＝0.7π，阻带最小衰减 As＝20 dB，滤波器采样频率 Fs＝2000 Hz。

要求：绘出幅频特性、相频特性图并验证设计结果，绘出滤波器零极图，写出滤波器的系统函数。

（4）基于椭圆型模拟滤波器原型设计，采用双线性变换方法设计数字高通滤波器。其指标参数如下：wp＝0.45π，Rp＝1 dB；ws＝0.3π，As＝40 dB，滤波器采样频率 Fs＝2000 Hz。

要求：绘出幅频特性、相频特性图并验证设计结果，绘出滤波器零极图，写出滤波器的系统函数。

8.3.4　思考题

（1）总结基于 Butterworth、chebyshev1、chebyshev2、椭圆型模拟滤波器原型设计 IIR 数字滤波器过程的异同点及其滤波器的特征。

（2）为什么脉冲响应不变法不能用于设计数字高通滤波器和带阻滤波器？数字滤波器的频率响应与模拟滤波器的频率响应有何区别？

（3）使用双线性变换法时，模拟频率与数字频率有何关系？会带来什么影响？如何解决？

（4）用 FDATool 重新设计实验内容。

8.3.5 参考程序(MATLAB 语言)

(1) 程序：

```
%数字滤波器指标
wp＝0.2 * pi;                              %滤波器的通带截止频率
ws＝0.3 * pi;                              %滤波器的阻带截止频率
Rp＝1; As＝20;                             %滤波器的通阻带衰减指标
%转换为模拟滤波器指标
Fs＝2000; T＝1/Fs;
Omgp＝(2/T) * tan(wp/2);                   %双线性变换原型通带频率预修正
Omgs＝(2/T) * tan(ws/2);                   %双线性变换原型阻带频率预修正
%模拟原型滤波器计算
[n, Omgc]＝buttord(Omgp, Omgs, Rp, As, 's');    %计算阶数 n 和截止频率
[z0, p0, k0]＝buttap(n);                   % 归一化原型设计
b0＝k0 * real(poly(z0));                   % 求原型滤波器系数 b0
a0＝real(poly(p0));                        % 求原型滤波器系数 a0
[b, a]＝lp2lp(b0, a0, Omgc);               %变换为模拟低通滤波器系数 b, a
%用双线性变换法计算数字滤波器系数
[num, den]＝bilinear(b, a, Fs)            %数字滤波器设计结果
%求数字滤波器的频率特性
[H, w]＝freqz(num, den);
db_H＝20 * log10((abs(H)＋eps)/max(abs(H)));        %转换为分贝值
subplot(2, 2, 1), plot(w/pi, abs(H));
ylabel('|H|'); title('幅度响应'); axis([0, 1, 0, 1.1]);
set(gca, 'XTickMode', 'manual', 'XTick', [0, 0.2, 0.3, 1]);
ripple＝10^(－Rp/20); At＝10^(－As/20);
set(gca, 'YTickMode', 'manual', 'YTick', [0, At, ripple, 1]); grid
subplot(2, 2, 2), plot(w/pi, angle(H)/pi);
ylabel('\phi'); title('相位响应'); axis([0, 1, －1, 1]);
set(gca, 'XTickMode', 'manual', 'XTick', [0, 0.2, 0.3, 1]);
set(gca, 'YTickMode', 'manual', 'YTick', [－1, 0, 1]); grid
subplot(2, 2, 3), plot(w/pi, db_H); title('幅度响应(dB)');
ylabel('dB'); xlabel('频率'); axis([0, 1, －40, 5]);
set(gca, 'XTickMode', 'manual', 'XTick', [0, 0.2, 0.3, 1]);
set(gca, 'YTickMode', 'manual', 'YTick', [－50, －20, －1, 0]); grid
subplot(2, 2, 4), zplane(num, den);
axis([－1.1, 1.1, －1.1, 1.1]); title('零极图');
```

(2) 程序：

```
%数字滤波器指标
wp1＝0.3 * pi; wp2＝0.7 * pi;
ws1＝0.1 * pi; ws2＝0.9 * pi;
Rp＝1; As＝20;
```

%转换为模拟滤波器指标

Fs＝2000；T＝1/Fs；

Omgp1＝wp1 * Fs；Omgp2＝wp2 * Fs；

Omgp＝[Omgp1, Omgp2]；

Omgs1＝ws1 * Fs；Omgs2＝ws2 * Fs；

Omgs＝[Omgs1, Omgs2]；

bw＝Omgp2－Omgp1；w0＝sqrt(Omgp1 * Omgp2)；%中心频率

[n, Omgn]＝cheb1ord(Omgp, Omgs, Rp, As, 's')

[z0, p0, k0]＝cheb1ap(n, Rp)；

[b0, a0]＝zp2tf(z0, p0, k0)；

[ba, aa]＝lp2bp(b0, a0, w0, bw) %低通原型转换为带通

[bd, ad]＝impinvar(ba, aa, Fs)

[H, w]＝freqz(bd, ad)；

dbH＝20 * log10(abs(H)/max(abs(H)))；

%绘图

subplot(2, 2, 1)，plot(w/pi, abs(H))；

ylabel('幅度')；xlabel('频率')；axis([0, 1, 0, 1.1])；

set(gca, 'XTickMode', 'manual', 'XTick', [0.2, 0.3, 0.7, 0.8])；

ripple＝10^(－Rp/20)；

At＝10^(－As/20)；

set(gca, 'YTickMode', 'manual', 'YTick', [0, At, ripple, 1])；grid

subplot(2, 2, 2)，plot(w/pi, angle(H)/pi)；

ylabel('相位')；xlabel('频率')；axis([0, 1, －1, 1])；

set(gca, 'XTickMode', 'manual', 'XTick', [0.2, 0.3, 0.7, 0.8])；

set(gca, 'YTickMode', 'manual', 'YTick', [－1, 0, 1])；grid

subplot(2, 2, 3)，plot(w/pi, dbH)；

ylabel('幅度(dB)')；xlabel('频率')；axis([0, 1, －40, 5])；

set(gca, 'XTickMode', 'manual', 'XTick', [0.2, 0.3, 0.7, 0.8])；

set(gca, 'YTickMode', 'manual', 'YTick', [－50, －20, －1, 0])；grid

subplot(2, 2, 4)，zplane(bd, ad)；

axis([－1.1, 1.1, －1.1, 1.1])；ylabel('零极图')；

(3) 程序：

%数字滤波器指标

ws1＝0.3 * pi；ws2＝0.7 * pi；

wp1＝0.2 * pi；wp2＝0.8 * pi；

Rp＝1；As＝20；

%转换为模拟滤波器指标

Fs＝2000；T＝1/Fs；

Omgp1＝(2/T) * tan(wp1/2)；Omgp2＝(2/T) * tan(wp2/2)；

Omgp＝[Omgp1, Omgp2]；

Omgs1＝(2/T) * tan(ws1/2)；Omgs2＝(2/T) * tan(ws2/2)；

Omgs＝[Omgs1, Omgs2]；

bw＝Omgp2－Omgp1；w0＝sqrt(Omgp1 * Omgp2)；　%阻带中心频率

%低通原型设计

```
[n, Omgn]＝cheb2ord(Omgp, Omgs, Rp, As, 's');
[z0, p0, k0]＝cheb2ap(n, As);
[b0, a0]＝zp2tf(z0, p0, k0);
[ba, aa]＝lp2bs(b0, a0, w0, bw);    ％模拟低通原型转换为模拟带阻滤波器
[bd, ad]＝bilinear(ba, aa, Fs)
[H, w]＝freqz(bd, ad);
dbH＝20 * log10(abs(H)/max(abs(H)));
```

%绘图

```
subplot(2, 2, 1), plot(w/pi, abs(H), 'k');
ylabel('幅度'); xlabel('频率'); axis([0, 1, 0, 1.1]);
set(gca, 'XTickMode', 'manual', 'XTick', [0.2, 0.3, 0.7, 0.8]);
ripple＝10^(－Rp/20);
Attn＝10^(－As/20);
set(gca, 'YTickMode', 'manual', 'YTick', [0, Attn, ripple, 1]); grid
subplot(2, 2, 2), plot(w/pi, angle(H)/pi * 180, 'k');
ylabel('相位'); xlabel('频率'); axis([0, 1, －180, 180]);
set(gca, 'XTickMode', 'manual', 'XTick', [0.2, 0.3, 0.7, 0.8]);
set(gca, 'YTickMode', 'manual', 'YTick', [－180, －90, 0, 90, 180]); grid
subplot(2, 2, 3), plot(w/pi, dbH, 'k');
ylabel('幅度(dB)'); xlabel('频率'); axis([0, 1, －60, 5]);
set(gca, 'XTickMode', 'manual', 'XTick', [0.2, 0.3, 0.7, 0.8]);
set(gca, 'YTickMode', 'manual', 'YTick', [－80, －20, －1, 0]); grid
subplot(2, 2, 4), zplane(bd, ad);
axis([－1.1, 1.1, －1.1, 1.1]); ylabel('零极图');
```

（4）程序：

%数字滤波器指标

```
wp＝0.45 * pi;
ws＝0.3 * pi;
Rp＝1；As＝40;
```

%转换为模拟滤波器指标

```
Fs＝2000；T＝1/Fs;
Omgp＝(2/T) * tan(wp/2);
Omgs＝(2/T) * tan(ws/2);
```

%模拟低通原型设计

```
[n, Omgc]＝ellipord(Omgp, Omgs, Rp, As, 's')
[z0, p0, k0]＝ellipap(n, Rp, As);
[b0, a0]＝zp2tf(z0, p0, k0);
[ba, aa]＝lp2hp(b0, a0, Omgc);    ％模拟低通原型转换为模拟高通滤波器
[bd, ad]＝bilinear(ba, aa, Fs);
freqz(bd, ad)
figure; zplane(bd, ad);
```

8.4 实验四 FIR 数字滤波器设计

8.4.1 实验目的

（1）掌握窗函数法、频率采样法及优化设计法设计 FIR 数字滤波器的方法，学会相应的 MATLAB 编程；

（2）熟悉线性相位 FIR 滤波器的幅频、相位特性；

（3）了解各种不同窗函数对滤波器性能的影响。

8.4.2 实验原理与方法

1. 窗函数设计法

1）设计原理

如果系统的单位脉冲响应 $h_d(n)$ 为已知，则系统的输入/输出关系为

$$y(n) = x(n) * h_d(n)$$

对于低通滤波器，只要设计出低通滤波器的单位脉冲响应，就可以由上式得到系统的输出了。

假设所希望的数字滤波器的频率响应为 $H_d(e^{j\omega})$，它是频域的周期函数，周期为 2π，那么 $H_d(e^{j\omega})$ 的傅立叶系数为

$$h_d(n) = \frac{1}{2\pi} \int_{-\pi}^{\pi} H_d(e^{j\omega}) e^{jn\omega} d\omega$$

以 $h_d(n)$ 为单位脉冲响应的数字滤波器将具有频域响应 $H_d(e^{j\omega})$。但是将 $h_d(n)$ 作为 FIR 滤波器脉冲响应有两个问题：

（1）它是无限长的，与 FIR 滤波器脉冲响应有限长这一前提不一致；

（2）它是非因果的，$h_d(n) \neq 0$，$n < 0$。

对此，要采取以下的措施：① 将 $h_d(n)$ 截短，② 将其往右平移。由此得到 $h(n)$ 的实际频域响应 $H(e^{j\omega}) = \sum_{n=0}^{N-1} h(n) e^{jn\omega}$，与理想频域响应 $H_d(e^{j\omega})$ 相近，但不完全一致。理论证明上述现象是对 $h_d(n)$ 进行简单截短处理的必然结果，一般称为吉布斯现象。为尽可能减少吉布斯现象，应对 $h_d(n)$ 进行加窗截取，即以 $h(n) = h_d(n) \cdot W_N(n)$ 作为 FIR 滤波器的系数。

常用的窗函数有矩形窗、哈明窗和布莱克曼窗等。

窗函数设计线性相位 FIR 滤波器的步骤如下：

（1）确定所要设计的滤波器的类型和技术指标。

（2）确定窗函数。查表 5.2.1 和表 5.2.2，根据阻带衰减指标选择窗函数，选择原则是：在符合指标要求情况下，选择最简单的窗函数。

（3）确定目标滤波器的频率特性和 $h_d(n)$。以理想滤波器模型并考虑线性相位确定目标滤波器的频率特性函数 $H_d(e^{j\omega})$，通过求反离散傅立叶变换得到目标滤波器的单位脉冲响应 $h_d(n)$。

（4）确定滤波器的最小阶数。查表 5.2.1 和表 5.2.2，根据技术指标要求的过渡带和所

选用的窗函数的过渡带宽度，计算出窗的宽度 N，这也是滤波器的最小阶数。

（5）确定滤波器阶数。根据滤波器的类型和线性相位的约束条件，选择线性相位类型，并以此确定滤波器的阶数和群延时。

（6）计算 $h(n) = h_d(n)W_R(n)$，即为所要设计滤波器的单位脉冲响应。如果要求还可进一步求出滤波器的系统函数。

（7）求 $H(e^{jw})$。分析其幅频特性，若不满足要求，可适当改变窗函数形式或长度 N，重复上述设计过程，以得到满意的结果。

2）MATLAB 函数

（1）矩形窗：w＝boxcar(n)，可产生长度为 n 点的矩形窗。

（2）哈明窗：w＝hamming(n)，可产生长度为 n 点的 hamming 窗。

（3）布莱克曼窗：w＝blackman(n)，可产生长度为 n 点的 blackman 窗。

（4）窗函数设计 FIR 滤波器函数：b＝fir1(n, Wn, ′ftype′, Window)。使用的窗类型由 window 参数指定，省略时使用 hamming 窗；滤波器类型由参数 ftype 指定：

- 当省略 ftype 参数时，设计低通带通 FIR 滤波器；
- 当 ftype＝high 时，设计高通 FIR 滤波器；
- 当 ftype＝stop 时，设计带阻 FIR 滤波器。

在设计高通和带阻滤波器时，fir1 函数总是使用偶对称 N 为奇数（即第一类线性相位 FIR 滤波器）的结构，因此当输入的阶次为偶数时，fir1 函数会自动加 1。

2. 频率采样法

1）设计原理

设计滤波器时，通常给出的是幅频特性的技术指标要求，可直接在频域进行处理。按照理想的频率特性 $H(e^{jw})$，在 $\omega = 0$ 到 2π 之间等间隔采样 N 点，得到

$$H(k) = H(e^{jw})\,|_{\omega = \frac{2k\pi}{N}}，其中 k = 0, 1, 2, \cdots, N-1$$

然后用 $H(k)$ 的傅里叶逆变换作为滤波器的系数：

$$b(n) = h(n) = \text{IDFT}[H(k)]$$

2）MATLAB 函数

b＝fir2(n, f, m)；设计一个 n 阶的 FIR 滤波器，其滤波器的频率特性由矢量 f 和 m 决定。

参数 f 为频率点矢量，且 f∈[0, 1]，当 f＝1 时，相应于 0.5Fs。矢量 f 中按升序排列，且第一个必须为 0，最后一个必须为 1，并允许出现相同的频率值。

参数 m 为与 f 相对应的滤波器幅度响应期望值。

注意：矢量 f 和 m 的长度必须相同。

3. 均方误差最小化设计

在 MATLAB 中，采样均方误差最小化设计的函数是 firls，使用格式为

h＝Firls(M, F, A)

其中 M 为 FIR 数字滤波器的阶数（滤波器的长度为 N＝M＋1），数组 f 和 A 给出它的预期频率响应。算出的滤波器系数为 h，其长度为 N。矢量 f 包含各边缘频率，单位为 π，即 $0.0 \leqslant f \leqslant 1.0$。矢量 A 为各指定频率上预期的幅度响应。

8.4.3 实验内容

(1) 用窗函数法设计一个 FIR 数字低通滤波器，并验证设计结果的幅频特性和相频特性。要求：通带截止频率 wp＝0.3π，Rp＝0.5 dB，阻带截止频率 ws＝0.45π，Rr＝50 dB。

(2) 用窗函数法设计一个 FIR 数字高通滤波器，并验证设计结果的幅频特性和相频特性。要求：通带截止频率 wp＝0.45π，Rp＝0.5 dB，阻带截止频率 ws＝0.3π，Rr＝50 dB。

(3) 用窗函数法设计一个 FIR 数字带通滤波器，并验证设计结果的幅频特性和相频特性。要求：低端阻带截止频率为 0.2π，最小衰减为 65 dB；低端通带截止频率为 0.3π，最大衰减为 0.05 dB。高端通带截止频率为 0.7π，最大衰减为 0.05 dB；高端阻带截止频率为 0.8π，最小衰减为 65 dB。

(4) 用窗函数法设计一个 FIR 数字带阻滤波器，并验证设计结果的幅频特性和相频特性。要求：低端通带截止频率为 0.2π，最大衰减为 0.05 dB；低端阻带截止频率为 0.3π，最小衰减为 50 dB；高端阻带截止频率为 0.7π，最小衰减为 50 dB；高端通带截止频率为 0.8π，最大衰减为 0.05 dB。

(5) 用 Matlab 的 fir1 函数（窗函数设计法）设计实验(1)～(4)指标的 FIR 数字滤波器。

(6) 用 fir2 函数（频率采样法）设计实验(1)～(4)指标的 FIR 数字滤波器。

(7) 用 Matlab 的 firls 函数（均方误差最小优化法）设计实验(1)～(4)指标的 FIR 数字滤波器。

(8) 用凯塞窗设计一专用线性相位滤波器，滤波器的频率特性如图 8.4.1 所示。当 N＝45，β＝4、6、10 时，分别设计并比较结果。

(9) 用频率采样法设计如图 8.4.1 所示的特性滤波器，采用过渡带分别不插入过度点及插入一个过渡点 0.3904，比较两种设计结果。如要进一步提高阻带衰减，试优化滤波器设计结果。

(10) 采用雷米兹法设计如图 8.4.1 所示的特性滤波器，并将设计结果与(8)、(9)的最好设计结果比较。

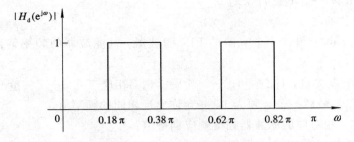

图 8.4.1　频率特性

(11) 使用雷米兹法设计一线性相位 FIR 带通数字滤波器，并满足如下技术指标要求：对模拟信号进行采样的周期 T＝0.001 s，在 Ωr＝[300π 800π]弧度/秒处的衰减大于 50 dB，在 Ωp＝[500π，600π]弧度/秒处的衰减小于 3 dB。

8.4.4　思考题

(1) 总结窗函数设计法的设计步骤，比较不同窗函数的设计结果。

（2）比较基于窗函数原理设计法、fir1、fir2、firls 的设计结果及特点，说明其应用场合。

（3）采用窗函数法、频率采样法、雷米兹法设计时，滤波器阶数如何确定？

（4）利用课外时间，用 FDATool 实现实验内容所列滤波器设计，并与实验结果比较。

8.4.5　实验参考程序(MATLAB 语言)

（1）参考程序：

```
ws＝0.45 * pi；wp＝0.3 * pi；
deltaw＝wp－ws；
N0＝ceil(6.6 * pi/deltaw)；
N＝N0＋mod(N0＋1，2)
windows＝(hamming(N))′；
wc＝(ws＋wp)/2；
alfa＝(N－1)/2；
n＝0：N－1；
hd＝ sin(wc * (n－alfa＋eps))./(pi * (n－alfa＋eps)) ；％ 理想低通滤波器
b＝hd. * windows；
freqz(b，1)；
```

（2）参考程序：

```
wp＝0.45 * pi；ws＝0.3 * pi；
deltaw＝wp－ws；
N0＝ceil(6.6 * pi/deltaw)；
N＝N0＋mod(N0＋1，2)
windows＝(hamming(N))′；
wc＝(ws＋wp)/2；
alfa＝(N－1)/2；
n＝0：N－1；
hd＝sin(pi * (n－alfa＋eps))./(pi * (n－alfa＋eps))－sin(wc * (n－alfa＋eps))./(pi * (n－alfa
＋eps)) ；％ 建立理想高通滤波器
b＝hd. * windows；
freqz(b，1)；
```

（3）参考程序：

```
wp1＝0.3 * pi；wp2＝0.7 * pi；
ws1＝0.2 * pi；ws2＝0.8 * pi；
deltaw＝wp1－ws1；
N0＝ceil(11 * pi/deltaw)；
N＝N0＋mod(N0＋1，2)
windows＝(blackman(N))′；
wc1＝(ws1＋wp1)/2；wc2＝(ws2＋wp2)/2；
alfa＝(N－1)/2；
n＝0：N－1；
hd＝sin(wc2 * (n－alfa＋eps))./(pi * (n－alfa＋eps))－sin(wc1 * (n－alfa＋eps))./(pi * (n－
```

alfa＋eps))；%建立理想带通滤波器

```
    b＝hd. ＊ windows；
    freqz(b, 1)；
```

（4）参考程序：

```
    wp1＝0. 2 ＊ pi；wp2＝0. 8 ＊ pi；
    ws1＝0. 3 ＊ pi；ws2＝0. 7 ＊ pi；
    deltaw＝ws1－wp1；
    N0＝ceil(6. 6 ＊ pi/deltaw)；
    N＝N0＋mod(N0＋1, 2)；
    windows＝(hamming(N))'；
    wc1＝(ws1＋wp1)/2；wc2＝(ws2＋wp2)/2；
    alfa＝(N－1)/2；
    n＝0：N－1；
    hd＝sin(wc1 ＊ (n－alfa＋eps)). /(pi ＊ (n－alfa＋eps))＋sin(pi ＊ (n－alfa＋eps)). /(pi ＊ (n－al-
fa＋eps))－sin(wc2 ＊ (n－alfa＋eps)). /(pi ＊ (n－alfa＋eps))；%建立理想带阻滤波器
    b＝hd. ＊ windows；
    freqz(b, 1)；
```

（5）

（5）－1 参考程序：

```
    wp＝0. 3 ＊ pi；ws＝0. 45 ＊ pi；
    deltaw＝ws－wp；
    N0＝ceil(6. 6 ＊ pi/deltaw)；
    N＝N0＋mod(N0＋1, 2)；
    windows＝(hamming(N＋1))'；
    wc＝(ws＋wp)/2；
    b＝fir1(N, wc/pi, windows)；
    freqz(b, 1)；
```

（5）－2 参考程序：

```
    wp＝0. 45 ＊ pi；ws＝0. 3 ＊ pi；
    deltaw＝wp－ws；
    N0＝ceil(6. 6 ＊ pi/deltaw)；
    N＝N0＋mod(N0＋1, 2)；
    wc＝(ws＋wp)/2；
    b＝fir1(N, wc/pi, 'high')；
    freqz(b, 1)；
```

（5）－3 参考程序：

```
    wp1＝0. 3 ＊ pi；wp2＝0. 7 ＊ pi；
    ws1＝0. 2 ＊ pi；ws2＝0. 8 ＊ pi；
    deltaw＝wp1－ws1；
    N0＝ceil(11 ＊ pi/deltaw)；
    N＝N0＋mod(N0＋1, 2)；
    wc1＝(ws1＋wp1)/2；wc2＝(ws2＋wp2)/2；
```

```
b＝fir1(N，[wc1，wc2]/pi，'bandpass'，blackman(N+1))；
freqz(b，1)；
```

(5)-4 参考程序：

```
wp1＝0.2 * pi；wp2＝0.8 * pi；
ws1＝0.3 * pi；ws2＝0.7 * pi；
deltaw＝ws1－wp1；
N0＝ceil(6.6 * pi/deltaw)；
N＝N0+mod(N0+1，2)
wc1＝(ws1+wp1)/2；wc2＝(ws2+wp2)/2；
b＝fir1(N，[wc1，wc2]/pi，'stop')
freqz(b，1)；
```

(6) 参考程序

(6)-1 参考程序：

```
wp＝0.3 * pi；ws＝0.45 * pi；
deltaw＝ws－wp；
rp＝0.5；rs＝50；
N0＝ceil(6.6 * pi/deltaw)；
N＝N0+mod(N0+1，2)
f＝[0，wp/pi，ws/pi，1]；
A＝[1，10^(－rp/20)，10^(－rs/20)，0]；
b＝fir2(N－1，f，A)；
freqz(b，1)；
```

(6)-2 参考程序：

```
ws＝0.3 * pi；wp＝0.45 * pi；
deltaw＝wp－ws；
rp＝0.5；rs＝50；
N0＝ceil(6.6 * pi/deltaw)；
N＝N0+mod(N0+1，2)
f＝[0，ws/pi，wp/pi，1]；
A＝[0，10^(－rs/20)，10^(－rp/20)，1]
b＝fir2(N－1，f，A)；
freqz(b，1)；
```

(6)-3 参考程序：

```
wp1＝0.3 * pi；wp2＝0.7 * pi；
ws1＝0.2 * pi；ws2＝0.8 * pi；
deltaw＝wp1－ws1；
N0＝ceil(11 * pi/deltaw)；
N＝N0+mod(N0+1，2)
rs＝65；rp＝0.05；
f＝[0，ws1/pi，wp1/pi，wp2/pi，ws2/pi，1]；
A＝[0，10^(－rs/20)，10^(－rp/20)，10^(－rp/20)，10^(－rs/20)，0]
b＝fir2(N－1，f，A)；
```

```
        freqz(b, 1);
```

(6)-4 参考程序:
```
        wp1＝0.2 * pi; wp2＝0.8 * pi;
        ws1＝0.3 * pi; ws2＝0.7 * pi;
        deltaw＝ws1－wp1;
        N0＝ceil(6.6 * pi/deltaw);
        N＝N0＋mod(N0＋1, 2)
        rs＝65; rp＝0.05;
        f＝[0, wp1/pi, ws1/pi, ws2/pi, wp2/pi, 1];
        A＝[1, 10^(－rp/20), 10^(－rs/20), 10^(－rs/20), 10^(－rp/20), 1]
        b＝fir2(N－1, f, A);
        freqz(b, 1);
```

(7) 参考程序

(7)-1 参考程序:
```
        wp＝0.3 * pi; ws＝0.45 * pi;
        deltaw＝ws－wp;
        rp＝0.5; rs＝50;
        N0＝ceil(6.6 * pi/deltaw);
        N＝N0＋mod(N0＋1, 2)
        f＝[0, wp/pi, ws/pi, 1];
        A＝[1, 10^(－rp/20), 10^(－rs/20), 0];
        b＝firls(N－1, f, A);
        freqz(b, 1);
```

(7)-2 参考程序:
```
        ws＝0.3 * pi; wp＝0.45 * pi;
        deltaw＝wp－ws;
        rp＝0.5; rs＝50;
        N0＝ceil(6.6 * pi/deltaw);
        N＝N0＋mod(N0＋1, 2)
        f＝[0, ws/pi, wp/pi, 1];
        A＝[0, 10^(－rs/20), 10^(－rp/20), 1]
        b＝firls(N－1, f, A);
        freqz(b, 1);
```

(7)-3 参考程序:
```
        wp1＝0.3 * pi; wp2＝0.7 * pi;
        ws1＝0.2 * pi; ws2＝0.8 * pi;
        deltaw＝wp1－ws1;
        N0＝ceil(11 * pi/deltaw);
        N＝N0＋mod(N0＋1, 2)
        rs＝65; rp＝0.05;
        f＝[0, ws1/pi, wp1/pi, wp2/pi, ws2/pi, 1];
        A＝[0, 10^(－rs/20), 10^(－rp/20), 10^(－rp/20), 10^(－rs/20), 0]
```

```
b＝firls(N－1, f, A);
freqz(b, 1);
```
(7)-4 参考程序：
```
wp1＝0.2 * pi; wp2＝0.8 * pi;
ws1＝0.3 * pi; ws2＝0.7 * pi;
deltaw＝ws1－wp1;
N0＝ceil(6.6 * pi/deltaw);
N＝N0＋mod(N0＋1, 2)
rs＝65; rp＝0.05;
f＝[0, wp1/pi, ws1/pi, ws2/pi, wp2/pi, 1];
A＝[1, 10^(－rp/20), 10^(－rs/20), 10^(－rs/20), 10^(－rp/20), 1]
b＝firls(N－1, f, A);
freqz(b, 1);
```

8.5　MATLAB 数字信号处理基础

MATLAB(Matrix Laboratory)是一个具有高性能数据值计算和可视化功能的科学计算环境。它集成了数据分析、矩阵计算、信号处理和图形等众多功能，具有问题的提出和解答只需以数学方式表达和描述的特点，因此，编程简单。

MATLAB 是一个交互式系统，其基本数据元素是无需定义的数组，特别适用于研究、解决工程和数学问题，促进了自动控制理论、统计、数字信号处理等学科的发展。在这里我们只简单介绍 MATLAB 实现数字信号处理的重要算法，并通过实验掌握 MATLAB 在数字信号处理中的基本应用。

8.5.1　数组(序列)

MATLAB 的操作与运算对象是数组(矩阵)，无论是标量还是向量，都可当成矩阵处理。MATLAB 语言对数组的维数和类型没有限制，因而无需对其维数和类型进行定义。数组中的元素可以采用具体数值或表达式，可以通过下标对元素进行访问、输入或修改。可见，数组与数字信号处理中的序列属性一致，可以表示序列。MATLAB 中可以进行复数数组(其元素为复数)的处理，MATLAB 对于复数虚部的表示可用 i 或 j。如果 i 和 j 用作其他变量，则必须产生一个单位虚部，如 z＝sqrt(－1)，此时一个复数可表示为 x＝5＋4 * z；一个复数的实部与虚部之间必须用"＋"或"－"连接；对于自定义虚部单位与虚部数值之间要用" * "连接，而系统缺省的虚部单位 i 和 j 与其前面的虚部数值之间可以不用" * "。复数数组表示复序列。

MATLAB 中数组的输入一般有以下几种方法：

(1) 直接输入数组元素。直接输入数组元素时必须注意：各元素之间用空格或逗号间隔，用分号(";")或回车结束数组行，用花括号"{}"把数组的所有元素括起来。

【例 8.5.1】　在工作空间中输入如下形式：
```
A＝{2, 4, 6, 8; 1, 3, 5, 7; 0, 3, 6, 9}
```

或

> A＝{2，4，6，8
>
> 　1，3，5，7
>
> 　0，3，6，9}

如果要修改数组元素，可直接通过修改下标来实现。如：

> A[2][2]＝6

直接输入复数数组时，可输入如下形式：

> B＝{1　2　3；4　5　6}＋i＊{1　2　3；4　5　6}

或

> B＝{1＋i　2＋2i　3＋3i；　4＋4i　5＋5i　6＋6i}

（2）利用 MATLAB 语句或函数产生数组。

① 通过函数产生特殊数组。

（a）单位数组：其主对角线元素为1，其他元素均为0。

> A＝eye(n)　返回一个 n＊n 维单位数组
>
> A＝eye(m，n)　返回一个 m＊n 维单位数组，或用 A＝eye([m，n])
>
> A＝eye(size(B))　返回一个大小与数组 B 一样的数组

【例8.5.2】　A＝eye(4，3)。

> A＝
>
> 　1　0　0
>
> 　0　1　0
>
> 　0　0　1
>
> 　0　0　0

（b）零数组：数组所有元素为0。

> A＝zeros(n)　返回一个 n＊n 维零数组
>
> A＝zeros(m，n)　返回一个 m＊n 维零数组，或用 A＝zeros([m，n])
>
> A＝zeros(d1，d2，d3，…)　返回一个维数为 d1＊d2＊d3＊…的所有元素为0的数组，或用 A＝
>
> 　　　　　　　　　　　　　zeros([d1　d2　d3 …])
>
> A＝zeros(size(B))　返回一个大小与 B 一样的数组

【例8.5.3】　Z＝zeros(3)

> Z＝
>
> 　0　0　0
>
> 　0　0　0
>
> 　0　0　0

（c）"1"数组：数组所有元素为1。

> A＝ones(n)　返回一个 n＊n 维数组
>
> A＝ones(m，n)　返回一个 m＊n 维1数组，或用 A＝ones([m，n])
>
> A＝ones(d1，d2，d3，…)　返回一个维数为 d1＊d2＊d3＊...的所有元素为1的数组，或用 A＝
>
> 　　　　　　　　　　　　　ones([d1　d2　d3 …])
>
> A＝ones(size(B))　返回一个大小与 B 一样的数组

（d）随机数组：其元素是随机产生的。rand 函数产生数组，其元素是在（0，1）之间服从均匀分布的。randn 函数产生随机数数组，其元素服从均值为 0，方差为 1 的正态分布，randn 函数与 rand 函数用法相同。

② 通过语句产生数组。

直接编写 MATLAB 语句产生数组。例如，语句 t＝0：0.01：10 就产生一个从 0 到 10，间隔 0.01 的数组。

（3）利用 M 文件产生数组或利用外部数据文件装入到指定的数组。在文件后缀为 .m 的磁盘文件中输入如下形式：

【例 8.5.4】
　　A＝{2　4　6　8；1　3　5　7；0　3　6　9}

或

　　A＝{2　4　6　8
　　　　1　3　5　7
　　　　0　3　6　9}

如果文件"exam.m"保存在搜索路径中，则在 MATLAB 命令窗口中输入 exam 可产生数组 A，这对经常输入大数组或需要输入多个数组时，相当方便。

利用外部数据文件装入到指定数组，可以通过 MATLAB 提供的文件输入、输出函数来实现。

8.5.2　向量及其生成

在信号处理中，采样序列通常用向量表示。在 MATLAB 中，有多种生成向量的方法，下面介绍常用的几种。

1）利用冒号"："生成向量

冒号"："是 MATLAB 中最有用的算子之一，它不仅可以用来作为数组下标，对数组元素进行引用，增加和删除，还可以用来生成向量。冒号使用下列格式生成均匀等分向量：

（1）x＝j：k

如果 j＜k，则生成向量 x＝[j, j＋1, ..., k]；

如果 j＞k，则 x 为空向量；

（2）x＝j：i：k

如果 i＞0 且 j＜k 或 i＜0 且 j＞k，则生成向量 x＝[j, j＋i, j＋2i, ..., k]；

如果 i＞0 且 j＞k 或 i＞0 且 j＜k，则 x 为空向量。

【例 8.5.5】　利用冒号生成向量：
　　x1＝1：5
　　x2＝1：0.5：3
　　x3＝5：－1：1

2）利用 linspace 函数生成向量

linspace 函数生成线性等分向量，它的功能类似于冒号算子"："，但是它不像冒号算子那样，根据给定的起始值、增量和终止值控制生成的向量元素的个数，而是直接给出元素的个数，从而给出各个元素的值。

（1）x＝linspace（a，b）

生成有 100 个元素的行向量 x，它的元素在 a 和 b 之间线性分布。

（2）x＝linspace（a，b，n）

生成有 n 个元素的行向量 x，它的元素在 a 和 b 之间线性分布。

3）利用 logspace 函数生成向量

logspace 函数生成对数等分向量，它和 linspace 函数一样直接给出元素的数目。该函数用法如下：

（1）x＝logspace（a，b）

生成有 50 个元素的对数等分行向量 x，x(1)＝10^a，x(50)＝10^b。

（2）x＝logspace（a，b，n）

生成有 n 个元素的对数等分行向量 x，x(1)＝10^a，x(n)＝10^b。

（3）x＝logspace（a，Pi）

生成有 50 个元素的对数等分行向量 x，x(1)＝10^a，x(50)＝Pi。

8.5.3　运算符和特殊字符

（1）"＋"：加号，A＋B，则 A 和 B 两矩阵必须有相同的大小，或其中之一为标量，标量可以与任意大小的矩阵相加。

（2）"－"：减号，A－B，则 A 和 B 两矩阵必须有相同的大小，或其中之一为标量，标量可以与任意大小的矩阵相减。

（3）"＊"：矩阵乘法，C＝A＊B 为两矩阵线性代数的乘积，即

$$C(i,j) = \sum_{k=1}^{n} A(i,k)B(k,j)$$

对于非变量 A 和 B，A 的列数必须与 B 的行数相等，即公式中的 n。

（4）".＊"：数组乘积，A.＊B 表示数组 A 和数组 B 的对应元素相乘；A 和 B 必须大小相同，或者其中之一为标量。

（5）"/"：斜线或矩阵右除，B/A 近似等于 B＊inv（A）；精确的表示为 B/A＝(A'\B')'。

（6）"./"：数组右除，A./B 表示矩阵元素 A(i,j)/B(j,j)，A 和 B 必须大小相同，或者其中之一为标量。

（7）"\"：反斜线或左除，如果 A 为方阵，A\B 近似等于 inv(A)＊B。

（8）".\"：数组左除，A.\B 表示矩阵元素 B(i,j)/A(i,j)；A 与 B 必须大小相同，或者其中之一为标量。

（9）"^"：矩阵幂，X^p，如果 p 为标量，表示 X 的 p 次幂。

（10）".^"：数组幂，A.^B 表示矩阵元素 A(i,j) 的 B(i,j) 次幂，A 与 B 必须大小相同，或者其中之一为标量。

（11）"'"：矩阵转置，A' 表示矩阵 A 的线性代数转置。对于复矩阵，表示复共轭转置。

（12）".'"：数组转置或非共轭转置，对于复矩阵，不包括共轭。

（13）"："：冒号，是一个非常有用的操作符，可以产生向量、数组下标以及 for 循环。如：

j：k　相当于[j, j+1, ..., k]；如果 k<j，则向量为空。

（14）关系运算符：<，>，<=，>= ，==，~=分别表示"小于"、"大于"、"小于等于"、"大于等于"、"等于"、"不等于"。对数组进行关系运算时，对每个元素进行比较，运算结果是一个与数组大小一样的由 0 和 1 构成的数组。<、>、<=、>=四种运算，只比较操作数实部，而==、~=既比较实部又比较虚部。

（15）逻辑运算符：|、&、~、xor 分别表示"或"、"与"、"非"、"异或"运算。

8.5.4　MATLAB 语言结构

1. 控制流

（1）条件执行语句：

```
if      条件表达式 1
                  执行语句 1
elseif 条件表达式 2
                  执行语句 2
else   执行语句 3
   end
```

（2）情况选择语句：

```
switch      选择表达式
    case      情况表达式 1
                  执行语句，…，执行语句
case      {情况表达式 2, 情况表达式 3, …}
                  执行语句，…，执行语句
otherwise
                  执行语句，…，执行语句
    end
```

（3）循环语句。

① 循环指定次数：

```
for 变量＝表达式
        执行语句
        ……
        执行语句
    end
```

② 条件循环语句：

```
while 表达式 re_op 表达式
        执行语句
        ……
        执行语句
    end
```

其中 re_op 为==，<，>，<=，>=，~=其中之一。

（4）中断流语句：break。

（5）返回到调用函数或键盘模式：return。

（6）显示错误信息：error('错误信息')。

（7）显示警告信息：

  warning('信息') 与 disp 函数一样；

  warning off 禁止显示后来的警告信息；

  warning on 重新显示警告信息；

  warning bzcktrace 显示警告信息及文件号、行号；

  [s, f]＝warning 返回当前警告状态字符串 s 和当前警告

频率字符串 f。

2. 输入与输出

input()：常用两种句法。

  u＝input('提示内容') 显示提示内容作为屏幕提示，等待从键盘输入，将输入值返给 u；

  u＝ input('提示内容', 's') 返回输入的字符串作为文本变量，而不是变量名或数值

需要注意的是：如果未输入任何字符，而按下回车键，则返回一个空矩阵。提示文本中可以包括一个或多个'\n'字符串，'\n'代表换行，要显示反斜线，可用'\\'。

【例 8.5.6】 u＝input('输入 u 值：')。

  输入 u 值：[1, 2, 3; 5, 6, 7; 8, 9, 0]

  u＝

    1 2 3

    5 6 7

    8 9 0

  str＝input('输入字符串：', 's')

  输入字符串：Good! Better! Best!

  str＝

  Good! Better! Best!

8.5.5 常用函数

（1）disp()：显示文本或数组。语法格式为

  disp(X) 如果 X 是数组，则显示数组内容；若 X 包含字符串，则显示字符串内容。

（2）length()：计算向量长度。语法格式为

  n＝length(X) 返回 X 最长维数大小；如果 X 是向量，则返回其长度。

（3）size()：计算数组维数大小。语法格式为

  d＝size(X) 返回一个向量值 d，向量中的元素值分别表示数组 X 的每维大小；

  [m, n]＝size(X) 将矩阵 X 的大小返回到变量 m，n 中；

  m＝size(X, dim) 返回 X 第 dim 指定维的大小。

（4）三角和超越函数。

MATLAB 提供的三角函数和超越函数及其功能如表 8.5.1 所示。严格地说，这些函数都是按照数组的运算规则进行运算的，即它们都是对数组中的每个元素作函数运算。这些函数的用法都很简单，这里不再举例。

表 8.5.1　三角函数和超越函数

函　数　名	功　　能	函　数　名	功　　能
sin	正弦	acsc	反余割
cos	余弦	snh	双曲正弦
tab	正切	cosh	双曲余弦
cot	余切	tanh	双曲正切
sec	正割	coth	双曲余切
csc	余割	asinh	反双曲正弦
asin	反正弦	acosh	反双曲余弦
acos	反余弦	atanh	反双曲正切
atan	反正切	acoth	反双曲余切
atan2	四象限反正切	asech	反双曲正割
acot	反余切	acsch	反双曲余割
asec	反正割		

（5）指数和对数函数。

表 8.5.2 列出 MATLAB 中的指数和对数函数，这些函数是针对数组、按数组运算规则进行运算的，取数组内每个元素的函数值。

表 8.5.2　指数和对数函数

函　数　名	功　　能	函　数　名	功　　能
log2	以 2 为底的对数	log	自然对数
log10	以 10 为底的对数	aqrt	平方根
exp	指数	pow2	以 2 为底的指数

$A = \exp(X)$：返回 X 每个元素的指数值。对于复数：$z = x + i * y$，其指数运算结果为：$e^z = e^x [\cos(y) + i\sin(y)]$。

$X = \log(A)$：是 $A = \exp(x)$ 的反函数，返回 A 的每个元素的自然对数。对于负数 z 或复数 $z = x + i * y$，其返回值为

$$\log(z) = \log(abs(z)) + i * atan2(y, x) = \log(abs(z)) + i * atan2(imag(z), real(z))$$

其中 i 为虚部单位 $\sqrt{-1}$；$abs(\log(-1)) = \pi$；$\log(0) = -\text{Inf}$。

　　$X = \log10(A)$　　对 A 的每个元素求常用对数

　　$X = \log2(A)$　　对 A 的每个元素计算其以 2 为底的对数

（6）复数函数。

MATLAB 中用于复数运算的函数如表 8.5.3 所示，和前面讲到的三角函数一样，这些函数也是按照数组运算的规则进行运算的。

表 8.5.3　复　数　函　数

函　数　名	功　能	函　数　名	功　能
abs	绝对值(复数的模)	imag	复数的虚部
angle	复数的相角	real	复数的虚部
conj	复数的共轭	～isreal	是否为复数数组

8.5.6　MATLAB 绘图

1. 绘制二维曲线

plot 函数的基本调用格式为：

    plot(x, y)

其中 x 和 y 为长度相同的向量，分别用于存储 x 坐标和 y 坐标数据。

【例 8.5.7】　在 $0 \leqslant x \leqslant 2pi$ 区间内，绘制曲线 $y = 2e^{-0.5x}\cos(4\pi x)$。

程序如下：

    x=0：pi/100：2*pi；
    y=2*exp(-0.5*x).*cos(4*pi*x)；
    plot(x, y)

plot 函数最简单的调用格式是只包含一个输入参数：plot(y)；在这种情况下，当 x 是实向量时，以该向量元素的下标为横坐标，元素值为纵坐标画出一条连续曲线，这实际上是绘制折线图。

(1) 当 x 是向量，y 是有一维与 x 同维的矩阵时，则绘制出多根不同颜色的曲线。曲线条数等于 y 矩阵的另一维数，x 被作为这些曲线共同的横坐标。

(2) 当 x，y 是同维矩阵时，以 x，y 对应列元素为横、纵坐标分别绘制曲线，曲线条数等于矩阵的列数。

(3) 对只包含一个输入参数的 plot 函数，当输入参数是实矩阵时，按列绘制每列元素值相对其下标的曲线，曲线条数等于输入参数矩阵的列数。

当输入参数是复数矩阵时，按列分别以元素实部和虚部为横、纵坐标绘制多条曲线。

plot 函数含多个输入参数的调用格式为：

    plot(x1, y1, x2, y2, …, xn, yn)

(1) 当输入参数都为向量时，x1 和 y1，x2 和 y2，…，xn 和 yn 分别组成一组向量对，每一组向量对的长度可以不同。每一向量对可以绘制出一条曲线，这样可以在同一坐标内绘制出多条曲线。

(2) 当输入参数有矩阵形式时，配对的 x，y 按对应列元素为横、纵坐标分别绘制曲线，曲线条数等于矩阵的列数。

在 MATLAB 中，如果需要绘制出具有不同纵坐标标度的两个图形，可以使用 plotyy 绘图函数。调用格式为：

    plotyy(x1, y1, x2, y2)

其中 x1，y1 对应一条曲线，x2，y2 对应另一条曲线。横坐标的标度相同，纵坐标有两个，左纵坐标用于 x1，y1 数据对，右纵坐标用于 x2，y2 数据对。

2. 图形保持

hold on/off 命令控制是保持原有图形还是刷新原有图形，不带参数的 hold 命令在两种状态之间进行切换。

【例 8.5.8】 采用图形保持，在同一坐标内绘制曲线 $y1 = 0.2e^{-0.5x}\cos(4\pi x)$ 和 $y2 = 2e^{-0.5x}\cos(\pi x)$。

程序如下：

```
x＝0：pi/100：2 * pi;
y1＝0.2 * exp(－0.5 * x). * cos(4 * pi * x);
plot(x, y1)
hold on
y2＝2 * exp(－0.5 * x). * cos(pi * x);
plot(x, y2);
hold off
```

3. 设置曲线样式

MATLAB 提供了一些绘图选项（具体选项请查阅 MATLAB 帮助或参考书），用于确定所绘曲线的线型、颜色和数据点标记符号，它们可以组合使用。例如，"b－."表示蓝色点划线，"y：d"表示黄色虚线并用菱形符标记数据点。当选项省略时，MATLAB 规定，线型一律用实线，颜色将根据曲线的先后顺序按默认的顺序依次变换。

要设置曲线样式，可以在 plot 函数中加绘图选项，其调用格式为：

```
plot(x1, y1, 选项 1, x2, y2, 选项 2, …, xn, yn, 选项 n)
```

【例 8.5.9】 在同一坐标内，分别用不同线型和颜色绘制曲线 $y1 = 0.2e^{-0.5x}\cos(4\pi x)$ 和 $y2 = 2e^{-0.5x}\cos(\pi x)$，标记两曲线交叉点。

程序如下：

```
x＝linspace(0, 2 * pi, 1000);
y1＝0.2 * exp(－0.5 * x). * cos(4 * pi * x);
y2＝2 * exp(－0.5 * x). * cos(pi * x);
k＝find(abs(y1－y2)＜1e-2);              %查找 y1 与 y2 相等点（近似相等）的下标
x1＝x(k);                               %取 y1 与 y2 相等点的 x 坐标
y3＝0.2 * exp(－0.5 * x1). * cos(4 * pi * x1);   %求 y1 与 y2 值相等点的 y 坐标
plot(x, y1, x, y2, 'k：', x1, y3, 'bp');
```

4. 图形标注与坐标控制

有关图形标注函数的调用格式为：

```
title(图形名称)
xlabel(x 轴说明)
ylabel(y 轴说明)
text(x, y, 图形说明)
legend(图例 1, 图例 2, …)
```

函数中的说明文字，除使用标准的 ASCII 字符外，还可使用 LaTeX 格式的控制字符，这样就可以在图形上添加希腊字母、数学符号及公式等内容。例如，text(0.3, 0.5, 'sin({\omega}t＋{\beta})')，将得到标注效果 $\sin(\omega t + \beta)$。

【例 8.5.10】 在 $0 \leqslant x \leqslant 2\mathrm{pi}$ 区间内，绘制曲线 $y1 = 2e^{-0.5x}$ 和 $y2 = \cos(4\pi x)$，并给图形添加图形标注。

程序如下：

```
x＝0：pi/100：2 * pi；
y1＝2 * exp(-0.5 * x)；
y2＝cos(4 * pi * x)；
plot(x, y1, x, y2)
title('x from 0 to 2{\pi}')；          %加图形标题
xlabel('Variable X')；                 %加 X 轴说明
ylabel('Variable Y')；                 %加 Y 轴说明
text(0.8, 1.5, '曲线 y1＝2e^{-0.5x}')；%在指定位置添加图形说明
text(2.5, 1.1, '曲线 y2＝cos(4{\pi}x)')；
legend('y1','y2')                      %加图例
```

坐标控制 axis 函数的调用格式为：

axis([xmin xmax ymin ymax zmin zmax])

axis 函数功能丰富，常用的格式还有：

axis equal：纵、横坐标轴采用等长刻度。

axis square：产生正方形坐标系（缺省为矩形）。

axis auto：使用缺省设置。

axis off：取消坐标轴。

axis on：显示坐标轴。

给图形坐标加网格线用 grid 命令来实现。grid on/off 命令控制是画还是不画网格线，不带参数的 grid 命令在两种状态之间进行切换。

给坐标加边框用 box 命令来控制。box on/off 命令控制是加还是不加边框线，不带参数的 box 命令在两种状态之间进行切换。

【例 8.5.11】 在同一坐标中，可以绘制 3 个同心圆，并加坐标控制。

程序如下：

```
t＝0：0.01：2 * pi；
x＝exp(i * t)；
y＝[x；2 * x；3 * x]'；
plot(y)
grid on；                %加网格线
box on；                 %加坐标边框
axis equal               %坐标轴采用等刻度
```

5. 图形窗口的分割

subplot 函数的调用格式为：

subplot(m, n, p)

该函数将当前图形窗口分成 m×n 个绘图区，即每行 n 个，共 m 行，区号按行优先编号，且选定第 p 个区为当前活动区。在每一个绘图区允许以不同的坐标系单独绘制图形。

8.5.7　MATLAB 程序设计

1. M 文件概述

用 MATLAB 语言编写的程序，称为 M 文件。M 文件可以根据调用方式的不同分为两类：命令文件（Script File）和函数文件（Function File）。

【例 8.5.12】　分别建立命令文件和函数文件，将华氏温度 f 转换为摄氏温度 c。

程序 1：首先建立命令文件并以文件名 f2c.m 存盘。

```
clear;                    %清除工作空间中的变量
f=input('Input Fahrenheit temperature：');
c=5*(f-32)/9
```

然后在 MATLAB 的命令窗口中输入 f2c，将执行该命令文件，执行情况为：

```
Input Fahrenheit temperature：73
c = 22.7778
```

程序 2：首先建立函数文件 f2c.m。

```
function c=f2c(f)
c=5*(f-32)/9
```

然后在 MATLAB 的命令窗口调用该函数文件：

```
clear;
y=input('Input Fahrenheit temperature：');
x=f2c(y)
```

输出情况为：

```
Input Fahrenheit temperature：70
c = 21.1111
x = 21.1111
```

M 文件是一个文本文件，它可以用任何编辑程序来建立和编辑，而一般常用且最为方便的是使用 MATLAB 提供的文本编辑器。

为建立新的 M 文件，启动 MATLAB 文本编辑器的方法有 3 种：

（1）菜单操作。从 MATLAB 主窗口的 File 菜单中选择 New 菜单项，再选择 M-file 命令，屏幕上将出现 MATLAB 文本编辑器窗口。

（2）命令操作。在 MATLAB 命令窗口输入命令 edit，启动 MATLAB 文本编辑器后，输入 M 文件的内容并存盘。

（3）命令按钮操作。单击 MATLAB 主窗口工具栏上的 New M-File 命令按钮，启动 MATLAB 文本编辑器后，输入 M 文件的内容并存盘。

打开已有 M 文件的方法也有 3 种：

（1）菜单操作。从 MATLAB 主窗口的 File 菜单中选择 Open 命令，则屏幕出现 Open 对话框，在 Open 对话框中选中所需打开的 M 文件。在文档窗口可以对打开的 M 文件进行编辑修改，编辑完成后，将 M 文件存盘。

（2）命令操作。在 MATLAB 命令窗口输入命令：edit 文件名，则打开指定的 M 文件。

（3）命令按钮操作。单击 MATLAB 主窗口工具栏上的 Open File 命令按钮，再从弹出的对话框中选择所需打开的 M 文件。

2. 程序控制结构

1）顺序结构

该结构可使程序中的命令语句顺序运行。如果要暂停程序的执行，可以使用 pause 函数，其调用格式为：

    pause(延迟秒数)

如果省略延迟时间，直接使用 pause，则将暂停程序，直到用户按任一键后程序继续执行。

若要强行中止程序的运行，可使用 Ctrl＋C 命令。

2）选择结构

（1）if 语句。在 MATLAB 中，if 语句有 3 种格式。

① 单分支 if 语句：

    if 条件
        语句组
    end

当条件成立时，执行语句组，执行完之后继续执行 if 语句的后继语句，若条件不成立，则直接执行 if 语句的后继语句。

② 双分支 if 语句：

    if 条件
        语句组 1
    else
        语句组 2
    end

当条件成立时，执行语句组 1，否则执行语句组 2，语句组 1 或语句组 2 执行后，再执行 if 语句的后继语句。

【例 8.5.13】 计算分段函数的值。

程序如下：

```
x＝input('请输入 x 的值：');
if x<＝0
    y＝(x＋sqrt(pi))/exp(2);
else
    y＝log(x＋sqrt(1＋x * x))/2;
end
```

③ 多分支 if 语句：

    if 条件 1
            语句组 1
        elseif 条件 2
            语句组 2
        ……
        elseif 条件 m
            语句组 m
        else

```
        语句组 n
    end
```

该语句用于实现多分支选择结构。

【例 8.5.14】 输入一个字符，若为大写字母，则输出其对应的小写字母；若为小写字母，则输出其对应的大写字母；若为数字字符，则输出其对应的数值，若为其他字符，则原样输出。

```
c＝input('请输入一个字符', 's');
if c>='A' & c<='Z'
    disp(setstr(abs(c)+abs('a')−abs('A')));
elseif c>='a'& c<='z'
    disp(setstr(abs(c)− abs('a')+abs('A')));
elseif c>='0'& c<='9'
    disp(abs(c)−abs('0'));
else
    disp(c);
end
```

（2）switch 语句。

switch 语句根据表达式的取值不同，分别执行不同的语句，其语句格式为：

```
switch    表达式
    case    表达式 1
        语句组 1
    case    表达式 2
        语句组 2
        ……
    case 表达式 m
        语句组 m
    otherwise
        语句组 n
    end
```

当表达式的值等于表达式 1 的值时，执行语句组 1；当表达式的值等于表达式 2 的值时，执行语句组 2；…；当表达式的值等于表达式 m 的值时，执行语句组 m。当表达式的值不等于 case 所列的表达式的值时，执行语句组 n。当任意一个分支的语句执行完后，直接执行 switch 语句的下一句。

【例 8.5.15】 某商场对顾客所购买的商品实行打折销售，标准如下（商品价格用 price 来表示）：

price<200	没有折扣
200≤price<500	3％折扣
500≤price<1000	5％折扣
1000≤price<2500	8％折扣
2500≤price<5000	10％折扣
5000≤price	14％折扣

输入所售商品的价格，求其实际销售价格。

程序如下：

```
price＝input('请输入商品价格');
switch fix(price/100)
        case {0, 1}              %价格小于 200
            rate＝0;
        case {2, 3, 4}          %价格大于等于 200 但小于 500
            rate＝3/100;
        case num2cell(5：9)     %价格大于等于 500 但小于 1000
            rate＝5/100;
        case num2cell(10：24)   %价格大于等于 1000 但小于 2500
            rate＝8/100;
        case num2cell(25：49)   %价格大于等于 2500 但小于 5000
            rate＝10/100;
        otherwise               %价格大于等于 5000
            rate＝14/100;
    end
    price＝price＊(1－rate)      %输出商品实际销售价格
```

（3）try 语句。

语句格式为：

```
try
        语句组 1
    catch
        语句组 2
    end
```

try 语句先试探性执行语句组 1，如果语句组 1 在执行过程中出现错误，则将错误信息赋给保留的 lasterr 变量，并转去执行语句组 2。

【例 8.5.16】 矩阵乘法运算要求两矩阵的维数相容，否则会出错。先求两矩阵的乘积，若出错，则自动转去求两矩阵的点乘。

程序如下：

```
A＝[1, 2, 3；4, 5, 6]；B＝[7, 8, 9；10, 11, 12]；
try
        C＝A＊B;
    catch
        C＝A.＊B;
    end
    C
    lasterr                  %显示出错原因
```

3）循环结构

（1）for 语句。

for 语句的格式为：

```
for 循环变量＝表达式 1：表达式 2：表达式 3
        循环体语句
```

```
                    end
```
其中表达式 1 的值为循环变量的初值，表达式 2 的值为步长，表达式 3 的值为循环变量的终值。步长为 1 时，表达式 2 可以省略。

【**例 8.5.17**】 一个三位整数各位数字的立方和等于该数本身，则称该数为水仙花数。输出全部水仙花数。

程序如下：

```
for m=100：999
m1=fix(m/100)；                %求 m 的百位数字
m2=rem(fix(m/10)，10)；         %求 m 的十位数字
m3=rem(m，10)；                %求 m 的个位数字
if m==m1*m1*m1+m2*m2*m2+m3*m3*m3
disp(m)
end
end
```

（2）while 语句。

while 语句的一般格式为：

```
while（条件）
        循环体语句
end
```

其执行过程为：若条件成立，则执行循环体语句，执行后再判断条件是否成立，如果不成立则跳出循环。

【**例 8.5.18**】 从键盘输入若干个数，当输入 0 时结束输入，求这些数的平均值和它们之和。

程序如下：

```
sum=0；
cnt=0；
val=input('Enter a number（end in 0）：')；
while（val~=0）
    sum=sum+val；
    cnt=cnt+1；
    val=input('Enter a number（end in 0）：')；
end
if（cnt＞0）
    sum
    mean=sum/cnt
end
```

（3）break 语句和 continue 语句。

与循环结构相关的语句还有 break 语句和 continue 语句。它们一般与 if 语句配合使用。

break 语句用于终止循环的执行。当在循环体内执行到该语句时，程序将跳出循环，继续执行循环语句的下一语句。

continue 语句控制跳过循环体中的某些语句。当在循环体内执行到该语句时，程序将跳过循环体中所有剩下的语句，继续下一次循环。

【例 8.5.19】 求[100，200]之间第一个能被 21 整除的整数。

程序如下：

```
for n＝100：200
if rem(n, 21)～＝0
        continue
end
break
end
n
```

4）循环的嵌套

如果一个循环结构的循环体又包括一个循环结构，就称为循环的嵌套，或称为多重循环结构。

【例 8.5.20】 若一个数等于它的各个真因子之和，则称该数为完数，如 6＝1＋2＋3，所以 6 是完数。求[1，500]之间的全部完数。

```
for m＝1：500
s＝0;
for k＝1：m/2
if rem(m, k)＝＝0
s＝s＋k;
end
end
if m＝＝s
    disp(m);
end
end
```

3．函数文件

函数文件由 function 语句引导，其基本结构为：

function 输出形参表＝函数名（输入形参表）

注释说明部分

函数体语句

其中以 function 开头的一行为引导行，表示该 M 文件是一个函数文件。函数名的命名规则与变量名相同。输入形参为函数的输入参数，输出形参为函数的输出参数。当输出形参多于一个时，应该用方括号括起来。

【例 8.5.21】 编写函数文件求半径为 r 的圆的面积和周长。

函数文件如下：

```
function [s, p]＝fcircle(r)
s＝pi＊r＊r;
p＝2＊pi＊r;
```

函数调用的一般格式是：

　　　　[输出实参表]=函数名(输入实参表)

　　要注意的是，函数调用时各实参出现的顺序、个数，应与函数定义时形参的顺序、个数一致，否则会出错。函数调用时，先将实参传递给相应的形参，从而实现参数传递，然后再执行函数的功能。

【**例 8.5.22**】　利用函数文件，实现直角坐标$(x，y)$与极坐标$(\rho，\theta)$之间的转换。

　　　　函数文件 tran. m：

　　　　function [rho，theta]=tran(x，y)

　　　　rho=sqrt(x * x+y * y)；

　　　　theta=atan(y/x)；

　　　　　　调用 tran. m 的命令文件 main1. m：

　　　　x=input('Please input x=：')；

　　　　y=input('Please input y=：')；

　　　　[rho，the]=tran(x，y)；

参 考 文 献

[1] 吴镇扬. 数字信号处理的原理与实现. 南京：东南大学出版社，1997.

[2] 程佩青，数字信号处理教程. 2 版. 北京：清华大学出版社，2001.

[3] 程佩青，数字信号处理教程习题分析与解答. 北京：清华大学出版社，2002.

[4] 邓立新，等，数字信号处理学习辅导及习题详解. 北京：电子工业出版社，2003.

[5] 丁玉美. 数字信号处理学习指导. 西安：西安电子科技大学出版社，2001.

[6] 胡广书. 数字信号处理——理论算法与实现. 北京：清华大学出版社，2003.

[7] 周耀华，汪凯仁. 数字信号处理. 上海：复旦大学出版社，1992.

[8] J. V. Vegte，Fundamentals of digital signal Processing，数字信号处理基础（英文版），电子工业出版社，2003.

[9] J. H. McClellan etc，数字信号处理引论（英文影印版）. 北京：科学出版社，2003.

[10] 方勇. 数字信号处理——原理与实践. 北京：清华大学出版社，2006.

[11] 张延华，姚林泉，郭玮. 数字信号处理——基础与应用. 北京：机械工业出版社，2005.

[12] 郑南宁，程洪. 数字信号处理. 北京：清华大学出版社，2007.

[13] Vinay K. Ingle. 数字信号处理及其 Matlab 实现（中译版）. 北京：电子工业出版社，1998.

[14] K. R. Castleman. 数字图像处理（英）. Prentice Hall，1996.

[15] 陈桂明，等. 应用 MATLAB 语言处理数字信号与数字图像. 北京：科学出版社，2000.

[16] 陈怀琛，等. MATLAB 及在电子信息课程中的应用. 2 版. 北京：电子工业出版社，2003.

[17] 王世一. 数字信号处理. 2 版. 北京：北京理工大学出版社，1997.

[18] 李莉. 数字信号处理原理和算法实现. 北京：清华大学出版社，2010.